陕西省通用安装工程消耗量定额

(2025)

第二册　热力设备安装工程

批准部门：陕西省住房和城乡建设厅
主编单位：陕西省建设工程造价服务中心
参编单位：陕西化建工程有限责任公司
软件支持：广联达西安科技有限公司
实施日期：2 0 2 5 年 7 月 1 日

中国计划出版社
北　京

本书编委会

总　　编： 李卫军

副 总 编： 张　丹　陈永兵　崔建明　原　波　杜产阳

本册编写人员名单

主　　编： 赵启哲　赵玉兰

副 主 编： 贺渤伦　曹　方　庄智斌

编写人员： 许泽梅　商　艳　武　波　侯联孝　王卫兴　张兴旺

张　铭　史发建　彭永才

软件操作： 郭继庆　路燚桓

总　说　明

一、《陕西省通用安装工程消耗量定额（2025）》共分十二册，包括：

第一册　机械设备安装工程

第二册　热力设备安装工程

第三册　静置设备与工艺金属结构制作安装工程

第四册　电气设备与线缆安装工程

第五册　建筑智能化安装工程

第六册　自动化控制仪表安装工程

第七册　通风空调安装工程

第八册　工业管道安装工程

第九册　消防安装工程

第十册　给排水、采暖、燃气安装工程

第十一册　信息通信设备与线缆安装工程

第十二册　防腐蚀、绝热工程

二、《陕西省通用安装工程消耗量定额（2025）》（以下简称“本定额”）是完成规定计量单位分部分项工程所需的人工、材料、施工机械台班、仪器仪表台班的消耗量标准。

三、本定额适用于工业与民用新建、扩建和改建工程项目中的通用安装工程。

四、本定额是在2021年《陕西省安装工程消耗量定额》基础上，以国家和有关行业发布的现行设计规程或规范、施工及验收规范、技术操作规程、质量评定标准、产品标准和安全操作规程、绿色建造规定等，并结合我省实际进行编制。

五、本定额是按照正常施工组织和施工条件，国内大多数施工企业采用的施工方法、机械装备水平、合理的劳动组织及工期进行编制。

1. 设备、材料、成品、半成品、构配件完整无损，符合质量标准和设计要求，附有合格证书和检验、试验合格记录。

2. 安装工程和土建工程之间的交叉作业合理、正常。

3. 安装地点、建筑物实体、设备基础、预留孔洞、预埋件等均符合安装设计要求。

4. 正常的气候、地理条件和施工环境。

5. 水、电供应均满足安装工程正常使用。

六、本定额未包括的项目，可按其他专业相应消耗量定额执行。

七、关于人工：

1. 人工以综合工日表示。

2. 人工消耗量包括基本用工、辅助用工和人工幅度差。

3. 人工每工日按照8小时工作制计算。

八、关于材料：

1. 材料泛指原材料、成品、半成品。包括施工中主要材料、辅助材料、周转材料和其他材料。在项目中以“（×××）”表示的材料为主要材料。

2. 材料用量：

（1）材料用量包括净用量和损耗量。

（2）材料损耗量包括从工地仓库运至安装堆放地点或现场加工地点运至安装地点的搬运损耗、安装操作损耗、安装地点堆放损耗。

（3）材料损耗量不包括场外的运输损失、仓库（含露天堆场）地点或现场加工地点保管损耗、由于材料规格和质量不符合要求而报废的数量；不包括规范、设计文件规定的预留量、搭接量、冗余量。

3. 项目中列出的周转性材料用量是按照不同施工方法、考虑不同工程项目类别、选取不同材料规格综合计算出的摊销量。

4. 对于用量少、低值易耗的零星材料，列为其他材料。按照消耗性材料费用比例计算。

九、关于机械：

1. 施工机械是按照常用机械、合理配备考虑，同时结合施工企业的机械化能力与水平等情况综合确定。

2. 施工机械台班消耗量是按照机械正常施工效率并考虑机械施工适当幅度差综合取定。

3. 原单位价值在 2000 元以内、使用年限在一年以内不构成固定资产的施工机械，不列入机械台班消耗量，其消耗的燃料动力等综合在其他材料费中。

4. 机械台班按每台班 8 小时工作制计算。

十、关于仪器仪表：

1. 仪器仪表是按照正常施工组织、施工技术水平考虑，同时结合市场实际情况综合确定。

2. 仪器仪表台班消耗量是按照仪器仪表正常使用率，并考虑必要的检验检测及适当幅度差综合取定。

3. 原单位价值在 2000 元以内、使用年限在一年以内不构成固定资产的仪器仪表，不列入仪器仪表台班消耗量，其消耗的燃料动力等综合在其他材料费中。

十一、关于水平运输和垂直运输：

1. 水平运输：

（1）水平运输距离是指由施工单位现场仓库或指定堆放地点运至安装地点或垂直运输点的距离。设备水平运距按照 200m、材料（含成品、半成品）水平运距按照 300m 综合取定，执行时不做调整。

（2）项目中未考虑场外运输和场内二次搬运。工程实际发生时应根据有关规定另行计算。

2. 垂直运输：

（1）垂直运输基准面为室外地坪。

（2）垂直运输是按照建筑物层数 6 层以下、建筑高度 20m 以下、地下深度 10m 以内考虑，工程实际超过时，应计算建筑物超高（深）增加费。

十二、关于安装操作高度：

1. 安装操作基准面一般是指室外地坪或室内各层楼地面地坪。

2. 安装操作高度是指安装操作基准面至安装点的垂直高度。除各册另有规定者外，安装操作高度综合取定为 6m 以内。工程实际超过时，应计算安装操作高度增加费。

十三、关于建筑超高（深）增加费：

1. 建筑超高（深）增加费是指在建筑物层数 6 层以上、建筑高度 20m 以上、地下深度 10m 以上的建筑施工时，应计算建筑超高（深）需要增加的安装费。各册另有规定者除外。

2. 建筑超高（深）增加费包括人工降效、使用机械（含仪器仪表、工具用具）降效、延长垂直运输时间等费用。

3. 建筑超高（深）增加费，以单位工程（群体建筑以车间或单栋楼设计为准）全部工程量（含地下、地上部分）为基数，按照系数法计算。系数详见各册说明。

4. 单位工程（群体建筑以车间或单栋楼设计为准）满足建筑高度、建筑物层数、地下深度之一者，均应计算建筑超高（深）增加费。

十四、关于脚手架搭拆：

1. 脚手架搭拆是根据施工组织设计、满足安装需要所采取的安装措施。脚手架搭拆除满足自身安全外，不包括工程项目安全、环保、文明等工作内容。

2. 脚手架搭拆综合考虑了不同的结构形式、材质、规模、占用时间等要素，执行时不做调整。

3. 在同一个单位工程内有若干专业安装时，凡符合脚手架搭拆计算规定者，应分别计算脚手架搭拆费用。

十五、本定额中没有考虑施工与生产同时进行、在有害身体健康（防腐工程、检测项目除外）条件下施工时的降效，工程实际发生时按各册相关规定另行计算。

十六、本定额适用于海拔 2000m 以下地区。

十七、本定额中注有“× × 以内”或“× × 以下”者，均包括× × 本身；注有“× × 以外”或“× × 以上”者，则不包括× × 本身。

十八、凡本说明未尽事宜，详见各册说明。

十九、本定额的解释和日常管理，由陕西省建设工程造价服务中心负责。

目　录

第四章　汽轮发电机附属、辅助设备安装工程

第五章　燃料供应设备安装工程

第六章　除渣、除灰设备安装工程

第七章　发电厂水处理专用设备安装工程

第八章　脱硫、脱硝设备安装工程

第九章　炉墙保温与砌筑、耐磨衬砌工程

第十章　工业与民用锅炉安装工程

第十一章　热力设备调试工程

册 说 明

一、第二册《热力设备安装工程》适用于单台锅炉额定蒸发量小于 220t/h 的火力发电、供热工程中热力设备安装及调试工程。包括：锅炉、锅炉附属设备、锅炉辅助设备、汽轮发电机、汽轮发电机附属设备、汽轮发电机辅助设备、燃料供应设备、除渣与除灰设备、发电厂水处理专用设备、脱硫与脱硝设备、炉墙保温与砌筑、工业与民用锅炉等安装。

二、本册主要依据的规范标准有：

1.《锅炉节能环保技术规程》TSG 91—2021；

2.《锅炉节能技术监督管理规程》TSGG 0002—2010；

3.《固定式压力容器安全技术监察规程》TSG 21—2016；

4.《现场设备、工业管道焊接工程施工质量验收规范》GB 50683—2011；

5.《机械设备安装工程施工及验收通用规范》GB 50231—2009；

6.《锅炉安装工程施工及验收规范》GB 50273—2009；

7.《电业安全工作规程第 1 部分：热力和机械》GB 26164—2010；

8.《小型火力发电厂设计规范》GB 50049—2011；

9.《秸秆发电厂设计规范》GB 50762—2012；

10.《生物质发电工程建设预算项目划分导则》DL/T 5474—2013；

11.《小型生物质锅炉技术条件》NB/T 34035—2020；

12.《小型生物质锅炉试验方法》NB/T 34036—2020；

13.《生物质循环流化床锅炉技术条件》NB/T 42030—2014；

14.《生物质链条炉排锅炉技术条件》NB/T 42118—2017；

15.《联合循环机组燃气轮机施工及质量验收规范》GB 50973—2014；

16.《工业燃气轮机安装技术规范》SY/T 0440—2010；

17.《燃气轮机及联合循环机组启动调试导则》DL/T 1835—2018；

18.《火力发电建设工程启动试运及验收规程》DL/T 5437—2009；

19.《火力发电建设工程机组调试技术规程》DL/T 5294—2013；

20.《火力发电机组性能试验导则》DL/T 1616—2016。

三、本册除各章另有说明外，均包括下列工作内容：施工准备，设备、材料、工机具的场内运输，设备开箱检查、配合基础验收、设置垫铁，安放地脚螺栓，吊装设备就位、安装（含大型设备的组装、拼装）、连接，配合基础灌浆，设备精平、对中、固定，设备本体的附属设备、冷却系统、润滑系统及支架、防护罩等附件安装，配套电机安装，机组本体管道清洗，临时移动水源与电源，设备单体调整试验、配合检查验收等，还包括按照施工技术验收规范要求对设备、主要材料质量进行必要检查、测量和调整工作。

四、本册不包括下列内容：

1. 设备基础铲磨，地脚螺栓孔修整、预压，在需要保护的楼地面上安装设备所需设施。

2. 地脚螺栓孔、设备基础台面灌浆。

3. 设备及其配套附件制作、修理、绝热（锅炉炉墙保温与砌筑除外）、防腐蚀以及设备性能测量、检测、试验等。

4. 电气系统、仪表系统、通风系统、设备本体第一个法兰以外的管道系统的安装、调试；不属于设备本体的附属设备或附件（如平台、梯子、栏杆、支架、容器、屏、盘等）安装。

五、相关说明：

1. 本册不适用于单台额定蒸发量 ≥ 220t/h 及以上锅炉及其附属与辅助设备安装，单机容量 ≥ 50MW 汽轮发电机及其附属与辅助设备安装。工程实际需要时，应执行电力行业相应项目。

2. 发电与供热工程通用设备安装，如：空气压缩机、小型风机、水泵、油泵、桥吊、电动葫芦安装等，应执行第一册《机械设备安装工程》相应项目。

3. 发电与供热工程各种管道与阀门及其附件安装，应执行第八册《工业管道安装工程》相应项目；防腐蚀、绝热工程，应执行第十二册《防腐蚀、绝热工程》相应项目。

4. 随热力设备供货且需要独立安装的电气设备、电缆、滑触线、电缆支架与桥架及槽盒安装等，应执行第四册《电气设备与线缆安装工程》相应项目。

5. 发电与供热设备分系统调试、整套启动调试、特殊项目测试与性能试验，应执行本册第十一章热力设备调试工程相应项目。

六、下列费用可按系数分别计算：

1. 脚手架搭拆（除炉墙保温与砌筑工程、热力设备调试工程外）应按照安装工程人工费的 7%计算。其中：人工费为 40%、材料费为 50%、机械费为 10%。

2. 炉墙保温与砌筑工程脚手架搭拆，应按照本册第九章脚手架搭拆项目另行计算。

3. 安装与生产同时进行增加的费用，应按安装工程人工费的 6%计算。

4. 在有害身体健康的环境中施工降效增加的费用，应按安装工程人工费的 6%计算。

七、设备地脚螺栓和连接设备各部件的螺栓、销钉、垫片及传动装置润滑油料，按照随设备配套供货考虑。如果工程实际由施工单位采购配置安装所用螺栓、销钉、垫片及传动装置润滑油料时，根据实际安装用量加 3%损耗另行计算其费用。

第一章

锅炉安装工程

说 明

一、本章内容包括锅炉钢结构（炉架、平台、扶梯、栏杆、金属结构、不锈钢结构）、汽包、水冷系统、过热系统、省煤器系统、空气预热器系统、本体管道系统、吹灰器、炉排、燃烧装置、炉内除灰渣装置安装及锅炉水压试验、锅炉风压试验、烘炉、煮炉、酸洗、蒸汽严密性试验、安全门调整等安装工程。不包括露天锅炉的特殊防护措施，炉墙砌筑与保温工作。

二、关于下列各项费用的规定：

1. 汽包安装包括汽包及其内部装置、汽包底座、膨胀指示器安装以及膨胀指示器支架配制，不包括膨胀指示器制作（按照设备供货考虑）。锅炉采用双汽包配置时，执行相应项目系数乘以 1.40。

2. 临时管道需要进行保温时，执行第十二册《防腐蚀、绝热工程》相应项目乘以系数 1.30（该系数综合考虑了永久保温与临时保温差异及保温材料拆除费用；临时保温保护层主材用量按照其永久保温保护层材料量 25%计算，临时保温绝热主材用量按照其永久保温绝热材料量 50%计算）。

3. 本章是按照锅炉设计压力$P < 9.8$MPa 编制，当工程锅炉设计$P \geqslant 9.8$MPa 时，水冷系统、过热系统、省煤器系统安装及锅炉水压试验项目乘以系数 1.18（该系数综合考虑了焊材、检测等费用调整）。

4. 当锅炉钢架采用柱包筋方式安装时，钢架按系数调整，其中人工乘以 1.11，材料乘以 1.06，机械乘以 1.10。

三、相关说明：

1. 本章综合考虑了焊接或螺栓连接、合金管件焊前的预热及焊后热处理、不同形式的无损检验、受热面焊缝质量抽查和补焊、检验与抽查过程中配合用工。执行时，不得因方法、技术条件不同而调整。

2. 本章包括校管平台、组合支架或平台、临时梯子与平台、硬支撑的搭拆；包括临时加固铁构件的制作、安装、拆除；包括设备、平台、扶梯等安装后补漆。

3. 锅炉平台、扶梯安装是指锅炉本体所属平台、扶梯、栏杆及栏板的安装，包括随锅炉供货的平台扶梯和根据安装设计配制的平台扶梯。不包括由建筑结构设计的相邻锅炉之间及锅炉与主厂房之间的连接平台扶梯的安装。

4. 锅炉钢结构安装包括钢架拉结件、护板、框架、桁架、金属内外墙板、密封条、联箱罩壳、炉顶罩壳、灰斗、旋风筒、连接烟（风）道、省煤器支撑梁、各类门孔（含引出管）、由锅炉厂家供应的炉顶雨水系统（檐沟、水斗、水口、虹吸装置、水落管）及锅炉零星构件安装。不包括下列工作内容，工程实际发生时，执行相应项目。

（1）省煤器支撑梁的通风管安装。

（2）支撑梁耐火塑料浇灌。

（3）炉墙砌筑用的小型铁件（炉墙支撑件、拉钩、耐火塑料挂钩）安装。

（4）金属结构制作。

（5）除锈、刷油漆。

5. 锅炉不锈钢结构安装主要适用于循环流化床锅炉中的不锈钢钢结构安装，亦适用于其他炉型中的不锈钢钢结构密封件及配件安装。

6. 水冷壁安装包括普通水冷壁组件及联箱、降水管、汽水引出管、管系支吊架、联箱支座或吊杆、水冷壁固定装置安装。

7. 过热器安装综合考虑了低温和高温过热器或前部和后部过热器安装。包括蛇形管排及组件、联箱、减温器、蒸汽联络管、联箱支座或吊杆、管排定位或支架铁件、防磨装置、管系支吊架安装。

8. 省煤器安装包括蛇形管排及管段、联箱、水联络管、联箱支座或吊杆、管排支吊铁件、防磨装置、管系支吊架安装。

9. 水冷壁、过热器、省煤器安装包括管道通球试验、组件水压试验、安装后整体外形尺寸的检查调整、蛇形管排地面单排水压试验、表面式减温器抽芯检查与水压试验、混合式减温器内部清理、炉膛四周与顶棚管及穿墙管处的铁件及密封铁板密封焊接、膨胀指示器安装及其支架配制等工作内容。不包括膨胀指示器制作（按照设备供货考虑）。

10. 空气预热器安装包括管式预热器本体（管箱）、框架、护板、伸缩节、连通管及连接法兰、本体烟道挡板及其操作装置、防磨套管及密封结构安装。包括管箱本体渗油试验及一般性缺陷处理。不包括管箱上防磨套管间的塑料浇灌，工程发生时，执行本册第十章“炉墙砌筑”相应的项目。

11. 本体管路系统安装是指由制造厂定型设计并随锅炉供货的省煤器至汽包的给水管、事故放水管、再循环管、定期排污、连续排污、汽水取样、加药、联箱疏水、放水及冲洗管、放空气管、加温水管、启动加热管、安全门、水位计、汽水阀门及传动装置、法兰孔板、过滤器、取样冷却器、压力表等及其管路支吊架的安装。

12. 本体管路系统安装项目中包括下列工作内容：

（1）管道坡口加工、对口焊接。

（2）随锅炉本体供货的阀门、安全门、水位计、取样冷却器的检查及水压试验。

（3）脉冲安全门支架、取样冷却器水槽及支架的配制与安装。

13. 本体管路系统安装项目中不包括下列工作内容，工程实际发生时，执行相应的项目。

（1）重油或轻油点火管路与阀门及油枪的安装。

（2）安全门排汽管与点火排汽管及消音器的安装。

（3）给水操作平台阀门及管件安装。

14. 旋风分离器安装项目包括：

（1）水（汽）冷式旋风分离器安装包括水（汽）冷式旋风筒、中心筒、旋风分离器护板、旋风筒上部护板、料腿及返料器护板的组合、安装。

（2）绝热式旋风分离器安装包括绝热式旋风筒、中心筒、旋风分离器护板、旋风筒上部护板、料腿及返料器护板的组合、安装。

15. 吹灰器安装包括吹灰器安装与调整，含吹灰器管路、阀门、支吊架及吹灰管路的蒸汽吹洗系统安装。

16. 炉排安装适用于燃煤链条炉炉排安装，其他介质的锅炉炉排可参照执行。锅炉炉排安装包括炉排、传动机（包括轨道、风室、煤闸门及挡灰装置等）安装、试运转及调整。

17. 燃烧装置安装包括燃烧器及其支架、托架、平衡装置安装。助燃油装置安装包括重油或轻油点火管路与阀门及油枪的安装，不包括燃油锅炉燃烧器安装。

18. 炉底除灰渣装置安装包括水冷或风冷灰渣室、灰渣斗内装置安装，含护板框架结构、除渣槽、排渣门、浇渣喷嘴、水封槽等安装。

19. 锅炉水压试验是指锅炉本体汽、水系统的水压试验，包括水压试验用临时管路安装与拆除、临时固定件安装与割除、汽水管道临时封堵及支吊架加固与拆除、水压前进行一次 0.2～0.3MPa 气压试验、水压试验后对一般缺陷处理。

20. 锅炉风压试验是指锅炉本体燃烧室及尾部烟道（包括空气预热器）的风压试验。包括试验前对炉膛内部清理检查、孔门封闭、风压试验后对缺陷处理。

21. 烘炉、煮炉、锅炉酸洗包括临时加药箱与管路及临时炉箅的制作、安装、拆除；包括烘炉、煮炉、锅炉酸洗换水冲洗；包括停炉检修及缺陷消除。不包括给水管路的冲洗、附属机械静态与动态联动试验、配合锅炉汽水管路冲洗。

22. 蒸汽严密性试验及安全门调整包括炉膛与烟风道内部清理、蒸汽严密性试验，安全门锁定与恢复、安全门调整、缺陷消除；包括临时管路的安装与拆除、临时固定件的安装与割除、汽水管道临时封堵与拆除。

23. 本章是按燃煤粉锅炉和生物质锅炉编制。当采用循环硫化床锅炉时水冷壁系统安装、过热器系统安装、锅炉水压试验、锅炉风压试验、锅炉酸洗项目，人工费乘以 1.05，材料、机械费乘以 1.03 系数，烘炉、煮炉项目，人工费、材料费乘以 1.15、机械乘以 1.05 系数。

24. 锅炉钢结构油漆执行第十二册《防腐蚀、绝热工程》相应项目。

工程量计算规则

一、锅炉本体设备钢结构安装根据设计图示尺寸，按照成品重量以“t”为计量单位。计算组装、拼装、安装连接螺栓的重量，不计算焊条重量、下料及加工制作损耗量、设备包装材料、临时加固铁构件等重量。

1. 钢结构炉架安装重量包括：燃烧室本体及尾部对流井的立柱、横梁、柱梁间连接铁件、斜撑、垂直拉结件（小柱）、框架结构等重量。随锅炉厂供应的电梯井架计算重量，并入钢结构炉架安装重量中。

2. 锅炉平台、扶梯安装重量包括：锅炉本体所属平台、扶梯、栏杆及栏板、按照设计配制的平台扶梯重量。不包括由建筑结构设计的相邻锅炉之间及锅炉与主厂房之间的连接平台扶梯的重量。

3. 金属结构安装重量包括：钢结构拉结件、护板、框架、桁架、金属内外墙板、密封条、联箱罩壳、炉顶罩壳、灰斗、连接烟（风）道、省煤器支撑梁、各类孔门、锅炉露天布置时炉顶雨水系统及锅炉零星构件重量，不包括省煤器支撑梁的通风管重量，不计算炉墙、保温中的支撑件、拉钩、挂钩、保温钉等重量。锅炉露天布置时，随锅炉厂家供应的铝合金、塑料等非黑色金属结构炉顶雨水系统（檐沟、水斗、水口、虹吸装置、水落管）按照其重量 3 倍计算安装重量。

（1）钢结构拉结件（俗称“钢结构拉条”）系指非主体结构系统内部使用，承受构件间拉力的系杆、水平支撑、斜十字形杆、对拉螺栓、U 形螺栓等构件。

（2）护板系指 Π 型布置锅炉冷灰斗护板、斜烟道护板、炉膛及对流井连续的转折罩等。

（3）框架系指浇制耐热混凝土墙的框架、斜炉顶框架、框架之间的密封铁板。

（4）金属内外墙板：内墙板系指密封炉顶耐热混凝土与保温层之间的埋置金属板；外墙板系指炉顶四周的金属板或波形板、与外墙板连接的铁构件、各部位埋置铁件与支撑等。

（5）联箱罩壳系指各个联箱罩壳和构架及铁件。

（6）炉顶罩壳系指炉顶盖板和构件及铁件。

（7）灰斗系指 Π 型布置锅炉斜烟道（对流过热器下部）灰斗、对流井出口灰斗、内部平台和落灰管。

（8）各种孔门系指人孔、窥视孔、防爆门、防护短管、打焦孔、点火孔等门及引出管。

（9）黑色金属结构炉顶雨水系统系指铁制或钢制的檐沟、水斗、水口、虹吸装置、水落管等。

（10）锅炉零星构件系指上述项目以外且需要计算重量的锅炉组成构件。

（11）循环硫化床锅炉的干式旋风分离器的重量。

4. 同一构件或配件出现不同材质时，应分别计算工程量。

二、汽包安装根据锅炉结构形式，按照设计图示锅炉台数，以“套”为计量单位。锅炉采用双汽包配置时，按照一套计算工程量。

三、水冷系统、过热器系统、省煤器系统、空气预热器系统安装根据设计图示尺寸，按照成品重量以“t”为计量单位。不计算焊条、下料及加工制作损耗量、设备包装材料、临时加固铁构件重量。

1. 水冷系统安装重量包括：

（1）水冷壁管、上下联箱、拉钩装置及组件的重量。

（2）侧水冷壁上联箱支座或吊架组件的重量。

（3）前后水冷壁中段和下联箱部位冷拉装置的重量。

（4）降水管及支吊装置的重量。

（5）升汽管（水冷壁上联箱至汽包导汽管）及支吊装置的重量。

（6）循环硫化床锅炉的湿式旋风分离器的重量，干式旋风分离器执行锅炉金属结构安装项目。

2. 过热器系统安装重量包括：蛇形管排、进出口联箱、蒸汽连通管、表面式减温器或喷水减温器及减温器进出口管路和各个部位的支吊装置、梳形定位板、连接铁件等重量。

3. 省煤器系统安装重量包括：蛇形管排、管夹、防磨铁、支吊架、进出口联箱及支座、出口联箱至汽包的给水管和吊架等重量。区分低温和高温省煤器时，应计算低温段出口联箱至高温段进出口联箱连通管的重量，并入省煤器系统安装重量中。

4. 空气预热器安装重量包括：管箱及支座、护板、连通管、伸缩节及槽钢框架、密封装置、管箱防磨套管等重量。

四、本体管路系统安装根据设计图示尺寸，按照成品重量，以“t”为计量单位。不计算焊条、下料及加工制作损耗量、管道包装材料、临时加固铁构件重量。计算随本体设备供货的本体管路重量，超出部分属于扩大供货，其重量按照第八册《工业管道安装工程》规定计算，并执行管道安装相应项目。本体管路包括：

1. 事故放水管：由汽包接出至两只串联阀门止。
2. 定期排污管：由水冷壁下联箱接出至两只串联阀门止。
3. 连续排污管：由汽包接出至两只串联阀门止。
4. 省煤器再循环管：由汽包至省煤器进口联箱止。包括电动阀门和支吊架。
5. 疏、放水及冲洗管：从有关联箱接出至两只串联阀门止。
6. 放空气管：由各放空气管接出至两只串联阀门止。
7. 取样管：由各取样点接出至两只串联阀门止。包括冷却器及中间管路、取样槽和支架。
8. 水位计、安全门、点火排汽电动门。
9. 加药管路：由汽包接出至两只串联阀门止。
10. 就地表计和阀门。

五、吹灰器安装根据设备工作原理，按照设计图示数量，以“台”或“套”为计量单位。

六、炉排安装根据设计图示尺寸，按照成品重量，以“t”为计量单位。不计算焊条、下料及加工制作损耗量、设备包装材料、临时加固铁构件重量。计算炉排重量范围包括：炉排、传动机、轨道、风室、煤闸门、挡灰装置、进煤斗、落煤管、炉排前侧封板、后部拉紧装置、前后拱金属结构、检修孔门等。

七、燃烧装置安装根据单台装置重量，按照设计图示锅炉数量，以“个”或“台”为计量单位。

八、炉底除灰渣装置安装根据锅炉类型，按照设计图示成品重量，以“t”为计量单位。不计算焊条、下料及加工制作损耗量、设备包装材料、临时加固铁构件重量。计算炉底除灰渣重量范围包括：双向或单向水力（气力）排渣槽、护板框架结构、斜出灰槽、出灰门及操作机构、浇渣喷嘴系统、排渣槽水封、打渣孔门、灰渣斗及格栅、灰斗上部水封等。

九、锅炉水压试验、锅炉风压试验根据锅炉试运大纲的技术要求，按照设计图示锅炉数量，以“台”为计量单位。

十、烘炉、煮炉、锅炉酸洗、蒸汽严密性试验根据锅炉安装的技术要求，按照设计图示锅炉数量，以“台”为计量单位。

十一、流化床锅炉炉底除灰渣装置中不锈钢耐磨件计算重量，执行“受热面不锈钢结构”相应项目。

十二、工程项目中的汽动给水泵，如需要采用汽轮机驱动时，其中给水泵安装应执行第一册《机械设备安装工程》中的相应项目，汽轮机安装执行本册第三章相应项目。

十三、旋风分离器安装根据设计图示尺寸，按照成品重量，以“t”为计量单位，计算组装、拼装的重量，包括旋风筒、中心筒、旋风分离器护板、旋风筒上部护板、料腿、膨胀节及返料器护板的组合、安装。不计算焊条重量，不计算设备包装材料、临时加固铁构件重量。

一、锅炉本体设备安装

1. 钢 结 构

工作内容：检查、组合、吊装、找正、固定。 计量单位：t

编 号				2-1-1	2-1-2	2-1-3	2-1-4
项 目				钢结构炉架			
				锅炉蒸发量（t/h）			
				≤ 50	≤ 75	≤ 150	≤ 220
名 称			单位	消 耗 量			
人工	000203000	综合二类工	工日	7.585	6.590	6.180	5.026
材料	012300001	型钢（综合）	kg	28.178	25.955	15.343	12.473
	031507017	镀锌铁丝 $\phi2.5$～4.0	kg	1.590	1.148	0.565	0.459
	010900002	圆钢（综合）	kg	4.552	3.978	6.985	5.678
	012900002	钢板（综合）	kg	7.222	6.562	6.177	4.963
	031509010	斜垫铁（综合）	kg	8.942	6.763	7.558	6.145
	031501001	扒钉	kg	0.889	0.612	0.323	0.262
	031101009	尼龙砂轮片 $\phi100$	片	1.178	0.673	0.719	0.585
	031301007	低碳钢焊条（综合）	kg	8.967	5.508	4.530	3.683
	031561004	索具螺旋扣 M16 × 250	套	0.109	0.138	0.057	0.048
	050109006	枕木 2500mm × 250mm × 200mm	根	0.196	0.115	0.105	0.086
	142909001	氧气	m^3	7.153	5.967	5.007	4.071
	142907002	乙炔气	kg	2.751	2.295	1.926	1.566
	850103006	其他材料费（占材料费）	%	2.000	2.000	2.000	2.000
机械	990401030	载重汽车 8t	台班	0.038	0.040	0.066	0.054
	990304004	汽车式起重机 8t	台班	0.194	0.221	0.025	0.020
	990302025	履带式起重机 25t	台班	0.365	0.323	0.225	0.183
	990306035	自升式塔式起重机 2500kN · m	台班	—	—	0.116	0.094
	990901020	交流弧焊机 32kV · A	台班	1.207	0.678	0.808	0.656
	990904030	直流弧焊机 20kV · A	台班	0.812	0.473	0.433	0.352
	990919030	电焊条烘干箱 60 × 50 × 75cm^3	台班	0.202	0.115	0.124	0.101

工作内容：检查、组合、吊装、找正、固定。 **计量单位：**t

编号				2-1-5	2-1-6	2-1-7	2-1-8
项目				锅炉平台、扶梯 锅炉蒸发量（t/h）			
				≤50	≤75	≤150	≤220
名称			单位	消耗量			
人工	000203000	综合二类工	工日	9.712	9.228	8.429	7.594
材料	012300001	型钢（综合）	kg	7.372	7.515	8.797	9.960
	031507017	镀锌铁丝 $\phi2.5\sim4.0$	kg	0.333	0.399	0.428	0.484
	010900002	圆钢（综合）	kg	0.684	1.017	1.501	1.700
	012900002	钢板（综合）	kg	9.605	9.757	9.500	10.756
	022901001	麻绳（综合）	kg	0.190	0.190	0.190	0.215
	031101009	尼龙砂轮片 $\phi100$	片	2.432	2.328	2.917	3.302
	031301007	低碳钢焊条（综合）	kg	12.255	12.170	13.604	15.402
	050109006	枕木 2500mm × 250mm × 200mm	根	0.057	0.057	0.057	0.065
	142909001	氧气	m^3	16.635	16.226	14.640	16.575
	142907002	乙炔气	kg	6.398	6.241	5.631	6.375
	170301006	镀锌钢管 *DN*25	m	3.686	3.800	4.076	4.614
	850103006	其他材料费（占材料费）	%	2.000	2.000	2.000	2.000
机械	990401020	载重汽车 5t	台班	0.028	0.036	0.072	0.069
	990304004	汽车式起重机 8t	台班	0.036	0.072	0.036	0.035
	990302025	履带式起重机 25t	台班	0.292	0.363	0.300	0.271
	990306035	自升式塔式起重机 2500kN · m	台班	—	—	0.197	0.196
	990901020	交流弧焊机 32kV · A	台班	3.864	3.700	4.624	4.449
	990919030	电焊条烘干箱 $60\times50\times75cm^3$	台班	0.386	0.370	0.462	0.445

工作内容：检查、组合、吊装、找正、固定。 **计量单位：**t

编号				2-1-9	2-1-10	2-1-11	2-1-12	2-1-13
项目				锅炉金属结构				受热面不锈钢结构
				锅炉蒸发量（t/h）				
				≤50	≤75	≤150	≤220	
名称			单位	消耗量				
人工	000203000	综合二类工	工日	11.684	10.535	9.429	8.198	18.680
材料	012300001	型钢（综合）	kg	6.964	18.440	25.926	28.920	25.926
	031507017	镀锌铁丝 ϕ2.5～4.0	kg	1.862	1.710	1.425	1.590	1.425
	010900002	圆钢（综合）	kg	0.808	—	—	—	—
	012900002	钢板（综合）	kg	4.275	5.145	5.225	5.828	5.225
	031301007	低碳钢焊条（综合）	kg	13.300	11.030	10.412	11.615	—
	031303018	不锈钢氩弧焊丝（综合）	kg	—	—	—	—	12.588
	031301014	铬不锈钢电焊条	kg	—	—	—	—	32.566
	031561004	索具螺旋扣 M16×250	套	0.466	0.171	0.437	0.488	0.437
	050109006	枕木 2500mm×250mm×200mm	根	0.076	0.029	0.133	0.148	0.133
	140505001	铅油（厚漆）	kg	1.397	0.409	0.684	0.763	0.684
	142909001	氧气	m^3	9.662	9.586	10.821	12.071	10.821
	142907002	乙炔气	kg	3.716	3.687	4.162	4.643	4.162
	023503016	无石棉扭绳 ϕ4～5 烧失量24%	kg	1.397	0.409	0.722	0.805	0.722
	340101003	钍钨棒	g	—	—	—	—	70.490
	142911001	氩气	m^3	—	—	—	—	35.245
	850103006	其他材料费（占材料费）	%	2.000	2.000	2.000	2.000	2.000
机械	990401020	载重汽车 5t	台班	0.054	0.054	0.108	0.121	0.108
	990509010	单速电动葫芦 2t	台班	0.362	0.272	0.452	0.505	0.452
	990304004	汽车式起重机 8t	台班	0.046	0.102	—	—	—
	990302025	履带式起重机 25t	台班	0.244	0.228	0.316	0.353	0.316
	990306035	自升式塔式起重机 2500kN·m	台班	—	—	0.099	0.100	0.101
	990904030	直流弧焊机 20kV·A	台班	—	—	—	—	12.217
	990912010	氩弧焊机 500A	台班	—	—	—	—	9.680
	990901020	交流弧焊机 32kV·A	台班	3.202	3.312	2.560	2.857	1.007
	990919030	电焊条烘干箱 60×50×75cm³	台班	0.320	0.331	0.256	0.286	1.322

2.汽包安装

(1)燃煤锅炉

工作内容：检查、起吊、安装、找正、固定；内部装置安装。　　　　**计量单位：**套

编号				2-1-14	2-1-15	2-1-16	2-1-17
项目				锅炉蒸发量（t/h）			
				≤50	≤75	≤150	≤220
		名称	单位	消耗量			
人工	000203000	综合二类工	工日	41.960	57.798	63.293	73.736
材料	012300001	型钢（综合）	kg	25.866	43.419	44.204	51.498
	031507017	镀锌铁丝 ϕ2.5～4.0	kg	2.166	5.235	5.325	6.204
	012900002	钢板（综合）	kg	3.249	3.700	3.700	4.311
	040915003	黑铅粉	kg	1.354	1.354	1.354	1.578
	020101005	橡胶板 δ5～10	kg	6.137	6.904	6.904	8.043
	020112004	无石棉橡胶板 低压 δ0.8～6	kg	2.708	3.430	3.430	3.995
	020112008	无石棉橡胶板 高压 δ0.5～8	kg	1.083	1.101	1.173	1.367
	022703003	白布	kg	1.561	1.570	1.652	1.924
	031102005	铁砂布 0#～2#	张	11.733	10.830	10.830	12.617
	031301007	低碳钢焊条（综合）	kg	6.327	6.263	6.236	7.265
	340907006	钢丝刷子	把	1.805	1.805	1.805	2.103
	031561004	索具螺旋扣 M16×250	套	1.805	2.708	1.805	2.103
	050109006	枕木 2500mm×250mm×200mm	根	1.354	1.354	1.354	1.578
	130115006	酚醛调和漆	kg	0.587	0.587	0.903	1.051
	142909001	氧气	m^3	13.086	17.148	17.418	20.293
	142907002	乙炔气	kg	5.033	6.595	6.699	7.805
	850103006	其他材料费（占材料费）	%	2.000	2.000	2.000	2.000
机械	990401020	载重汽车 5t	台班	0.257	0.386	0.428	0.500
	990304016	汽车式起重机 16t	台班	0.214	0.266	0.266	0.310
	990302025	履带式起重机 25t	台班	1.157	1.671	0.934	1.088
	990306035	自升式塔式起重机 2500kN·m	台班	—	—	1.929	2.246
	990503020	电动单筒慢速卷扬机 30kN	台班	0.857	1.800	—	—
	990503030	电动单筒慢速卷扬机 50kN	台班	1.071	2.228	2.571	2.996
	991003050	电动空气压缩机 $6m^3/min$	台班	0.531	0.523	0.557	0.649
	991201010	轴流通风机 7.5kW	台班	3.137	3.137	3.335	3.884
	990901020	交流弧焊机 32kV·A	台班	4.166	4.055	4.371	5.093
	990919030	电焊条烘干箱 60×50×$75cm^3$	台班	0.417	0.405	0.437	0.509

（2）生物质锅炉

工作内容：检查、起吊、安装、找正、固定；内部装置安装。 **计量单位：**套

编号				2-1-18	2-1-19	2-1-20	2-1-21
项目				锅炉蒸发量（t/h）			
				≤50	≤75	≤150	≤220
名称			单位	消耗量			
人工	000203000	综合二类工	工日	49.512	68.200	74.685	87.009
材料	012300001	型钢（综合）	kg	30.521	51.235	52.161	60.768
	031507017	镀锌铁丝 ϕ2.5～4.0	kg	2.556	6.177	6.283	7.320
	012900002	钢板（综合）	kg	3.834	4.366	4.366	5.087
	040915003	黑铅粉	kg	1.597	1.597	1.597	1.862
	020101005	橡胶板 δ5～10	kg	7.242	8.147	8.147	9.491
	020112004	无石棉橡胶板 低压 δ0.8～6	kg	3.195	4.047	4.047	4.715
	020112008	无石棉橡胶板 高压 δ0.5～8	kg	1.278	1.299	1.384	1.613
	022703003	白布	kg	1.842	1.853	1.949	2.270
	031102005	铁砂布 $0^{\#}$～$2^{\#}$	张	13.844	12.779	12.779	14.888
	031301007	低碳钢焊条（综合）	kg	7.465	7.391	7.359	8.573
	340907006	钢丝刷子	把	2.130	2.130	2.130	2.481
	031561004	索具螺旋扣 M16×250	套	2.130	3.195	2.130	2.481
	050109006	枕木 2500mm×250mm×200mm	根	1.597	1.597	1.597	1.862
	130115006	酚醛调和漆	kg	0.692	0.692	1.065	1.241
	142909001	氧气	m^3	15.442	20.234	20.554	23.945
	142907002	乙炔气	kg	5.939	7.782	7.905	9.210
	850103006	其他材料费（占材料费）	%	2.000	2.000	2.000	2.000
机械	990401020	载重汽车 5t	台班	0.311	0.467	0.518	0.604
	990304016	汽车式起重机 16t	台班	0.259	0.321	0.321	0.375
	990302025	履带式起重机 25t	台班	1.400	2.022	1.130	1.317
	990306035	自升式塔式起重机 2500kN·m	台班	—	—	2.334	2.718
	990503020	电动单筒慢速卷扬机 30kN	台班	1.037	2.178	—	—
	990503030	电动单筒慢速卷扬机 50kN	台班	—	—	3.111	3.625
	991003050	电动空气压缩机 $6m^3/min$	台班	0.643	0.633	0.674	0.785
	991201010	轴流通风机 7.5kW	台班	3.796	3.796	4.035	4.700
	990901020	交流弧焊机 32kV·A	台班	5.041	4.906	5.289	6.163
	990919030	电焊条烘干箱 $60\times50\times75cm^3$	台班	0.504	0.491	0.529	0.616

3. 水冷系统安装

（1）燃煤锅炉

工作内容：检查、通球、组合、起吊、固定、安装、无损检验、热处理等。　　**计量单位：**t

编号				2-1-22	2-1-23	2-1-24	2-1-25
项目				锅炉蒸发量（t/h）			
				≤50	≤75	≤150	≤220
名称			单位	消耗量			
人工	000203000	综合二类工	工日	28.026	26.884	25.400	21.466
材料	012300001	型钢（综合）	kg	41.734	40.795	23.390	19.285
	031507017	镀锌铁丝 ϕ2.5～4.0	kg	3.324	4.623	2.166	1.958
	012900002	钢板（综合）	kg	7.693	10.120	14.343	16.939
	015301003	铅板 80×300×3	kg	0.341	0.307	0.282	0.255
	340101003	铈钨棒	g	1.585	1.455	0.612	0.553
	021901006	塑料暗袋 80×300	副	0.639	0.567	0.519	0.469
	022703003	白布	kg	0.189	0.197	0.073	0.066
	022901001	麻绳（综合）	kg	0.414	0.370	0.237	0.214
	031101009	尼龙砂轮片 ϕ100	片	2.613	2.725	3.704	3.349
	031102005	铁砂布 0#～2#	张	3.389	3.024	0.919	0.831
	031301007	低碳钢焊条（综合）	kg	5.444	4.647	7.972	7.306
	031303012	氩弧焊丝	kg	0.283	0.260	0.109	0.099
	031541003	钢锯条	条	3.629	3.150	3.640	3.291
	031561004	索具螺旋扣 M16×250	套	0.385	0.197	0.155	0.143
	050109006	枕木 2500mm×250mm×200mm	根	0.145	0.102	0.073	0.066
	130303001	白油漆	kg	0.131	0.118	0.109	0.099
	143135001	硫代硫酸钠	g	227.117	202.967	185.879	168.028
	143171003	无水亚硫酸钠	g	61.069	53.278	48.800	44.113
	143187001	溴化钾	g	2.526	2.252	2.066	1.868
	143319001	对苯二酚	g	5.552	4.962	4.541	4.105
	142911001	氩气	m^3	0.792	0.728	0.306	0.277

续前

编号				2-1-22	2-1-23	2-1-24	2-1-25
项目				锅炉蒸发量（t/h）			
				≤50	≤75	≤150	≤220
名称			单位	消耗量			
材料	142909001	氧气	m^3	9.261	8.576	7.909	7.467
	142907002	乙炔气	kg	3.562	3.299	3.042	2.872
	144303023	压敏胶粘带	m	7.570	6.765	6.198	5.602
	161109001	软胶片 80×300	张	13.166	11.766	10.776	9.740
	301327002	增感屏 80×300	副	0.660	0.591	0.537	0.485
	170200002	无缝钢管（综合）	kg	1.604	2.630	2.039	1.843
	171501004	紫铜管 ϕ4～13	kg	0.196	0.095	0.109	0.099
	860125001	像质计	个	0.639	0.567	0.519	0.469
	553307001	贴片磁铁	副	0.254	0.228	0.209	0.189
	340905001	英文字母铅码	套	0.414	0.370	0.346	0.313
	341101001	水	m^3	0.334	0.512	0.364	0.329
	124505001	号码铅字	套	0.414	0.370	0.346	0.313
	850103006	其他材料费（占材料费）	%	2.000	2.000	2.000	2.000
机械	990401020	载重汽车 5t	台班	0.116	0.095	0.125	0.113
	990401030	载重汽车 8t	台班	—	—	0.063	0.056
	990304004	汽车式起重机 8t	台班	0.228	0.184	—	—
	990302025	履带式起重机 25t	台班	0.282	0.257	0.255	0.230
	990306035	自升式塔式起重机 2500kN·m	台班	—	—	0.119	0.108
	990904030	直流弧焊机 20kV·A	台班	1.659	1.350	2.303	2.082
	990901020	交流弧焊机 32kV·A	台班	0.830	1.242	1.228	1.110
	990912010	氩弧焊机 500A	台班	0.250	0.230	0.100	0.090
	990919030	电焊条烘干箱 60×50×75cm^3	台班	0.249	0.259	0.353	0.319
	990813045	试压泵 60MPa	台班	0.029	0.027	0.031	0.029
	991003050	电动空气压缩机 6m^3/min	台班	0.182	0.216	0.203	0.183
	991216010	X射线胶片脱水烘干机 ZTH-340	台班	0.070	0.063	0.057	0.051
	872128019	X射线探伤机	台班	1.020	0.909	0.832	0.752

（2）生物质锅炉

工作内容：检查、通球、组合、起吊、固定、安装、无损检验、热处理等。　　**计量单位：**t

编号				2-1-26	2-1-27	2-1-28	2-1-29
项目				锅炉蒸发量（t/h）			
				≤50	≤75	≤150	≤220
		名称	单位	消耗量			
人工	000203000	综合二类工	工日	28.026	26.884	25.400	21.466
材料	012300001	型钢（综合）	kg	43.820	42.835	24.559	20.249
	031507017	镀锌铁丝 ϕ2.5～4.0	kg	3.490	4.854	2.274	2.056
	012900002	钢板（综合）	kg	8.078	10.626	15.060	17.785
	015301003	铅板 80×300×3	kg	0.358	0.323	0.296	0.267
	340101003	铈钨棒	g	1.663	1.528	0.642	0.581
	021901006	塑料暗袋 80×300	副	0.671	0.595	0.545	0.493
	022703003	白布	kg	0.198	0.207	0.076	0.069
	022901001	麻绳（综合）	kg	0.434	0.389	0.248	0.224
	031101009	尼龙砂轮片 ϕ100	片	2.744	2.861	3.889	3.516
	031102005	铁砂布 0#～2#	张	3.559	3.175	0.965	0.873
	031301007	低碳钢焊条（综合）	kg	5.716	4.879	8.371	7.671
	031303012	氩弧焊丝	kg	0.297	0.273	0.115	0.104
	031541003	钢锯条	条	3.810	3.308	3.822	3.455
	031561004	索具螺旋扣 M16×250	套	0.404	0.207	0.162	0.150
	050109006	枕木 2500mm×250mm×200mm	根	0.152	0.108	0.076	0.069
	130303001	白油漆	kg	0.137	0.124	0.115	0.104
	143135001	硫代硫酸钠	g	238.473	213.116	195.173	176.430
	143171003	无水亚硫酸钠	g	64.122	55.942	51.240	46.319
	143187001	溴化钾	g	2.652	2.365	2.169	1.961
	143319001	对苯二酚	g	5.830	5.210	4.768	4.310
	142911001	氩气	m^3	0.832	0.764	0.321	0.290
	142909001	氧气	m^3	9.724	9.005	8.304	7.840

续前

编号				2-1-26	2-1-27	2-1-28	2-1-29
项目				锅炉蒸发量（t/h）			
				≤ 50	≤ 75	≤ 150	≤ 220
名称			单位	消耗量			
材料	142907002	乙炔气	kg	3.740	3.464	3.194	3.016
	144303023	压敏胶粘带	m	7.949	7.103	6.508	5.882
	161109001	软胶片 80 × 300	张	13.824	12.354	11.314	10.227
	301327002	增感屏 80 × 300	副	0.694	0.620	0.564	0.510
	170200002	无缝钢管（综合）	kg	1.684	2.762	2.141	1.935
	171501004	紫铜管 ϕ4～13	kg	0.206	0.099	0.115	0.104
	860125001	像质计	个	0.671	0.595	0.545	0.493
	553307001	贴片磁铁	副	0.267	0.240	0.220	0.199
	340905001	英文字母铅码	套	0.434	0.389	0.363	0.328
	341101001	水	m^3	0.351	0.538	0.382	0.345
	124505001	号码铅字	套	0.434	0.389	0.363	0.328
	850103006	其他材料费（占材料费）	%	2.000	2.000	2.000	2.000
机械	990401020	载重汽车 5t	台班	0.123	0.100	0.132	0.120
	990401030	载重汽车 8t	台班	—	—	0.067	0.059
	990304004	汽车式起重机 8t	台班	0.242	0.195	—	—
	990302025	履带式起重机 25t	台班	0.299	0.272	0.270	0.244
	990306035	自升式塔式起重机 2500kN · m	台班	—	—	0.126	0.115
	990904030	直流弧焊机 20kV · A	台班	1.759	1.431	2.442	2.207
	990901020	交流弧焊机 32kV · A	台班	0.879	1.316	1.301	1.176
	990912010	氩弧焊机 500A	台班	0.260	0.240	0.100	0.090
	990919030	电焊条烘干箱 60 × 50 × 75cm^3	台班	0.264	0.275	0.374	0.338
	990813045	试压泵 60MPa	台班	0.031	0.028	0.033	0.030
	991003050	电动空气压缩机 6m^3/min	台班	0.193	0.229	0.215	0.194
	991216010	X 射线胶片脱水烘干机 ZTH-340	台班	0.075	0.067	0.061	0.054
	872128019	X 射线探伤机	台班	1.082	0.963	0.882	0.798

4. 过热器系统安装

(1)燃煤锅炉

工作内容：检查、通球、组合、起吊、固定、安装、无损检验、热处理等。 计量单位：t

编号				2-1-30	2-1-31	2-1-32	2-1-33
项目				锅炉蒸发量（t/h）			
				≤50	≤75	≤150	≤220
		名称	单位	消耗量			
人工	000203000	综合二类工	工日	28.026	26.884	25.400	21.466
材料	012300001	型钢（综合）	kg	22.244	19.845	14.863	13.572
	031507017	镀锌铁丝 ϕ2.5～4.0	kg	1.865	2.971	1.756	1.603
	012900002	钢板（综合）	kg	5.865	5.334	0.698	0.638
	015301003	铅板 80×300×3	kg	0.339	0.241	0.249	0.228
	340101003	铈钨棒	g	1.226	0.834	0.952	0.868
	020112008	无石棉橡胶板 高压 δ0.5～8	kg	0.379	0.149	—	—
	021901006	塑料暗袋 80×300	副	0.638	0.447	0.459	0.419
	022703003	白布	kg	0.120	0.115	0.100	0.091
	022901001	麻绳（综合）	kg	0.200	0.115	0.100	0.091
	031501001	扒钉	kg	0.509	0.459	0.339	0.310
	031101009	尼龙砂轮片 ϕ100	片	0.898	1.239	1.077	0.983
	031102005	铁砂布 0#～2#	张	4.000	2.696	2.643	2.414
	031301007	低碳钢焊条（综合）	kg	3.990	3.568	2.613	2.386
	031303012	氩弧焊丝	kg	0.219	0.149	0.170	0.155
	031561004	索具螺旋扣 M16×250	套	0.190	0.092	0.020	0.017
	050109006	枕木 2500mm×250mm×200mm	根	0.190	0.103	0.020	0.018
	130303001	白油漆	kg	0.130	0.092	0.090	0.082
	143135001	硫代硫酸钠	g	229.196	157.707	163.121	148.952
	143171003	无水亚硫酸钠	g	60.169	44.841	42.823	39.103
	143187001	溴化钾	g	2.544	1.755	1.815	1.658
	143319001	对苯二酚	g	5.606	3.854	3.990	3.643
	142911001	氩气	m³	0.613	0.417	0.476	0.434
	142909001	氧气	m³	16.858	11.471	10.374	9.473
	142907002	乙炔气	kg	6.484	4.412	3.990	3.643
	144303023	压敏胶粘带	m	7.641	5.254	5.436	4.965
	161109001	软胶片 80×300	张	13.287	9.143	9.456	8.635

续前

编号				2-1-30	2-1-31	2-1-32	2-1-33
项目				锅炉蒸发量（t/h）			
				≤ 50	≤ 75	≤ 150	≤ 220
名称			单位	消耗量			
材料	301327002	增感屏 80 × 300	副	0.668	0.459	0.469	0.428
	170200002	无缝钢管（综合）	kg	2.334	2.363	1.995	1.822
	171501004	紫铜管 ϕ4～13	kg	0.140	0.138	0.090	0.082
	860125001	像质计	个	0.638	0.447	0.459	0.419
	553307001	贴片磁铁	副	0.259	0.172	0.180	0.164
	340905001	英文字母铅码	套	0.419	0.287	0.299	0.273
	341101001	水	m^3	0.170	0.115	0.120	0.109
	124505001	号码铅字	套	0.419	0.287	0.299	0.273
	023503006	无石棉布（综合）烧失量 32%	kg	—	1.445	1.716	1.567
	023503016	无石棉扭绳 ϕ4～5 烧失量 24%	kg	—	0.700	0.878	0.802
	273103002	镍铬电阻丝 ϕ3.2	kg	—	0.206	0.200	0.183
	031301006	低合金钢耐热焊条（综合）	kg	—	—	0.878	0.802
	850103006	其他材料费（占材料费）	%	2.000	2.000	2.000	2.000
机械	990401020	载重汽车 5t	台班	—	0.066	0.057	0.053
	990401030	载重汽车 8t	台班	0.067	—	—	—
	990304004	汽车式起重机 8t	台班	0.201	0.144	—	—
	990302025	履带式起重机 25t	台班	0.231	0.309	0.297	0.271
	990509010	单速电动葫芦 2t	台班	0.201	0.408	—	—
	990509020	单速电动葫芦 3t	台班	—	—	0.403	0.368
	990306035	自升式塔式起重机 2500kN · m	台班	—	—	0.096	0.088
	990904030	直流弧焊机 20kV · A	台班	—	1.368	1.228	1.121
	990901020	交流弧焊机 32kV · A	台班	1.458	0.585	0.498	0.455
	990912010	氩弧焊机 500A	台班	0.190	0.130	0.150	0.140
	990919030	电焊条烘干箱 60 × 50 × 75cm^3	台班	0.146	0.195	0.173	0.158
	990813045	试压泵 60MPa	台班	0.087	0.034	0.231	0.210
	991003050	电动空气压缩机 6m^3/min	台班	0.269	0.265	0.250	0.227
	991216010	X 射线胶片脱水烘干机 ZTH-340	台班	0.125	0.088	0.087	0.079
	872128019	X 射线探伤机	台班	1.726	1.192	1.228	1.121
	990753010	中频加热处理机 50kW	台班	—	0.144	0.172	0.158

（2）生物质锅炉

工作内容： 检查、通球、组合、起吊、固定、安装、无损检验、热处理等。　　**计量单位：** t

编号				2-1-34	2-1-35	2-1-36	2-1-37
项目				锅炉蒸发量（t/h）			
				≤ 50	≤ 75	≤ 150	≤ 220
		名称	单位	消耗量			
人工	000203000	综合二类工	工日	15.687	14.788	14.123	12.967
材料	012300001	型钢（综合）	kg	23.072	20.584	15.416	14.817
	031507017	镀锌铁丝 ϕ2.5～4.0	kg	1.935	3.082	1.821	1.751
	012900002	钢板（综合）	kg	6.083	5.533	0.724	0.697
	015301003	铅板 80×300×3	kg	0.352	0.250	0.259	0.249
	340101003	铈钨棒	g	1.276	0.866	0.985	0.949
	020112008	无石棉橡胶板 高压 δ0.5～8	kg	0.393	0.155	—	—
	021901006	塑料暗袋 80×300	副	0.663	0.464	0.476	0.457
	022703003	白布	kg	0.124	0.119	0.103	0.100
	022901001	麻绳（综合）	kg	0.207	0.119	0.103	0.100
	031501001	扒钉	kg	0.528	0.476	0.352	0.338
	031101009	尼龙砂轮片 ϕ100	片	0.931	1.285	1.117	1.074
	031102005	铁砂布 $0^{\#}$～$2^{\#}$	张	4.149	2.796	2.742	2.635
	031301007	低碳钢焊条（综合）	kg	4.138	3.700	2.711	2.605
	031303012	氩弧焊丝	kg	0.228	0.155	0.176	0.169
	031561004	索具螺旋扣 M16×250	套	0.196	0.095	0.021	0.019
	050109006	枕木 2500mm×250mm×200mm	根	0.196	0.107	0.021	0.020
	130303001	白油漆	kg	0.135	0.095	0.093	0.089
	143135001	硫代硫酸钠	g	237.724	163.575	169.191	162.626
	143113001	硼酸	g	7.428	5.116	5.287	5.081
	143171003	无水亚硫酸钠	g	62.409	46.510	44.416	42.693
	143187001	溴化钾	g	2.638	1.820	1.883	1.810
	143319001	对苯二酚	g	5.814	3.998	4.138	3.978
	142911001	氩气	m^3	0.638	0.433	0.492	0.475
	142909001	氧气	m^3	17.485	11.898	10.760	10.342
	142907002	乙炔气	kg	6.725	4.576	4.138	3.978
	144303023	压敏胶粘带	m	7.926	5.449	5.639	5.420
	161109001	软胶片 80×300	张	13.781	9.483	9.808	9.428

续前

编号				2-1-34	2-1-35	2-1-36	2-1-37
项目				锅炉蒸发量（t/h）			
				⩽ 50	⩽ 75	⩽ 150	⩽ 220
名称			单位	消耗量			
材料	301327002	增感屏 80 × 300	副	0.693	0.476	0.486	0.467
	170200002	无缝钢管（综合）	kg	2.421	2.451	2.069	1.989
	171501004	紫铜管 ϕ4～13	kg	0.145	0.143	0.093	0.089
	860125001	像质计	个	0.663	0.464	0.476	0.457
	553307001	贴片磁铁	副	0.269	0.178	0.186	0.179
	340905001	英文字母铅码	套	0.435	0.297	0.310	0.298
	341101001	水	m^3	0.176	0.119	0.124	0.119
	124505001	号码铅字	套	0.435	0.297	0.310	0.298
	023503006	无石棉布（综合）烧失量 32%	kg	—	1.499	1.780	1.711
	023503016	无石棉扭绳 ϕ4～5 烧失量 24%	kg	—	0.726	0.910	0.875
	273103002	镍铬电阻丝 ϕ3.2	kg	—	0.214	0.207	0.199
	031301006	低合金钢耐热焊条（综合）	kg	—	—	0.910	0.875
	850103006	其他材料费（占材料费）	%	2.000	2.000	2.000	2.000
机械	990401020	载重汽车 5t	台班	—	0.066	0.057	0.055
	990401030	载重汽车 8t	台班	0.067	—	—	—
	990304004	汽车式起重机 8t	台班	0.201	0.143	—	—
	990302025	履带式起重机 25t	台班	0.230	0.308	0.296	0.285
	990509010	单速电动葫芦 2t	台班	0.201	0.407	—	—
	990509020	单速电动葫芦 3t	台班	—	—	0.402	0.386
	990306035	自升式塔式起重机 2500kN · m	台班	—	—	0.095	0.092
	990904030	直流弧焊机 20kV · A	台班	—	1.364	1.224	1.177
	990901020	交流弧焊机 32kV · A	台班	1.454	0.583	0.497	0.478
	990912010	氩弧焊机 500A	台班	0.200	0.100	0.160	0.150
	990919030	电焊条烘干箱 60 × 50 × 75cm^3	台班	0.145	0.195	0.172	0.166
	990813045	试压泵 60MPa	台班	0.086	0.033	0.230	0.221
	991003050	电动空气压缩机 6m^3/min	台班	0.268	0.265	0.249	0.239
	991216010	X 射线胶片脱水烘干机 ZTH-340	台班	0.125	0.088	0.086	0.083
	872128019	X 射线探伤机	台班	1.722	1.189	1.224	1.177
	990753010	中频加热处理机 50kW	台班	—	0.143	0.172	0.165

5. 省煤器系统安装

（1）燃煤锅炉

工作内容：检查、通球、组合、起吊、固定、安装、无损检验、热处理等。　　**计量单位：**t

	编号			2-1-38	2-1-39	2-1-40	2-1-41
	项目			锅炉蒸发量（t/h）			
				≤ 50	≤ 75	≤ 150	≤ 220
		名称	单位	消耗量			
人工	000203000	综合二类工	工日	15.334	15.008	12.540	11.151
材料	012300001	型钢（综合）	kg	13.845	16.758	25.137	25.780
	031507017	镀锌铁丝 ϕ2.5～4.0	kg	2.195	1.452	1.556	1.596
	012900002	钢板（综合）	kg	16.179	6.145	22.643	23.223
	015301003	铅板 80 × 300 × 3	kg	0.209	0.196	0.200	0.204
	340101003	铈钨棒	g	0.616	0.547	0.279	0.286
	020112008	无石棉橡胶板 高压 δ0.5～8	kg	0.140	0.098	0.080	0.082
	021901006	塑料暗袋 80 × 300	副	0.389	0.363	0.369	0.378
	022703003	白布	kg	0.180	0.070	0.140	0.143
	031501001	扒钉	kg	0.329	0.335	0.249	0.256
	031101009	尼龙砂轮片 ϕ100	片	1.736	1.466	1.496	1.535
	031102005	铁砂布 0#～2#	张	2.175	2.151	4.449	4.563
	031301007	低碳钢焊条（综合）	kg	6.424	4.636	5.496	5.637
	031303012	氩弧焊丝	kg	0.110	0.098	0.050	0.051
	031561004	索具螺旋扣 M16 × 250	套	0.509	0.265	0.329	0.335
	050109006	枕木 2500mm × 250mm × 200mm	根	0.150	0.098	0.229	0.235
	130303001	白油漆	kg	0.080	0.070	0.080	0.082
	130115006	酚醛调和漆	kg	0.130	0.070	0.080	0.082
	143135001	硫代硫酸钠	g	137.485	128.883	129.914	133.240
	143113001	硼酸	g	4.299	4.036	4.060	4.164
	143171003	无水亚硫酸钠	g	36.090	33.963	34.105	34.978
	143187001	溴化钾	g	1.526	1.438	1.446	1.483
	143319001	对苯二酚	g	3.362	3.156	3.172	3.253
	142911001	氩气	m^3	0.308	0.274	0.140	0.143

续前

编号				2-1-38	2-1-39	2-1-40	2-1-41
项目				锅炉蒸发量（t/h）			
				≤50	≤75	≤150	≤220
名称			单位	消耗量			
材料	142909001	氧气	m^3	12.958	14.719	12.379	12.696
	142907002	乙炔气	kg	4.984	5.661	4.761	4.883
	144303023	压敏胶粘带	m	4.579	4.301	4.329	4.440
	161109001	软胶片 80×300	张	7.970	7.471	7.531	7.724
	301327002	增感屏 80×300	副	0.399	0.377	0.379	0.389
	170200002	无缝钢管（综合）	kg	6.833	1.327	0.100	0.102
	171501004	紫铜管 ϕ4～13	kg	0.100	0.070	0.100	0.102
	860125001	像质计	个	0.389	0.363	0.369	0.378
	553307001	贴片磁铁	副	0.150	0.140	0.150	0.153
	340905001	英文字母铅码	套	0.249	0.237	0.239	0.246
	341101001	水	m^3	0.309	0.461	0.319	0.327
	124505001	号码铅字	套	0.249	0.237	0.239	0.246
	850103006	其他材料费（占材料费）	%	2.000	2.000	2.000	2.000
机械	990401020	载重汽车 5t	台班	0.095	—	0.095	0.097
	990401030	载重汽车 8t	台班	—	0.133	0.095	0.097
	990302025	履带式起重机 25t	台班	0.386	0.465	0.285	0.282
	990509010	单速电动葫芦 2t	台班	0.351	0.319	0.133	0.136
	990306035	自升式塔式起重机 2500kN·m	台班	—	—	0.095	0.089
	990901020	交流弧焊机 32kV·A	台班	2.771	2.299	2.353	2.414
	990912010	氩弧焊机 500A	台班	0.100	0.090	0.040	0.040
	990919030	电焊条烘干箱 60×50×75cm³	台班	0.277	0.230	0.235	0.241
	990813045	试压泵 60MPa	台班	0.503	0.226	0.266	0.273
	991003050	电动空气压缩机 6m³/min	台班	0.448	0.359	0.332	0.340
	991216010	X 射线胶片脱水烘干机 ZTH-340	台班	0.076	0.067	0.067	0.068
	872128019	X 射线探伤机	台班	1.025	0.969	0.968	0.992

（2）生物质锅炉

工作内容：检查、通球、组合、起吊、固定、安装、无损检验、热处理等。　　**计量单位：**t

编　号				2-1-42	2-1-43	2-1-44	2-1-45
项　目				锅炉蒸发量（t/h）			
				≤ 50	≤ 75	≤ 150	≤ 220
	名　称		单位	消　耗　量			
人工	000203000	综合二类工	工日	16.268	15.922	13.304	11.829
材料	012300001	型钢（综合）	kg	15.569	18.845	28.268	28.991
	031507017	镀锌铁丝 ϕ2.5～4.0	kg	2.468	1.633	1.750	1.795
	012900002	钢板（综合）	kg	18.195	6.910	25.464	26.115
	015301003	铅板 80 × 300 × 3	kg	0.235	0.220	0.224	0.230
	340101003	铈钨棒	g	0.689	0.616	0.314	0.322
	020112008	无石棉橡胶板 高压 δ0.5～8	kg	0.157	0.110	0.090	0.092
	021901006	塑料暗袋 80 × 300	副	0.438	0.408	0.415	0.425
	022703003	白布	kg	0.201	0.079	0.157	0.161
	031501001	扒钉	kg	0.370	0.377	0.280	0.288
	031101009	尼龙砂轮片 ϕ100	片	1.951	1.649	1.683	1.726
	031102005	铁砂布 0#～2#	张	2.445	2.418	5.003	5.131
	031301007	低碳钢焊条（综合）	kg	7.224	5.214	6.181	6.339
	031303012	氩弧焊丝	kg	0.123	0.110	0.056	0.057
	031561004	索具螺旋扣 M16 × 250	套	0.572	0.298	0.370	0.377
	050109006	枕木 2500mm × 250mm × 200mm	根	0.169	0.110	0.258	0.265
	130303001	白油漆	kg	0.090	0.079	0.090	0.092
	130115006	酚醛调和漆	kg	0.146	0.079	0.090	0.092
	143135001	硫代硫酸钠	g	154.609	144.936	146.096	149.836
	143113001	硼酸	g	4.835	4.539	4.565	4.683
	143171003	无水亚硫酸钠	g	40.584	38.193	38.352	39.335
	143187001	溴化钾	g	1.716	1.618	1.627	1.668
	143319001	对苯二酚	g	3.780	3.549	3.567	3.659
	142911001	氩气	m^3	0.344	0.308	0.157	0.161

续前

编号				2-1-42	2-1-43	2-1-44	2-1-45
项目				锅炉蒸发量（t/h）			
				⩽50	⩽75	⩽150	⩽220
名称			单位	消耗量			
材料	142909001	氧气	m^3	14.572	16.552	13.921	14.278
	142907002	乙炔气	kg	5.605	6.366	5.354	5.491
	144303023	压敏胶粘带	m	5.148	4.837	4.868	4.993
	161109001	软胶片 80×300	张	8.962	8.402	8.469	8.686
	301327002	增感屏 80×300	副	0.448	0.424	0.426	0.437
	170200002	无缝钢管（综合）	kg	7.684	1.492	0.112	0.115
	171501004	紫铜管 ϕ4～13	kg	0.112	0.079	0.112	0.115
	860125001	像质计	个	0.438	0.408	0.415	0.425
	553307001	贴片磁铁	副	0.169	0.157	0.168	0.172
	340905001	英文字母铅码	套	0.281	0.267	0.269	0.276
	341101001	水	m^3	0.348	0.518	0.359	0.368
	124505001	号码铅字	套	0.281	0.267	0.269	0.276
	850103006	其他材料费（占材料费）	%	2.000	2.000	2.000	2.000
机械	990401020	载重汽车 5t	台班	0.104	—	0.104	0.107
	990401030	载重汽车 8t	台班	—	0.146	0.104	0.107
	990302025	履带式起重机 25t	台班	0.425	0.512	0.314	0.311
	990509010	单速电动葫芦 2t	台班	0.387	0.352	0.146	0.150
	990306035	自升式塔式起重机 2500kN·m	台班	—	—	0.104	0.098
	990901020	交流弧焊机 32kV·A	台班	3.055	2.535	2.595	2.661
	990912010	氩弧焊机 500A	台班	0.110	0.100	0.050	0.050
	990919030	电焊条烘干箱 60×50×75cm^3	台班	0.306	0.253	0.259	0.266
	990813045	试压泵 60MPa	台班	0.555	0.249	0.293	0.301
	991003050	电动空气压缩机 6m^3/min	台班	0.494	0.395	0.366	0.375
	991216010	X 射线胶片脱水烘干机 ZTH-340	台班	0.083	0.074	0.074	0.075
	872128019	X 射线探伤机	台班	1.130	1.069	1.067	1.094

6. 空气预热器系统安装

（1）燃煤锅炉

工作内容：检查、组合、起吊、安装、找正、固定。　　计量单位：t

	编　号			2-1-46	2-1-47	2-1-48
	项　目			锅炉蒸发量（t/h）		
				≤75	≤150	≤220
		名　称	单位	消　耗　量		
人工	000203000	综合二类工	工日	3.893	3.117	2.916
材料	012300001	型钢（综合）	kg	4.977	2.993	2.801
	031507017	镀锌铁丝 ϕ2.5～4.0	kg	0.431	0.788	0.737
	012900002	钢板（综合）	kg	2.331	2.342	2.191
	031301007	低碳钢焊条（综合）	kg	5.051	4.442	4.157
	031561004	索具螺旋扣 M16×250	套	0.053	0.021	0.019
	050109006	枕木 2500mm×250mm×200mm	根	0.021	0.032	0.029
	140505001	铅油（厚漆）	kg	0.179	0.326	0.304
	142909001	氧气	m^3	3.728	2.678	2.506
	142907002	乙炔气	kg	1.434	1.030	0.964
	023503016	无石棉扭绳 ϕ4～5 烧失量24%	kg	0.263	0.252	0.236
	850103006	其他材料费（占材料费）	%	2.000	2.000	2.000
机械	990401020	载重汽车 5t	台班	0.060	0.060	0.056
	990304004	汽车式起重机 8t	台班	0.040	0.040	0.038
	990302025	履带式起重机 25t	台班	0.152	0.131	0.123
	990306035	自升式塔式起重机 2500kN·m	台班	—	0.051	0.048
	990901020	交流弧焊机 32kV·A	台班	1.343	1.767	1.653
	990919030	电焊条烘干箱 60×50×75cm³	台班	0.134	0.177	0.165

（2）生物质锅炉

工作内容：检查、组合、起吊、安装、找正、固定。 **计量单位：**t

编号				2-1-49	2-1-50	2-1-51
项目				锅炉蒸发量（t/h）		
				≤75	≤150	≤220
名称			单位	消耗量		
人工	000203000	综合二类工	工日	4.011	3.211	3.003
材料	012300001	型钢（综合）	kg	5.126	3.082	2.885
	031507017	镀锌铁丝 ϕ2.5～4.0	kg	0.443	0.811	0.759
	012900002	钢板（综合）	kg	2.401	2.412	2.257
	031301007	低碳钢焊条（综合）	kg	5.202	4.575	4.282
	031561004	索具螺旋扣 M16×250	套	0.054	0.022	0.019
	050109006	枕木 2500mm×250mm×200mm	根	0.022	0.032	0.030
	140505001	铅油（厚漆）	kg	0.184	0.335	0.313
	142909001	氧气	m^3	3.839	2.758	2.581
	142907002	乙炔气	kg	1.477	1.061	0.993
	023503016	无石棉扭绳 ϕ4～5 烧失量24%	kg	0.270	0.260	0.243
	850103006	其他材料费（占材料费）	%	2.000	2.000	2.000
机械	990401020	载重汽车 5t	台班	0.063	0.063	0.059
	990304004	汽车式起重机 8t	台班	0.042	0.042	0.040
	990302025	履带式起重机 25t	台班	0.159	0.138	0.129
	990306035	自升式塔式起重机 2500kN·m	台班	—	0.053	0.050
	990901020	交流弧焊机 32kV·A	台班	1.410	1.855	1.736
	990919030	电焊条烘干箱 60×50×75cm^3	台班	0.141	0.186	0.174

7. 本体管道系统

工作内容：坡口加工、对口焊接、起吊、安装、无损检验、热处理等。　　**计量单位：**t

编　号				2-1-52	2-1-53	2-1-54	2-1-55
项　目				锅炉蒸发量（t/h）			
				≤ 50	≤ 75	≤ 150	≤ 220
名　称			单位	消　耗　量			
人工	000203000	综合二类工	工日	59.692	53.022	45.814	40.606
材料	012300001	型钢（综合）	kg	85.187	64.239	56.159	48.578
	031507017	镀锌铁丝 ϕ2.5～4.0	kg	4.499	2.773	3.671	3.524
	015301003	铅板 80 × 300 × 3	kg	0.239	0.170	0.200	0.192
	340101003	钍钨棒	g	2.123	1.229	1.899	1.820
	020112008	无石棉橡胶板 高压 δ0.5～8	kg	1.187	0.349	0.449	0.431
	021901006	塑料暗袋 80 × 300	副	0.439	0.319	0.369	0.354
	022703003	白布	kg	1.636	1.217	0.988	0.948
	031101009	尼龙砂轮片 ϕ100	片	2.803	3.481	3.002	2.883
	031102005	铁砂布 0#～2#	张	6.105	6.135	4.589	4.405
	031301007	低碳钢焊条（综合）	kg	10.574	17.057	14.264	13.694
	031301001	不锈钢焊条（综合）	kg	0.549	0.369	0.209	0.201
	031303012	氩弧焊丝	kg	0.379	0.219	0.339	0.325
	031541003	钢锯条	条	28.429	25.017	20.549	19.727
	040301003	中砂	t	0.110	0.100	0.090	0.086
	130303001	白油漆	kg	0.090	0.070	0.080	0.077
	130115006	酚醛调和漆	kg	0.249	0.269	0.209	0.201
	133519010	油浸无石棉盘根 编织 ϕ6～10（250℃）	kg	0.788	0.768	0.599	0.575
	143505003	金属清洗剂	kg	0.382	0.288	0.240	0.230

续前

编号				2-1-52	2-1-53	2-1-54	2-1-55
项目				锅炉蒸发量（t/h）			
				≤50	≤75	≤150	≤220
名称			单位	消耗量			
材料	140303001	机油（综合）	kg	0.778	0.698	0.569	0.546
	143309002	黄甘油	kg	0.289	—	—	—
	143135001	硫代硫酸钠	g	154.692	112.358	129.914	124.717
	143113001	硼酸	g	4.838	3.511	4.060	3.897
	143171003	无水亚硫酸钠	g	40.608	29.496	34.105	32.740
	143187001	溴化钾	g	1.716	1.247	1.446	1.389
	143319001	对苯二酚	g	3.781	2.743	3.172	3.045
	142911001	氩气	m^3	1.061	0.614	0.950	0.910
	142909001	氧气	m^3	30.324	19.751	21.347	20.493
	142907002	乙炔气	kg	11.663	7.596	8.210	7.882
	144303023	压敏胶粘带	m	5.157	3.741	4.329	4.156
	023503006	无石棉布（综合）烧失量 32%	kg	1.097	1.536	0.978	0.939
	023503016	无石棉扭绳 $\phi4\sim5$ 烧失量 24%	kg	1.187	0.708	0.628	0.603
	161109001	软胶片 80×300	张	8.968	6.514	7.531	7.230
	301327002	增感屏 80×300	副	0.449	0.329	0.379	0.364
	203107005	钢齿形垫（综合）	片	0.299	0.798	0.698	0.670
	860125001	像质计	个	0.439	0.319	0.369	0.354
	553307001	贴片磁铁	副	0.170	0.130	0.150	0.144
	340905001	英文字母铅码	套	0.289	0.209	0.239	0.229
	341101001	水	m^3	0.110	0.080	0.090	0.086

续前

编号				2-1-52	2-1-53	2-1-54	2-1-55
项目				锅炉蒸发量（t/h）			
				≤ 50	≤ 75	≤ 150	≤ 220
名称			单位	消耗量			
材料	124505001	号码铅字	套	0.289	0.209	0.239	0.229
	022901001	麻绳（综合）	kg	—	0.219	0.249	0.239
	280109003	硬铜绞线 TJ-120mm^2	kg	—	1.357	0.978	0.939
	850103006	其他材料费（占材料费）	%	2.000	2.000	2.000	2.000
机械	990401020	载重汽车 5t	台班	0.133	0.180	0.180	0.173
	990304004	汽车式起重机 8t	台班	0.104	0.267	—	—
	990302025	履带式起重机 25t	台班	0.103	0.200	0.106	0.104
	990509020	单速电动葫芦 3t	台班	0.446	1.139	0.911	0.875
	990306035	自升式塔式起重机 2500kN · m	台班	—	—	0.232	0.220
	990740010	坡口机 2.2kW	台班	0.105	0.170	0.294	0.282
	990904030	直流弧焊机 20kV · A	台班	0.304	0.285	0.285	0.273
	990901020	交流弧焊机 32kV · A	台班	4.441	5.513	4.764	4.573
	990912010	氩弧焊机 500A	台班	0.340	0.190	0.300	0.290
	990919030	电焊条烘干箱 60 × 50 × 75cm^3	台班	0.474	0.580	0.505	0.485
	990813045	试压泵 60MPa	台班	0.474	0.778	0.531	0.510
	991003050	电动空气压缩机 6m^3/min	台班	1.101	0.351	0.427	0.410
	991204020	鼓风机 18m^3/min	台班	0.076	—	—	—
	991216010	X 射线胶片脱水烘干机 ZTH-340	台班	0.086	0.057	0.067	0.064
	872128019	X 射线探伤机	台班	0.847	0.835	0.968	0.930
	990753010	中频加热处理机 50kW	台班	—	0.086	0.057	0.055

8. 吹 灰 器

工作内容：检查、组合、安装、找正、固定、单体调试。 计量单位：见表

编 号				2-1-56	2-1-57
项 目				蒸汽吹灰器	声波吹灰器
单 位				台	套
名 称			单位	消 耗 量	
人工	000203000	综合二类工	工日	3.509	6.575
材料	031507007	镀锌铁丝（综合）	kg	0.459	0.912
	031507017	镀锌铁丝 ϕ2.5～4.0	kg	0.126	—
	012900002	钢板（综合）	kg	0.441	—
	020112004	无石棉橡胶板 低压 δ0.8～6	kg	0.032	—
	031301007	低碳钢焊条（综合）	kg	0.126	—
	142909001	氧气	m^3	1.103	1.701
	142907002	乙炔气	kg	0.424	0.654
	170200002	无缝钢管（综合）	kg	0.882	—
	012300001	型钢（综合）	kg	—	6.334
	012903004	热轧中厚钢板 δ15 以内	kg	—	0.420
	031301021	钢焊条 J507（综合）	kg	—	0.757
	023503013	无石棉扭绳（综合）	kg	—	0.570
	850103006	其他材料费（占材料费）	%	2.000	2.000
机械	990401035	载重汽车 10t	台班	—	0.011
	990306035	自升式塔式起重机 2500kN · m	台班	0.031	0.031
	990901020	交流弧焊机 32kV · A	台班	0.101	0.208
	990919030	电焊条烘干箱 60 × 50 × 75cm³	台班	0.010	0.021

9. 炉排、燃烧装置安装

(1) 燃煤锅炉

工作内容：检查、组合、安装、找正、固定、单体调试。　　计量单位：见表

编号				2-1-58	2-1-59	2-1-60	2-1-61
项目				链条炉炉排	煤粉炉燃烧装置（t）		
					≤1	≤5	≤10
单位				t		个	
名称			单位	消耗量			
人工	000203000	综合二类工	工日	16.092	13.469	34.438	41.773
材料	012300001	型钢（综合）	kg	4.489	6.484	10.474	10.973
	031507017	镀锌铁丝 ϕ2.5～4.0	kg	0.499	5.367	10.015	11.511
	012900002	钢板（综合）	kg	20.948	7.980	12.968	15.960
	013503001	紫铜板（综合）	kg	0.040	—	—	—
	020901003	聚氯乙烯薄膜	m^2	0.299	—	—	—
	022701001	棉纱	kg	0.998	—	—	—
	022703003	白布	kg	0.587	—	—	0.998
	022709006	羊毛毡 6～8	m^2	0.030	—	—	—
	031101009	尼龙砂轮片 ϕ100	片	0.479	—	—	—
	031102005	铁砂布 0#～2#	张	2.993	—	—	—
	031301007	低碳钢焊条（综合）	kg	1.596	10.474	20.449	24.439
	031509010	斜垫铁（综合）	kg	19.950	—	—	—
	130115006	酚醛调和漆	kg	0.100	—	—	—
	143505003	金属清洗剂	kg	0.232	—	—	—
	140509002	溶剂汽油	kg	1.995	—	—	—
	140303001	机油（综合）	kg	7.481	—	—	—
	140505001	铅油（厚漆）	kg	0.499	0.499	1.197	1.995
	143309002	黄甘油	kg	1.696	—	—	—

续前

编号				2-1-58	2-1-59	2-1-60	2-1-61
项目				链条炉炉排	煤粉炉燃烧装置（t）		
					≤1	≤5	≤10
单位				t		个	
名称			单位	消耗量			
材料	142909001	氧气	m^3	5.267	11.012	23.192	25.785
	142907002	乙炔气	kg	2.026	4.236	8.920	9.917
	133503014	密封胶	kg	0.798	—	—	—
	023503016	无石棉扭绳 ϕ4～5 烧失量 24%	kg	0.998	0.499	1.496	1.995
	272501002	青壳纸 δ0.1～1.0	kg	0.200	—	—	—
	031561004	索具螺旋扣 M16×250	套	—	0.499	0.998	—
	022901001	麻绳（综合）	kg	—	—	0.499	0.698
	010900002	圆钢（综合）	kg	—	—	—	2.494
	850103006	其他材料费（占材料费）	%	2.000	2.000	2.000	2.000
机械	990401020	载重汽车 5t	台班	0.076	0.076	—	—
	990401030	载重汽车 8t	台班	—	—	0.380	0.399
	990304004	汽车式起重机 8t	台班	—	0.076	0.409	0.380
	990304016	汽车式起重机 16t	台班	0.095	—	—	—
	990302025	履带式起重机 25t	台班	0.077	0.323	0.702	0.787
	990306035	自升式塔式起重机 2500kN·m	台班	—	—	0.285	0.710
	990503020	电动单筒慢速卷扬机 30kN	台班	0.665	—	—	—
	990503030	电动单筒慢速卷扬机 50kN	台班	—	—	1.898	1.898
	990901020	交流弧焊机 32kV·A	台班	0.759	2.695	5.096	6.045
	990919030	电焊条烘干箱 60×50×75cm^3	台班	0.076	0.270	0.510	0.605
	991003020	电动空气压缩机 0.6m^3/min	台班	0.019	—	—	—
	990813045	试压泵 60MPa	台班	—	0.048	0.048	0.048

（2）流化床炉燃烧装置

工作内容：检查、组合、安装、找正、固定、单体调试。 **计量单位：**台

编号				2-1-62	2-1-63
项目				流化床炉燃烧装置	
				锅炉蒸发量（t/h）	
				≤150	≤220
名称			单位	消耗量	
人工	000203000	综合二类工	工日	27.966	36.165
材料	012300001	型钢（综合）	kg	172.732	223.370
	031507007	镀锌铁丝（综合）	kg	5.770	7.461
	031301021	钢焊条 J507（综合）	kg	25.424	32.878
	143505003	金属清洗剂	kg	0.653	0.845
	142909001	氧气	m^3	20.773	26.863
	142907002	乙炔气	kg	7.990	10.332
	850103006	其他材料费（占材料费）	%	2.000	2.000
机械	990403020	平板拖车组 20t	台班	0.733	0.949
	990302040	履带式起重机 50t	台班	1.126	1.457
	990306035	自升式塔式起重机 2500kN · m	台班	1.101	1.424
	990503030	电动单筒慢速卷扬机 50kN	台班	1.468	1.898
	990901020	交流弧焊机 32kV · A	台班	5.258	6.799
	990919030	电焊条烘干箱 60 × 50 × 75cm^3	台班	0.526	0.680

（3）生物质锅炉

工作内容： 检查、组合、安装、找正、固定、单体调试。 **计量单位：** 见表

编号				2-1-64	2-1-65	2-1-66	2-1-67
项目				链条炉炉排	燃烧装置（t）		
					≤1	≤3	≤5
单位				t		个	
名称			单位	消耗量			
人工	000203000	综合二类工	工日	15.584	12.052	30.813	37.376
材料	012300001	型钢（综合）	kg	4.347	5.801	9.371	9.818
	031507017	镀锌铁丝 ϕ2.5～4.0	kg	0.483	4.802	8.961	10.299
	012900002	钢板（综合）	kg	20.286	7.140	11.603	14.280
	013503001	紫铜板（综合）	kg	0.039	—	—	—
	020901003	聚氯乙烯薄膜	m^2	0.290	—	—	—
	022701001	棉纱	kg	0.966	—	—	—
	022703003	白布	kg	0.568	—	—	0.893
	022709006	羊毛毡 6～8	m^2	0.029	—	—	—
	031101009	尼龙砂轮片 ϕ100	片	0.464	—	—	—
	031102005	铁砂布 $0^{\#}$～$2^{\#}$	张	2.898	—	—	—
	031301007	低碳钢焊条（综合）	kg	1.546	9.371	18.296	21.866
	031509010	斜垫铁（综合）	kg	19.320	—	—	—
	130115006	酚醛调和漆	kg	0.097	—	—	—
	143505003	金属清洗剂	kg	0.225	—	—	—
	140509002	溶剂汽油	kg	1.932	—	—	—
	140303001	机油（综合）	kg	7.245	—	—	—
	140505001	铅油（厚漆）	kg	0.483	0.446	1.071	1.785
	143309002	黄甘油	kg	1.642	—	—	—

续前

编　　号				2-1-64	2-1-65	2-1-66	2-1-67
项　　目				链条炉炉排	燃烧装置（t）		
					≤1	≤3	≤5
单　　位				t		个	
名　　称			单位	消　耗　量			
材料	142909001	氧气	m^3	5.100	9.853	20.751	23.071
	142907002	乙炔气	kg	1.962	3.790	7.981	8.874
	133503014	密封胶	kg	0.773	—	—	—
	023503016	无石棉扭绳 ϕ4～5 烧失量 24%	kg	0.966	0.446	1.339	1.785
	272501002	青壳纸 δ0.1～1.0	kg	0.193	—	—	—
	031561004	索具螺旋扣 M16×250	套	—	0.446	0.893	—
	022901001	麻绳（综合）	kg	—	—	0.446	0.625
	010900002	圆钢（综合）	kg	—	—	—	2.231
	850103006	其他材料费（占材料费）	%	2.000	2.000	2.000	2.000
机械	990401020	载重汽车 5t	台班	0.073	0.068	—	—
	990401030	载重汽车 8t	台班	—	—	0.341	0.358
	990304004	汽车式起重机 8t	台班	—	0.068	0.367	0.341
	990304016	汽车式起重机 16t	台班	0.092	—	—	—
	990302025	履带式起重机 25t	台班	0.074	0.290	0.631	0.706
	990306035	自升式塔式起重机 2500kN·m	台班	—	—	0.256	0.637
	990503020	电动单筒慢速卷扬机 30kN	台班	0.645	—	—	—
	990503030	电动单筒慢速卷扬机 50kN	台班	—	—	1.704	1.704
	990901020	交流弧焊机 32kV·A	台班	0.736	2.420	4.575	5.427
	990919030	电焊条烘干箱 60×50×75cm^3	台班	0.074	0.242	0.457	0.543
	991003020	电动空气压缩机 0.6m^3/min	台班	0.018	—	—	—
	990813045	试压泵 60MPa	台班	—	0.043	0.043	0.043

（4）助燃油装置

工作内容：检查、组合、安装、找正、固定、单体调试。 **计量单位：**个

编号				2-1-68	2-1-69
项目				助燃油装置	
				重量（t）	
				≤0.6	≤1.5
名称			单位	消耗量	
人工	000203000	综合二类工	工日	13.469	34.438
材料	012300001	型钢（综合）	kg	6.484	10.474
	031507017	镀锌铁丝 $\phi2.5\sim4.0$	kg	5.367	10.015
	012900002	钢板（综合）	kg	7.980	12.968
	031301007	低碳钢焊条（综合）	kg	10.474	20.449
	031561004	索具螺旋扣 M16×250	套	0.499	0.998
	140505001	铅油（厚漆）	kg	0.499	1.197
	142909001	氧气	m^3	11.012	23.192
	142907002	乙炔气	kg	4.236	8.920
	023503016	无石棉扭绳 $\phi4\sim5$ 烧失量 24%	kg	0.499	1.496
	022901001	麻绳（综合）	kg	—	0.499
	850103006	其他材料费（占材料费）	%	2.000	2.000
机械	990401020	载重汽车 5t	台班	0.076	—
	990401030	载重汽车 8t	台班	—	0.380
	990304004	汽车式起重机 8t	台班	0.076	0.409
	990302025	履带式起重机 25t	台班	0.323	0.702
	990306035	自升式塔式起重机 2500kN·m	台班	—	0.285
	990503030	电动单筒慢速卷扬机 50kN	台班	—	1.898
	990901020	交流弧焊机 32kV·A	台班	2.695	5.096
	990919030	电焊条烘干箱 $60\times50\times75cm^3$	台班	0.270	0.510
	990813045	试压泵 60MPa	台班	0.048	0.048

10. 炉底除灰渣装置

工作内容：检查、组合、安装、找正、固定、单体调试。　　　　**计量单位：**t

编　号				2-1-70	2-1-71	2-1-72	2-1-73	2-1-74
项　目				燃煤链条炉	生物质链条炉	煤粉炉 锅炉蒸发量（t/h） ≤75	煤粉炉 锅炉蒸发量（t/h） ≤150	煤粉炉 锅炉蒸发量（t/h） ≤220
		名　称	单位	消　耗　量				
人工	000203000	综合二类工	工日	28.052	25.099	11.460	11.285	12.390
材料	012300001	型钢（综合）	kg	12.369	11.067	6.554	4.828	5.300
	031507017	镀锌铁丝 ϕ2.5～4.0	kg	4.988	4.463	1.057	1.436	1.577
	012900002	钢板（综合）	kg	32.020	28.649	4.010	2.903	3.187
	031301007	低碳钢焊条（综合）	kg	3.990	3.570	8.618	10.833	11.893
	050109006	枕木 2500mm × 250mm × 200mm	根	—	—	—	0.070	0.077
	140505001	铅油（厚漆）	kg	2.993	2.678	0.868	0.868	0.952
	142909001	氧气	m³	8.978	8.033	12.269	14.174	15.562
	142907002	乙炔气	kg	3.453	3.089	4.719	5.452	5.985
	023503016	无石棉扭绳 ϕ4～5 烧失量24%	kg	1.995	1.785	0.988	1.157	1.271
	012907002	镀锌钢板（综合）	kg	1.397	1.250	—	—	—
	013503001	紫铜板（综合）	kg	0.399	0.357	—	—	—
	020115004	耐油无石棉橡胶板 δ1	kg	1.496	1.339	—	—	—
	022703003	白布	kg	3.990	3.570	—	—	—
	022709005	羊毛毡 1～5	m²	0.100	0.089	—	—	—
	031102005	铁砂布 0#～2#	张	7.980	7.140	—	—	—
	130115006	酚醛调和漆	kg	4.608	4.123	—	—	—
	130100003	手喷漆	kg	0.130	0.116	—	—	—
	130505007	酚醛防锈漆	kg	0.499	0.446	—	—	—
	143505003	金属清洗剂	kg	1.210	1.083	—	—	—
	140509002	溶剂汽油	kg	11.372	10.175	—	—	—
	140303001	机油（综合）	kg	15.761	14.102	—	—	—
	143309002	黄甘油	kg	2.494	2.231	—	—	—
	142301001	红丹粉	kg	0.399	0.357	—	—	—
	133503014	密封胶	kg	7.980	7.140	—	—	—
	850103006	其他材料费（占材料费）	%	2.000	2.000	2.000	2.000	2.000
机械	990401020	载重汽车 5t	台班	0.237	0.214	—	0.076	0.071
	990304004	汽车式起重机 8t	台班	0.474	0.429	0.095	—	—
	990302025	履带式起重机 25t	台班	—	—	0.180	0.199	0.189
	990306035	自升式塔式起重机 2500kN · m	台班	—	—	—	0.029	0.028
	990503020	电动单筒慢速卷扬机 30kN	台班	0.474	0.429	0.142	0.151	0.143
	990901020	交流弧焊机 32kV · A	台班	2.467	2.231	2.780	3.027	2.856
	990919030	电焊条烘干箱 60 × 50 × 75cm³	台班	0.247	0.223	0.278	0.303	0.286

工作内容：检查、组合、安装、找正、固定、单体调试。 **计量单位：**t

编号				2-1-75	2-1-76	2-1-77
项目				流化床炉		
				锅炉蒸发量（t/h）		
				≤75	≤150	≤220
名称			单位	消耗量		
人工	000203000	综合二类工	工日	13.753	13.542	14.124
材料	012300001	型钢（综合）	kg	6.554	4.828	3.111
	031507017	镀锌铁丝 ϕ2.5～4.0	kg	1.057	1.436	1.498
	012900002	钢板（综合）	kg	4.010	2.903	3.027
	031303018	不锈钢氩弧焊丝（综合）	kg	8.000	9.536	9.995
	031301014	铬不锈钢电焊条	kg	1.835	2.314	2.454
	031301007	低碳钢焊条（综合）	kg	8.618	10.833	11.299
	140505001	铅油（厚漆）	kg	0.868	0.868	0.905
	142911001	氩气	m^3	22.400	26.701	27.986
	142909001	氧气	m^3	12.269	14.174	14.784
	142907002	乙炔气	kg	4.719	5.452	5.686
	023503016	无石棉扭绳 ϕ4～5 烧失量 24%	kg	0.988	1.157	1.207
	340101003	铈钨棒	g	44.800	53.402	55.972
	050109006	枕木 2500mm × 250mm × 200mm	根	—	0.070	0.073
	850103006	其他材料费（占材料费）	%	2.000	2.000	2.000
机械	990401020	载重汽车 5t	台班	—	0.077	0.068
	990304004	汽车式起重机 8t	台班	0.097	—	—
	990302025	履带式起重机 25t	台班	0.184	0.204	0.181
	990306035	自升式塔式起重机 2500kN · m	台班	—	0.030	0.026
	990503020	电动单筒慢速卷扬机 30kN	台班	0.146	0.155	0.137
	990904030	直流弧焊机 20kV · A	台班	3.924	4.714	5.158
	990912010	氩弧焊机 500A	台班	6.150	7.340	7.790
	990919030	电焊条烘干箱 60 × 50 × 75cm^3	台班	0.392	0.471	0.516

二、锅炉水压试验

1. 燃 煤 锅 炉

工作内容：临时管路安装、拆除、上水、升压、加药、放水、缺陷处理。　　**计量单位：**台

编　　号				2-1-78	2-1-79	2-1-80	2-1-81
项　　目				锅炉蒸发量（t/h）			
				≤50	≤75	≤150	≤220
		名　　称	单位	消　耗　量			
人工	000203000	综合二类工	工日	26.895	32.811	44.894	59.932
材料	143161001	软化水	t	（27.481）	（51.172）	（73.915）	（121.296）
	341103002	电	kW·h	（80.548）	（119.401）	（170.573）	（267.230）
	012300001	型钢（综合）	kg	87.561	124.518	166.024	221.642
	031507017	镀锌铁丝 ϕ2.5～4.0	kg	3.089	4.321	5.951	7.945
	012900002	钢板（综合）	kg	3.791	5.686	7.581	10.121
	020115004	耐油无石棉橡胶板 δ1	kg	3.374	3.610	4.008	5.351
	031101009	尼龙砂轮片 ϕ100	片	2.360	2.540	4.245	5.668
	031301007	低碳钢焊条（综合）	kg	7.515	8.983	12.556	16.763
	031301025	紫铜电焊条 T107 ϕ3.2	kg	0.019	0.019	0.019	0.026
	031307002	铜焊粉	kg	0.009	0.009	0.009	0.012
	133519004	无石棉盘根 ϕ6～10	kg	0.948	0.948	1.327	1.771
	143115001	氨水	kg	41.696	76.758	110.872	148.014
	143129001	联氨 40%	kg	41.696	76.758	110.872	148.014
	142909001	氧气	m^3	14.717	18.194	24.941	33.297
	142907002	乙炔气	kg	5.660	6.998	9.593	12.806
	170301006	镀锌钢管 *DN*25	m	14.736	17.105	23.084	30.818
	170200002	无缝钢管（综合）	kg	59.700	87.561	125.087	166.990
	171501004	紫铜管 ϕ4～13	kg	0.265	0.265	0.341	0.456
	190101001	法兰截止阀 *DN*50	个	0.948	0.948	0.948	1.265
	200001014	平焊法兰 *PN*1.6 *DN*50	片	1.895	1.895	1.895	2.530
	341101001	水	m^3	18.005	34.115	49.277	77.705
	850103006	其他材料费（占材料费）	%	2.000	2.000	2.000	2.000
机械	990813045	试压泵 60MPa	台班	1.803	2.704	3.606	4.814
	990901020	交流弧焊机 32kV·A	台班	3.741	4.030	6.734	8.991
	991003050	电动空气压缩机 6m^3/min	台班	0.451	0.604	0.757	1.011
	990919030	电焊条烘干箱 60×50×75cm^3	台班	0.374	0.403	0.673	0.899

2. 生物质锅炉

工作内容：临时管路安装、拆除、上水、升压、加药、放水、缺陷处理。 **计量单位：**台

编号				2-1-82	2-1-83	2-1-84	2-1-85
项目				锅炉蒸发量（t/h）			
				≤50	≤75	≤150	≤220
名称			单位	消耗量			
人工	000203000	综合二类工	工日	29.800	36.355	49.744	66.407
材料	143161001	软化水	t	（30.450）	（56.700）	（81.900）	（134.400）
	341103002	电	kW · h	（89.250）	（132.300）	（189.000）	（296.100）
	012300001	型钢（综合）	kg	97.020	137.970	183.960	245.587
	031507017	镀锌铁丝 ϕ2.5～4.0	kg	3.423	4.788	6.594	8.803
	012900002	钢板（综合）	kg	4.200	6.300	8.400	11.214
	020115004	耐油无石棉橡胶板 δ1	kg	3.738	4.001	4.442	5.929
	031101009	尼龙砂轮片 ϕ100	片	2.615	2.814	4.704	6.280
	031301007	低碳钢焊条（综合）	kg	8.327	9.954	13.913	18.573
	031301025	紫铜电焊条 T107 ϕ3.2	kg	0.021	0.021	0.021	0.028
	031307002	铜焊粉	kg	0.011	0.011	0.011	0.014
	133519004	无石棉盘根 ϕ6～10	kg	1.050	1.050	1.470	1.962
	143115001	氨水	kg	46.200	85.050	122.850	164.005
	143129001	联氨 40%	kg	46.200	85.050	122.850	164.005
	142909001	氧气	m^3	16.307	20.160	27.636	36.894
	142907002	乙炔气	kg	6.272	7.754	10.629	14.190
	170301006	镀锌钢管 *DN*25	m	16.328	18.953	25.578	34.147
	170200002	无缝钢管（综合）	kg	66.150	97.020	138.600	185.031
	171501004	紫铜管 ϕ4～13	kg	0.294	0.294	0.378	0.505
	190101001	法兰截止阀 *DN*50	个	1.050	1.050	1.050	1.402
	200001014	平焊法兰 *PN*1.6 *DN*50	片	2.100	2.100	2.100	2.804
	341101001	水	m^3	19.950	37.800	54.600	86.100
	850103006	其他材料费（占材料费）	%	2.000	2.000	2.000	2.000
机械	990813045	试压泵 60MPa	台班	2.019	3.028	4.039	5.391
	990901020	交流弧焊机 32kV · A	台班	4.189	4.512	7.541	10.068
	991003050	电动空气压缩机 6m^3/min	台班	0.505	0.676	0.848	1.132
	990919030	电焊条烘干箱 60 × 50 × 75cm^3	台班	0.419	0.451	0.754	1.007

三、锅炉风压试验

1. 燃 煤 锅 炉

工作内容：清理、检查、孔门封闭；风压试验；缺陷处理。　　　　**计量单位：**台

编　号				2-1-86	2-1-87	2-1-88	2-1-89
项　目				锅炉蒸发量（t/h）			
				≤ 50	≤ 75	≤ 150	≤ 220
名　称			单位	消　耗　量			
人工	000203000	综合二类工	工日	13.933	17.739	19.635	29.274
材料	341103002	电	kW · h	（1596.000）	（2374.050）	（4588.500）	（6384.000）
	031507017	镀锌铁丝 ϕ2.5～4.0	kg	1.496	2.494	2.993	4.462
	012900002	钢板（综合）	kg	2.993	3.491	3.990	5.949
	031301007	低碳钢焊条（综合）	kg	3.990	6.983	7.980	11.898
	140505001	铅油（厚漆）	kg	2.494	2.993	3.491	5.206
	040911001	滑石粉	kg	99.750	159.600	199.500	297.455
	142909001	氧气	m^3	4.489	5.985	6.983	10.411
	142907002	乙炔气	kg	1.726	2.302	2.686	4.004
	023503016	无石棉扭绳 ϕ4～5 烧失量 24%	kg	2.494	2.993	3.491	5.206
	850103006	其他材料费（占材料费）	%	2.000	2.000	2.000	2.000
机械	990901020	交流弧焊机 32kV · A	台班	1.918	4.316	4.795	7.150
	990919030	电焊条烘干箱 60 × 50 × 75cm^3	台班	0.192	0.432	0.480	0.715
	991204020	鼓风机 18m^3/min	台班	3.222	4.431	6.042	7.250

2. 生物质锅炉

工作内容： 清理、检查、孔门封闭；风压试验；缺陷处理。 **计量单位：** 台

编号				2-1-90	2-1-91	2-1-92	2-1-93
项目				锅炉蒸发量（t/h）			
				≤ 50	≤ 75	≤ 150	≤ 220
名称			单位	消耗量			
人工	000203000	综合二类工	工日	14.629	18.626	20.616	30.738
材料	341103002	电	kW · h	（1675.800）	（2492.753）	（4817.925）	（6703.200）
	031507017	镀锌铁丝 ϕ2.5～4.0	kg	1.571	2.618	3.142	4.685
	012900002	钢板（综合）	kg	3.142	3.666	4.190	6.247
	031301007	低碳钢焊条（综合）	kg	4.190	7.332	8.379	12.493
	140505001	铅油（厚漆）	kg	2.618	3.142	3.666	5.466
	040911001	滑石粉	kg	104.738	167.580	209.475	312.327
	142909001	氧气	m^3	4.713	6.284	7.332	10.931
	142907002	乙炔气	kg	1.813	2.417	2.820	4.204
	023503016	无石棉扭绳 ϕ4～5 烧失量 24%	kg	2.618	3.142	3.666	5.466
	850103006	其他材料费（占材料费）	%	2.000	2.000	2.000	2.000
机械	990901020	交流弧焊机 32kV · A	台班	2.072	4.661	5.179	7.722
	990919030	电焊条烘干箱 60 × 50 × 75cm^3	台班	0.207	0.466	0.518	0.772
	991204020	鼓风机 18m^3/min	台班	3.480	4.785	6.525	7.830

四、烘炉、煮炉

1. 燃 煤 锅 炉

工作内容：点火前准备；燃料、药品搬运，烘炉测温、取样点设置、检查；缺陷处理。　　　　**计量单位：**台

编　号				2-1-94	2-1-95	2-1-96	2-1-97
项　目				锅炉蒸发量（t/h）			
				≤ 50	≤ 75	≤ 150	≤ 220
		名　称	单位	消　耗　量			
人工	000203000	综合二类工	工日	88.356	104.302	116.794	126.246
材料	140115001	轻油	t	（11.400）	（24.700）	（49.400）	（76.000）
	143161001	软化水	t	（244.150）	（513.000）	（1026.000）	（1377.500）
	341103002	电	kW · h	（6483.750）	（8728.125）	（16957.500）	（24438.750）
	012300001	型钢（综合）	kg	119.700	159.600	237.830	293.765
	012900002	钢板（综合）	kg	169.575	209.475	319.450	389.350
	031507017	镀锌铁丝 ϕ2.5～4.0	kg	4.489	4.988	4.988	5.736
	020112006	无石棉橡胶板 中压 δ0.8～6	kg	2.793	3.192	3.491	4.015
	022701001	棉纱	kg	2.095	2.494	3.192	3.671
	031102005	铁砂布 0#～2#	张	5.985	6.983	7.980	9.177
	031301007	低碳钢焊条（综合）	kg	21.446	27.731	32.050	45.736
	031541003	钢锯条	条	11.970	14.963	14.963	17.207
	860125003	水位计玻璃板	块	2.993	2.993	2.993	3.441
	133519010	油浸无石棉盘根 编织 ϕ6～10（250℃）	kg	2.783	2.893	2.993	3.441
	140303001	机油（综合）	kg	2.394	3.292	4.190	4.818
	143115001	氨水	kg	2.284	5.017	8.748	10.061
	143129001	联氨 40%	kg	0.718	1.566	2.733	3.143
	143133001	磷酸三钠	kg	120.598	169.874	286.981	330.028
	143159001	氢氧化钠（烧碱）	kg	372.068	531.668	851.865	979.645
	142909001	氧气	m^3	38.005	42.194	38.803	40.199
	142907002	乙炔气	kg	14.617	16.229	14.924	15.461
	170200002	无缝钢管（综合）	kg	81.795	97.755	109.725	126.184
	341111001	木柴	kg	2992.500	4987.500	6234.000	7092.000
	341101001	水	m^3	144.638	164.588	177.555	209.475
	850103006	其他材料费（占材料费）	%	2.000	2.000	2.000	2.000
机械	990401020	载重汽车 5t	台班	2.877	3.837	0.767	0.882
	990302025	履带式起重机 25t	台班	0.191	0.288	—	—
	990306035	自升式塔式起重机 2500kN · m	台班	—	—	0.393	0.452
	991003050	电动空气压缩机 6m^3/min	台班	0.959	1.151	1.439	1.655
	990901020	交流弧焊机 32kV · A	台班	12.742	15.044	16.784	19.301
	990919030	电焊条烘干箱 60 × 50 × 75cm^3	台班	1.274	1.504	1.678	1.930

2. 生物质锅炉

工作内容：点火前准备；燃料、药品搬运，烘炉测温、取样点设置、检查；缺陷处理。 **计量单位：**台

编号				2-1-98	2-1-99	2-1-100	2-1-101
项目				锅炉蒸发量（t/h）			
				≤ 50	≤ 75	≤ 150	≤ 220
名称			单位	消耗量			
人工	000203000	综合二类工	工日	93.007	109.793	122.942	132.890
材料	140115001	轻油	t	（12.000）	（26.000）	（52.000）	（80.000）
	143161001	软化水	t	（257.000）	（540.000）	（1080.000）	（1450.000）
	341103002	电	kW · h	（6825.000）	（9187.500）	（17850.000）	（25725.000）
	012300001	型钢（综合）	kg	126.000	168.000	71.400	98.700
	012900002	钢板（综合）	kg	178.500	220.500	331.000	393.000
	031507017	镀锌铁丝 ϕ2.5～4.0	kg	4.725	5.250	5.250	6.038
	020112006	无石棉橡胶板 中压 δ0.8～6	kg	2.940	3.360	3.675	4.226
	022701001	棉纱	kg	2.205	2.625	3.360	3.864
	031102005	铁砂布 0#～2#	张	6.300	7.350	8.400	9.660
	031301007	低碳钢焊条（综合）	kg	22.575	29.190	21.105	27.090
	031541003	钢锯条	条	12.600	15.750	15.750	18.113
	860125003	水位计玻璃板	块	3.150	3.150	3.150	3.623
	133519010	油浸无石棉盘根 编织 ϕ6～10（250℃）	kg	2.930	3.045	3.150	3.623
	140303001	机油（综合）	kg	2.520	3.465	4.410	5.072
	143115001	氨水	kg	2.405	5.282	9.209	10.590
	143129001	联氨 40%	kg	0.756	1.649	2.877	3.309
	143133001	磷酸三钠	kg	126.945	178.815	302.085	347.398
	143159001	氢氧化钠（烧碱）	kg	391.650	559.650	896.700	1031.205
	142909001	氧气	m^3	40.005	44.415	40.845	42.315
	142907002	乙炔气	kg	15.387	17.083	15.710	16.275
	170200002	无缝钢管（综合）	kg	86.100	102.900	115.500	132.825
	341111001	木柴	kg	3150.000	5250.000	6540.000	7892.000
	341101001	水	m^3	152.250	173.250	186.900	220.500
	850103006	其他材料费（占材料费）	%	2.000	2.000	2.000	2.000
机械	990401020	载重汽车 5t	台班	3.028	4.039	0.808	0.929
	990302025	履带式起重机 25t	台班	0.201	0.303	—	—
	990306035	自升式塔式起重机 2500kN · m	台班	—	—	0.413	0.476
	991003050	电动空气压缩机 6m^3/min	台班	1.009	1.212	1.515	1.742
	990901020	交流弧焊机 32kV · A	台班	18.676	21.099	17.667	20.317
	990919030	电焊条烘干箱 60 × 50 × 75cm^3	台班	1.868	2.110	1.767	2.032

五、锅炉酸洗

工作内容：临时系统安装、酸洗、拆除，过程检查、记录，废液处理。 **计量单位**：台

编号				2-1-102	2-1-103	2-1-104	2-1-105
项目				燃煤锅炉盐酸清洗	燃煤锅炉EDTA 钠铵盐清洗	生物质锅炉盐酸清洗	生物质锅炉EDTA 钠铵盐清洗
				150 ≤ 锅炉蒸发量（t/h）< 220			
名称			单位	消耗量			
人工	000203000	综合二类工	工日	235.224	162.406	245.025	169.173
材料	143161001	软化水	t	（1680.000）	（2280.000）	（1680.000）	（2280.000）
	341103002	电	kW · h	（17640.000）	（15926.400）	（18375.000）	（16590.000）
	031507007	镀锌铁丝（综合）	kg	9.072	7.074	9.450	7.369
	012300001	型钢（综合）	kg	416.405	483.840	433.755	504.000
	012903005	热轧中厚钢板 δ15 以外	kg	572.443	975.946	596.295	1016.610
	340101002	钨棒	kg	69.754	57.254	72.660	59.640
	020101005	橡胶板 δ5～10	kg	143.338	308.549	149.310	321.405
	020112005	无石棉橡胶板 低中压 δ0.8～6	kg	2.359	3.271	2.457	3.407
	022703002	白布	m	1.225	—	1.276	—
	092705002	纱布	张	31.752	36.590	33.075	38.115
	031301021	钢焊条 J507（综合）	kg	43.142	55.037	44.940	57.330
	031101009	尼龙砂轮片 ϕ100	片	32.659	18.295	34.020	19.058
	031303008	碳钢氩弧焊丝	kg	1.996	1.464	2.079	1.525
	050109005	枕木 2500mm × 200mm × 160mm	根	2.268	2.772	2.363	2.888
	133519001	聚四氟乙烯盘根	kg	2.268	—	2.363	—
	133519002	橡胶盘根 低压	kg	6.532	—	6.804	—
	133519011	油浸无石棉盘根 编织 ϕ4～5（450℃）	kg	3.175	4.269	3.308	4.447
	140901003	黄油钙基脂	kg	3.629	—	3.780	—
	143115001	氨水	kg	698.544	—	727.650	—
	143129001	联氨 40%	kg	190.512	1014.048	198.450	1056.300

续前

编号				2-1-102	2-1-103	2-1-104	2-1-105
项目				燃煤锅炉盐酸清洗	燃煤锅炉EDTA钠铵盐清洗	生物质锅炉盐酸清洗	生物质锅炉EDTA钠铵盐清洗
				150≤锅炉蒸发量（t/h）＜220			
名称			单位	消耗量			
材料	143131001	磷酸氢二钠	kg	286.272	—	298.200	—
	143133001	磷酸三钠	kg	411.264	—	428.400	—
	143149001	氯化钠	kg	2222.640	—	2315.250	—
	143159001	氢氧化钠（烧碱）	kg	7922.880	2797.200	8253.000	2913.750
	143185001	亚硝酸钠	kg	825.552	—	859.950	—
	143101002	盐酸 31%合成	kg	9525.600	—	9922.500	—
	143331001	柠檬酸	kg	381.024	—	396.900	—
	143193001	漂白粉（综合）	kg	1587.600	—	1653.750	—
	143505005	洗涤剂	kg	19.051	—	19.845	—
	142911001	氩气	m^3	5.588	4.098	5.821	4.269
	142909001	氧气	m^3	210.269	189.302	219.030	197.190
	142907002	乙炔气	kg	80.873	72.809	84.242	75.842
	023503009	无石棉绳（综合）	kg	12.701	4.879	13.230	5.082
	170201061	无缝钢管 *D*51～70×4.7～7	kg	2872.558	2419.200	2992.248	2520.000
	183125012	压制弯头 *DN*100	个	23.587	6.653	24.570	6.930
	183125014	压制弯头 *DN*150	个	12.701	—	13.230	—
	190101020	法兰截止阀 J41T-16 *DN*100	个	25.402	7.862	26.460	8.190
	190901003	法兰止回阀 H44T-10 *DN*100	个	2.722	—	2.835	—
	200001019	平焊法兰 *PN*1.6 *DN*100	副	70.762	20.160	73.710	21.000
	200001022	平焊法兰 *PN*1.6 *DN*200	副	14.515	20.160	15.120	21.000
	202101001	封头	个	18.144	31.046	18.900	32.340
	860110004	温度计 0～100℃	支	1.814	2.218	1.890	2.310
	860113019	弹簧压力表 Y-100 0～1.6MPa	块	1.814	2.218	1.890	2.310
	860113007	压力表 0～2.5MPa ϕ50	块	0.454	0.554	0.473	0.578
	860116011	转子流量计 TZB-25 1000t/min	支	0.907	0.504	0.945	0.525

续前

编　号				2-1-102	2-1-103	2-1-104	2-1-105
项　目				燃煤锅炉盐酸清洗	燃煤锅炉EDTA 钠铵盐清洗	生物质锅炉盐酸清洗	生物质锅炉EDTA 钠铵盐清洗
				150 ⩽ 锅炉蒸发量（t/h）< 220			
名　称			单位	消 耗 量			
材料	181625018	仪表接头	套	2.722	3.326	2.835	3.465
	192501001	衬胶隔膜阀 G40J-10 *DN*50	个	4.536	—	4.725	—
	143535001	缓蚀剂盐酸缓蚀剂	kg	77.112	—	80.325	—
	192501002	衬胶隔膜阀 G40J-10 *DN*100	只	0.907	3.528	0.945	3.675
	140301003	汽油 92#	kg	12.960	—	13.500	—
	341101001	水	m^3	322.560	322.560	336.000	336.000
	340101003	铈钨棒	g	11.177	8.196	11.642	8.538
	143343001	乌洛托品	kg	—	116.424	—	121.275
	143515001	渗透剂 500mL	瓶	—	53.424	—	55.650
	021107007	聚氨酯泡沫塑料板	m^3	—	1.048	—	1.092
	183125015	压制弯头 *DN*200	个	—	13.306	—	13.860
	143511006	EDTA 试剂 99.5%	kg	—	5644.800	—	5880.000
	143535002	缓蚀剂氢氟酸缓蚀剂 F-102	kg	—	493.920	—	514.500
	143571001	除油剂（A5）	kg	—	2197.440	—	2289.000
	850103006	其他材料费（占材料费）	%	2.000	2.000	2.000	2.000
机械	990401035	载重汽车 10t	台班	—	5.815	—	6.057
	990403020	平板拖车组 20t	台班	3.314	0.969	3.452	1.009
	990302025	履带式起重机 25t	台班	1.812	1.939	1.888	2.019
	990304024	汽车式起重机 25t	台班	1.658	—	1.727	—
	990753010	中频加热处理机 50kW	台班	0.828	—	0.863	—
	990807020	耐腐蚀泵 50mm	台班	0.437	1.013	0.455	1.055
	990807030	耐腐蚀泵 80mm	台班	4.846	—	5.048	—
	990813045	试压泵 60MPa	台班	1.454	—	1.515	—
	991204010	鼓风机 $8m^3/min$	台班	2.907	1.842	3.028	1.919
	990901020	交流弧焊机 32kV · A	台班	38.593	29.714	40.202	30.952
	990919030	电焊条烘干箱 60 × 50 × $75cm^3$	台班	3.859	2.971	4.020	3.095

六、蒸汽严密性试验及安全门调整

1. 燃 煤 锅 炉

工作内容： 清理、检查、蒸汽严密性试验、安全门锁定及恢复、安全门调整、缺陷消除。 **计量单位：** 台

编号				2-1-106	2-1-107	2-1-108	2-1-109
项目				锅炉蒸发量（t/h）			
				≤ 50	≤ 75	≤ 150	≤ 220
名称			单位	消耗量			
人工	000203000	综合二类工	工日	41.860	55.064	75.454	100.121
材料	140115001	轻油	t	（12.555）	（26.505）	（53.010）	（71.145）
	143161001	软化水	t	（255.750）	（520.800）	（1125.300）	（1655.400）
	341103002	电	kW · h	（7402.500）	（9159.360）	（17766.000）	（25760.700）
	012300001	型钢（综合）	kg	25.662	37.506	56.259	64.698
	012900002	钢板（综合）	kg	11.844	14.805	16.779	19.296
	031301007	低碳钢焊条（综合）	kg	7.699	10.364	—	—
	142909001	氧气	m^3	22.800	32.176	40.270	46.310
	142907002	乙炔气	kg	8.769	12.375	15.488	17.812
	170200002	无缝钢管（综合）	kg	59.220	74.025	116.466	142.918
	341101001	水	m^3	155.946	185.556	335.580	444.150
	031301021	钢焊条 J507（综合）	kg	—	—	14.262	16.402
	850103006	其他材料费（占材料费）	%	2.000	2.000	2.000	2.000
机械	990401020	载重汽车 5t	台班	2.816	3.756	—	—
	990401035	载重汽车 10t	台班	—	—	1.409	1.620
	990302025	履带式起重机 25t	台班	3.756	4.319	—	—
	990302040	履带式起重机 50t	台班	—	—	3.756	4.319
	991003050	电动空气压缩机 $6m^3/min$	台班	1.878	2.160	—	—
	991003070	电动空气压缩机 $10m^3/min$	台班	—	—	1.878	2.159
	990901020	交流弧焊机 32kV · A	台班	2.819	3.431	2.466	2.837
	990919030	电焊条烘干箱 $60 \times 50 \times 75cm^3$	台班	0.282	0.343	0.247	0.284

2. 生物质锅炉

工作内容：清理、检查、蒸汽严密性试验、安全门锁定及恢复、安全门调整、缺陷消除。　**计量单位：**台

编　号				2-1-110	2-1-111	2-1-112	2-1-113
项　目				锅炉蒸发量（t/h）			
				≤ 50	≤ 75	≤ 150	≤ 220
		名　称	单位	消　耗　量			
人工	000203000	综合二类工	工日	44.533	58.579	80.271	106.511
材料	140115001	轻油	t	（13.500）	（28.500）	（57.000）	（76.500）
	143161001	软化水	t	（275.000）	（560.000）	（1210.000）	（1780.000）
	341103002	电	kW · h	（7875.000）	（9744.000）	（18900.000）	（27405.000）
	012300001	型钢（综合）	kg	27.300	39.900	59.850	68.828
	012900002	钢板（综合）	kg	12.600	15.750	17.850	20.528
	031301007	低碳钢焊条（综合）	kg	8.190	11.025	—	—
	142909001	氧气	m^3	24.255	34.230	42.840	49.266
	142907002	乙炔气	kg	9.329	13.165	16.477	18.948
	170200002	无缝钢管（综合）	kg	63.000	78.750	123.900	152.040
	341101001	水	m^3	165.900	197.400	357.000	472.500
	031301021	钢焊条 J507（综合）	kg	—	—	15.173	17.449
	850103006	其他材料费（占材料费）	%	2.000	2.000	2.000	2.000
机械	990401020	载重汽车 5t	台班	3.028	4.039	—	—
	990401035	载重汽车 10t	台班	—	—	1.515	1.742
	990302025	履带式起重机 25t	台班	4.039	4.644	—	—
	990302040	履带式起重机 50t	台班	—	—	4.039	4.644
	991003050	电动空气压缩机 $6m^3/min$	台班	2.019	2.322	—	—
	991003070	电动空气压缩机 $10m^3/min$	台班	—	—	2.019	2.321
	990901020	交流弧焊机 32kV · A	台班	3.032	3.689	2.652	3.051
	990919030	电焊条烘干箱 $60 \times 50 \times 75cm^3$	台班	0.303	0.369	0.265	0.305

七、分离器安装

1. 水（汽）旋风式分离器

工作内容：检查、组合、起吊、固定、安装、无损检测。 计量单位：t

编号				2-1-114	2-1-115	2-1-116	2-1-117
项目				锅炉蒸发量（t/h）			
				≤ 50	≤ 75	≤ 150	≤ 220
名称			单位	消耗量			
人工	000203000	综合二类工	工日	16.083	15.428	14.577	12.319
材料	012300001	型钢（综合）	kg	50.520	49.383	28.314	23.345
	012900002	钢板（综合）	kg	9.313	12.251	17.363	20.505
	010303001	镀锌低碳钢丝 ϕ2.5～4.0	kg	4.024	5.596	2.622	2.370
	142909001	氧气	m^3	11.211	10.382	9.574	9.039
	142907002	乙炔气	kg	4.499	3.880	3.437	3.347
	142911001	氩气	m^3	1.528	1.431	0.595	0.538
	050109006	枕木 2500mm × 250mm × 200mm	根	0.176	0.124	0.089	0.079
	161109001	软胶片 80 × 300	张	15.938	14.243	13.044	11.791
	301327002	增感屏 80 × 300	副	0.799	0.715	0.650	0.588
	340101003	铈钨棒	g	34.265	31.461	13.220	11.951
	021901006	塑料暗袋 80 × 300	副	0.773	0.687	0.628	0.568
	031101013	尼龙砂轮片 ϕ100 × 16 × 3	片	3.163	3.298	4.484	4.054
	031301007	低碳钢焊条（综合）	kg	6.590	5.625	9.651	8.844
	143109001	冰醋酸 98%	mL	28.634	25.588	23.434	21.183
	143135001	硫代硫酸钠	g	274.932	245.698	225.011	203.403
	144303023	压敏胶粘带	m	9.164	8.189	7.503	6.782
	170200002	无缝钢管（综合）	kg	1.941	3.184	2.468	2.231
	860125001	像质计	个	0.773	0.687	0.628	0.568
	341101001	水	m^3	0.404	0.620	0.440	0.398
	341103001	电	kW · h	5.606	6.062	8.097	7.320
	850103006	其他材料费（占材料费）	%	2.000	2.000	2.000	2.000
机械	990401020	载重汽车 5t	台班	0.140	0.114	0.151	0.137
	990401030	载重汽车 8t	台班	—	—	0.076	0.068
	990304004	汽车式起重机 8t	台班	0.276	0.223	—	—
	990302015	履带式起重机 15t	台班	0.342	0.311	0.308	0.278
	990313010	门座吊 30t	台班	—	—	0.144	0.131
	990904030	直流弧焊机 20kV · A	台班	2.009	1.634	2.789	2.521
	990901020	交流弧焊机 32kV · A	台班	1.004	1.503	1.486	1.343
	990919030	电焊条烘干箱 60 × 50 × 75cm^3	台班	0.301	0.315	0.429	0.388
	991003050	电动空气压缩机 6m^3/min	台班	0.221	0.261	0.246	0.222
	991216010	X 射线胶片脱水烘干机 ZTH-340	台班	0.085	0.076	0.069	0.062
	872128020	X 射线探伤机	台班	1.235	1.101	1.007	0.911

2. 绝热式旋风分离器

工作内容：检查、组合、吊装、找正、固定。　　**计量单位：**t

编　号				2-1-118	2-1-119	2-1-120	2-1-121
项　目				锅炉蒸发量（t/h）			
				≤ 50	≤ 75	≤ 150	≤ 220
名　称			单位	消　耗　量			
人工	000203000	综合二类工	工日	12.421	11.179	10.061	9.056
材料	012300001	型钢（综合）	kg	8.430	22.322	31.384	35.008
	012900002	钢板（综合）	kg	5.175	15.065	6.325	7.055
	010900002	圆钢（综合）	kg	0.978	—	—	—
	010303001	镀锌低碳钢丝 ϕ2.5～4.0	kg	2.254	2.070	1.725	1.924
	031561004	索具螺旋扣 M16 × 250	套	0.564	0.207	0.529	0.591
	142909001	氧气	m^3	11.696	11.604	13.099	14.612
	142907002	乙炔气	kg	3.864	3.830	4.324	4.823
	050109006	枕木 2500mm × 250mm × 200mm	根	0.092	0.035	0.161	0.179
	031301007	低碳钢焊条（综合）	kg	16.100	13.352	12.604	14.060
	140505001	铅油（厚漆）	kg	1.691	0.495	0.828	0.923
	150105009	石棉扭绳 ϕ4～5 烧失量 24%	kg	1.691	0.495	0.874	0.975
	850103006	其他材料费（占材料费）	%	2.000	2.000	2.000	2.000
机械	990401020	载重汽车 5t	台班	0.066	0.066	0.131	0.146
	990304004	汽车式起重机 8t	台班	0.055	0.087	—	—
	990302015	履带式起重机 15t	台班	0.296	0.131	0.383	0.428
	990509010	单速电动葫芦 2t	台班	0.438	0.329	0.547	0.612
	990313010	门座吊 30t	台班	—	—	0.120	0.121
	990503030	电动单筒慢速卷扬机 50kN	台班	0.208	0.635	0.219	0.244
	990901020	交流弧焊机 32kV · A	台班	3.877	4.009	3.099	3.458
	990919030	电焊条烘干箱 60 × 50 × 75cm^3	台班	0.383	0.405	0.307	0.343

第二章

锅炉附属、辅助设备安装工程

说　明

一、本章内容包括煤粉系统设备、风机、除尘器、排污扩容器、疏水扩容器、消音器、暖风器等与锅炉有关的附属及辅助设备安装，锅炉附属与辅助设备的支架、平台、扶梯、栏杆安装，烟、风、煤管道等安装工程。

二、相关说明：

1. 设备安装项目中包括电动机安装、设备安装后补漆、配合灌浆、就地一次仪表安装、设备水位计（表）及护罩安装。就地一次仪表的表计、表管、玻璃管、阀门等均按照设备成套供货考虑。不包括下列工作内容，工程实际发生时，执行相应项目。

（1）电动机的检查、接线及空载试转。

（2）整套设备的电气联锁试验。

（3）支吊架、平台、扶梯、栏杆、防雨罩、基础框架及地脚螺栓、电动机吸风筒等金属结构配制、组合、安装与油漆及主材费。

（4）设备保温及油漆、基础灌浆。

（5）风门、人孔门等配制。

2. 油循环系统设备所需的润滑油按照设备供货考虑，项目中包括油过滤工作内容。

3. 本章安装项目包括设备本体冷却水管、油管安装，不包括管路酸洗。单独配制冷却水管、油管的制作费及主材费需要另行计算。

4. 磨煤机安装根据设备类型分别执行相应项目。

（1）钢球磨煤机安装包括主轴承检修平台搭拆、平台板与球面台板研磨及组装、传动机与减速机组装、端盖与筒体组装、台板与罐体及大齿轮安装、筒体内钢瓦与出入口短管及密封装置安装、罐体隔音罩与固定隔音罩及齿轮罩安装、装钢球；包括油箱、油泵、滤油器、冷油器、随设备供应的油管及附件清洗与安装及油过滤等。

（2）风扇磨煤机安装包括轴承座检查、风轮装配、油泵检查、冷油器水压试验及安装、伸缩节与煤粉分离器挡板调整及安装。

（3）中速磨煤机安装包括减速机检查及组装、弹簧装置安装、减速机安装、煤粉分离器及附件安装、随设备供应的附件设备等。

5. 给煤机安装根据设备类型分别执行相应项目。

（1）电磁振动给煤机安装包括给煤簸箕与电磁振动器组装。

（2）埋刮板式给煤机安装包括减速机及刮板组装、机体与减速机安装。

（3）皮带式给煤机安装包括皮带构架安装、前后滚筒与托辊安装、减速机及拉紧装置安装、皮带敷设及胶接、导煤槽等安装。

6. 叶轮给粉机安装包括机体散件组装、安装。

7. 螺旋输粉机安装包括减速机组装、机壳及螺旋叶片安装、吊瓦研刮、落粉管与闸板门及机壳盖板等安装。输粉机整台安装长度是按照 10m 考虑的，实际长度 > 10m 时，执行安装长度调整项目。调整单位为每 10m，长度 < 10m 按照 10m 计算。

8. 测粉装置安装包括标尺、绞车、滑轮、浮漂等手动测粉装置安装。安装项目中包括钢丝绳用量。同时适用于粉煤灰综合利用中的煤灰测量装置安装。

9. 煤粉分离器安装包括设备本体、操作装置、防爆门及人孔门安装。

10. 风机安装项目适用于排粉风机、石灰石粉输送风机、送风机、引风机、流化风机、烟气再循环风机等离心式或轴流式风机安装及电动空气压缩机安装。

（1）离心式风机安装包括轴承组装、轴承冷却水室水压试验；包括叶轮装置、风壳、轴承、转子、喇叭口安装与间隙调整以及进口调节挡板校验与安装及转子静平衡试验。

（2）轴流式风机安装包括机壳、主轴承、转子、进气室、扩压器、封闭装置、动（静）叶调节器、空冷器、联轴器外壳、罩壳等安装；包括润滑油系统安装与试验及调整、冷油器及空冷器水压漏检等。

（3）电动空气压缩机安装包括下列工作内容：

1）气缸塞与冷却器水压试验、安装；

2）油泵、滤气器、卸荷阀、机体、皮带轮、皮带与罩壳安装；

3）空气干燥器、储气罐及附件安装与单体调试。

11. 除尘器安装根据设备类型分别执行相应安装项目。项目中包括校正平台的搭拆，不包括旋风子除尘器内衬砌筑及灰斗下方导向挡板及落灰管的配制。

（1）旋风式单筒除尘器安装包括蜗壳、分离筒、导烟管、顶盖、排灰筒等组合、安装。

（2）旋风式多管除尘器安装包括设备本体、芯子、灰斗、排灰装置等组合、安装。

（3）布袋除尘器安装包括过滤室、灰斗、进烟烟道、入口挡板门、滤袋与袋笼、净气室、脉冲清洗系统、出口离线阀、导向挡板、落灰管、箱式冲灰器的安装以及布袋除尘壳体、灰斗等部位焊缝的渗透试验。

（4）电除尘器安装包括下列工作内容：

1）侧墙板、柱、梁、阴阳极板、上部盖板、灰斗、进出喇叭口、保温箱组合、安装；

2）阴阳极振打装置安装、漏风试验、振打试验；

3）配合电场带电升压试验及试验后的缺陷消除；

4）锁气器、导向挡板、落灰管、箱式冲灰器的安装；

5）电除尘壳体、灰斗等部位焊缝的渗油试验。

（5）电袋复合除尘器安装包括烟气预处理室、高压静电除尘室、脉冲布袋除尘室、灰斗、除灰装置、振打装置、清洗系统等安装以及电袋复合除尘壳体、灰斗等部位焊缝的渗透试验。

12. 排污扩容器、疏水扩容器安装包括本体及随本体供货附件安装、调整。

13. 消音器安装包括消音器及附件组合、安装。

14. 暖风器安装包括暖风器及附件组合、安装。不包括管路系统安装。

15. 金属结构安装项目适用于锅炉附属、辅助设备安装所用的支撑框架与梁柱、支架、吊架、护板、密封板、罩壳、设备露天布置的防雨罩及排雨水系统、平台、栏杆、扶梯等构件组合、安装。安装项目中不包括上述构件的配制、除锈与刷油漆。

16. 烟、风、煤管道安装包括各种管道、防爆门、人孔门、伸缩节、支吊架、各种挡板闸门、锁气器、传动操作装置、木块及木屑分离器、配风箱、法兰、补偿器、混合器等组装、安装及管道安装焊缝渗透试验、管道风压试验及缺陷消除。

（1）安装项目中不包括烟、风、煤管道与附件及支架的配制，工程应用时，执行第三册《静置设备与工艺金属结构制作安装工程》相应项目。

（2）安装项目中不包括管道保温与油漆、内部防腐、防磨衬里，工程实际发生时，执行第十二册《防腐蚀、绝热工程》相应项目。

（3）制粉系统蒸汽消防管道、煤粉仓煤粉放空管道根据材质执行第八册《工业管道安装工程》相应项目。

工程量计算规则

一、磨煤机、给煤机、叶轮给粉机，螺旋输粉机、煤粉分离器根据工艺系统布置，按照设计图示数量以“台”为计量单位。测粉装置按照设计图示数量，分别以“套”为计量单位。

二、风机根据工艺系统布置，按照设计图示数量，以“台”为计量单位。

三、单筒旋风式除尘器根据工艺系统布置，按照设计图示数量，以“个”为计量单位。

四、多管旋风式除尘器根据设计图示尺寸，按照成品重量，以“t”为计量单位。不计算焊条、下料及加工制作损耗量、设备包装材料、临时加固铁构件重量。计算多管旋风式除尘器重量范围包括：设备本体、芯子、灰斗、排灰装置；不计算支架、护板等重量。

五、袋式除尘器、电除尘器根据设计图示尺寸，按照成品重量，以“t”为计量单位。不计算焊条、下料及加工制作损耗量、设备包装材料、临时加固铁构件重量。

1. 计算布袋除尘器重量范围包括：过滤室、灰斗、进烟烟道、入口挡板门、滤袋与袋笼、净气室、脉冲清洗系统、出口离线阀、导向挡板、落灰管、箱式冲灰器等。

2. 计算电除尘器重量范围包括：侧墙板、柱、梁、阴阳极板、上部盖板、灰斗、进出喇叭口、保温箱、阴阳极振打装置、锁气器、导向挡板、落灰管、箱式冲灰器等。

3. 计算电袋复合除尘器重量范围包括：烟气预处理室、高压静电除尘室、脉冲布袋除尘室、灰斗、除灰装置、振打装置、清洗系统等。

六、排污扩容器、疏水扩容器、暖风器根据工艺系统布置，按照设计图示数量，分别以“台”为计量单位。消音器按照设计安装数量，以“台”为计量单位。

七、金属结构安装根据设计图示尺寸，按照成品重量，以“t”为计量单位。计算组装、拼装连接螺栓的重量，不计算焊条、下料及加工制作损耗量、设备包装材料、临时加固铁构件重量。计算金属结构安装重量的范围包括：锅炉附属、辅助设备安装所用的支撑框架与梁柱、支架、吊架、护板、密封板、罩壳、设备露天布置的防雨罩及排雨水系统、平台、栏杆、扶梯等。

八、烟道、风道、煤管道安装根据设计断面形式及钢板厚度，按照成品重量，以“t”为计量单位。计算补偿器、伸缩节、加劲肋、组装与拼装连接螺栓、包角焊接所用的钢板与角钢等重量，不计算焊条、下料及加工制作损耗量、设备包装材料、临时加固铁构件重量。

1. 冷风道安装重量范围包括：从吸风口起经送风机至空气预热器或暖风器入口止。计算重量时包括风道各部件，即吸风口滤网、人孔门、送风机出口闸板门、支吊架等。

2. 热风道安装重量范围包括：从空气预热器出口起至燃烧器（二次风）止、或从空气预热器出口起至磨煤机进口止、或从空气预热器出口起至送风管混合器进口（采用热风送粉）止。计算重量时包括管道伸缩节、风门及挡板、操作装置、热风集箱、支吊架等。

3. 制粉管道安装重量范围包括：从磨煤机出口起经粗粉分离器、细粉分离器至煤粉仓止、或从磨煤机出口起经粗粉分离器至排粉风机入口止、或从磨煤机出口起至回粉管（回到磨煤机）。计算重量时包括管道、伸缩节、锁气器、木屑分离器、吸潮管、挡板、防爆门、支吊架等。

4. 热风送粉管道安装重量范围包括：从混合器（给粉机出口）起至燃烧器（二次风）止。排粉风机送粉从出口起经混合器至燃烧器（二次风）止，或从排粉风机出口起至燃烧器（三次风）止。计算重量时包括管道、吹扫孔、补偿器、支吊架等。

5. 直吹式送粉管道从磨煤机上部分离器出口起至燃烧器（二次风）止。计算重量时包括管道、弯头、支吊架等。

6. 原煤管道安装重量范围包括：从原煤斗下部接口起经给煤机至磨煤机进口止。计算重量时包括管道、煤闸门、落导流装置等。

7. 烟道安装重量范围包括：从空气预热器出口起经除尘器、引风机至混凝土烟道或砖烟道或烟囱入口止。计算重量时包括烟道、伸缩节、防爆门、人孔门、风机出口闸板、旁路烟道等。钢结构烟道支架单独计算工程量，根据设计专业图纸执行相应定额。

九、双曲线煤斗、方煤斗按照设计图示成品重量，以“套”为计量单位。

一、煤粉系统设备安装

1. 磨 煤 机

工作内容：基础检查、设备安装、配合二次灌浆、单体调试。 **计量单位**：台

编号				2-2-1	2-2-2	2-2-3	2-2-4
项目				钢球磨煤机			中速磨煤机
				出力（t/h）			
				≤5	≤10	≤20	
		名称	单位	消耗量			
人工	000203000	综合二类工	工日	346.496	367.280	405.792	207.863
材料	012300001	型钢（综合）	kg	104.239	161.096	265.335	14.214
	031507017	镀锌铁丝 ϕ2.5～4.0	kg	17.057	17.057	17.057	3.791
	012900002	钢板（综合）	kg	129.825	265.335	322.193	94.763
	012907002	镀锌钢板（综合）	kg	5.686	5.686	5.686	0.948
	013503001	紫铜板（综合）	kg	1.800	1.800	1.800	0.284
	020115004	耐油无石棉橡胶板 δ1	kg	1.895	1.895	1.895	—
	020901003	聚氯乙烯薄膜	m^2	4.264	4.454	4.738	1.895
	340203010	聚四氟乙烯生料带 26mm×20m×0.1mm	m	2.085	2.085	2.274	—
	022701001	棉纱	kg	23.691	24.164	24.638	2.843
	022709006	羊毛毡 6～8	m^2	2.198	2.198	2.198	0.095
	031102005	铁砂布 $0^{\#}$～$2^{\#}$	张	66.334	73.915	81.496	9.476
	031301007	低碳钢焊条（综合）	kg	28.429	30.324	32.219	10.424
	031505028	铜网（综合）	m^2	0.948	0.948	0.948	—
	031509010	斜垫铁（综合）	kg	28.429	43.591	58.753	59.525
	130113005	酚醛磁漆	kg	2.843	2.843	2.843	0.474
	130115006	酚醛调和漆	kg	37.905	44.538	52.119	13.153
	130100003	手喷漆	kg	0.948	0.948	1.137	1.421
	130505007	酚醛防锈漆	kg	6.918	8.339	10.045	3.791
	140509002	溶剂汽油	kg	14.593	19.616	26.723	3.411
	140505001	铅油（厚漆）	kg	2.843	2.843	2.843	2.369
	142909001	氧气	m^3	39.800	89.077	118.453	36.957
	142907002	乙炔气	kg	15.308	34.260	45.559	14.214
	133503014	密封胶	kg	14.214	14.214	14.214	6.633
	023503017	无石棉扭绳 ϕ6～10 烧失量24%	kg	2.843	2.843	2.843	2.843

续前

		编号		2-2-1	2-2-2	2-2-3	2-2-4
项目				钢球磨煤机			中速磨煤机
				出力（t/h）			
				≤5	≤10	≤20	
		名称	单位	消耗量			
材料	272501002	青壳纸 δ0.1～1.0	kg	0.758	0.853	0.948	0.284
	341101001	水	m^3	3.411	3.411	3.411	—
	013903001	紫铜棒 ϕ16～80	kg	3.791	3.791	3.791	—
	020101005	橡胶板 δ5～10	kg	0.853	0.853	0.948	—
	203307023	橡胶垫 δ2	m^2	2.653	2.938	3.222	—
	022703003	白布	kg	22.351	22.824	23.393	1.137
	022901001	麻绳（综合）	kg	4.738	4.738	4.738	—
	031101009	尼龙砂轮片 ϕ100	片	0.948	0.948	0.948	—
	031301025	紫铜电焊条 T107 ϕ3.2	kg	0.190	0.190	0.190	—
	031541003	钢锯条	条	42.643	44.538	47.381	—
	340907006	钢丝刷子	把	3.791	3.791	3.791	—
	040301001	中砂	m^3	1.421	1.421	1.421	—
	050109006	枕木 2500mm × 250mm × 200mm	根	8.055	8.529	9.950	—
	133101003	石油沥青 10#	kg	28.429	33.167	37.905	—
	143309002	黄甘油	kg	12.319	14.214	17.057	3.791
	142301001	红丹粉	kg	2.464	2.559	2.748	0.190
	143555001	脱化剂	kg	8.529	8.529	8.529	—
	311921002	滤油纸 300 × 300	张	530.670	739.148	814.958	—
	023503008	无石棉纸	kg	—	—	—	2.274
	280109003	硬铜绞线 TJ-120mm²	kg	—	—	—	0.190
机械	990401020	载重汽车 5t	台班	1.803	1.893	1.983	1.803
	990403025	平板拖车组 30t	台班	0.811	0.901	0.992	—
	990304004	汽车式起重机 8t	台班	0.901	0.901	0.992	1.803
	990302025	履带式起重机 25t	台班	1.622	1.758	1.939	—
	990306035	自升式塔式起重机 2500kN · m	台班	1.353	1.443	1.533	0.451
	990503030	电动单筒慢速卷扬机 50kN	台班	12.170	13.162	14.153	7.212
	990904030	直流弧焊机 20kV · A	台班	1.803	1.803	1.803	—
	990901020	交流弧焊机 32kV · A	台班	9.916	10.818	11.720	4.958
	990919030	电焊条烘干箱 60 × 50 × 75cm³	台班	1.172	1.262	1.352	0.496
	991275010	滤油机 LX100	台班	8.113	8.113	8.113	—
	991003020	电动空气压缩机 0.6m³/min	台班	0.901	0.901	0.901	0.451
	991003070	电动空气压缩机 10m³/min	台班	1.353	1.353	1.353	—

工作内容：基础检查、设备安装、配合二次灌浆、单体调试。　　　　计量单位：台

编号				2-2-5	2-2-6
项目				风扇磨煤机	
				出力（t/h）	
				≤10	≤20
	名称		单位	消耗量	
人工	000203000	综合二类工	工日	57.064	87.711
材料	012300001	型钢（综合）	kg	28.429	28.429
	031507017	镀锌铁丝 ϕ2.5～4.0	kg	1.706	1.706
	012900002	钢板（综合）	kg	66.334	66.334
	012907002	镀锌钢板（综合）	kg	0.474	0.474
	013503001	紫铜板（综合）	kg	0.190	0.190
	020115004	耐油无石棉橡胶板 δ1	kg	0.332	0.332
	020901003	聚氯乙烯薄膜	m^2	0.948	0.948
	340203010	聚四氟乙烯生料带 26mm × 20m × 0.1mm	m	0.332	0.332
	022701001	棉纱	kg	4.264	4.454
	022709006	羊毛毡 6～8	m^2	0.076	0.085
	031102005	铁砂布 0#～2#	张	8.529	9.476
	031301007	低碳钢焊条（综合）	kg	2.369	2.369
	031505028	铜网（综合）	m^2	0.379	0.474
	031509010	斜垫铁（综合）	kg	52.668	59.144
	130113005	酚醛磁漆	kg	0.332	0.332
	130115006	酚醛调和漆	kg	2.369	2.464
	130100003	手喷漆	kg	1.090	1.090
	130505007	酚醛防锈漆	kg	2.653	2.748
	140509002	溶剂汽油	kg	4.738	5.212
	140505001	铅油（厚漆）	kg	1.706	1.706
	142909001	氧气	m^3	23.691	26.534
	142907002	乙炔气	kg	9.112	10.205
	133503014	密封胶	kg	5.686	5.686
	023503017	无石棉扭绳 ϕ6～10 烧失量 24%	kg	2.085	2.085
	272501002	青壳纸 δ0.1～1.0	kg	0.284	0.284
	341101001	水	m^3	10.803	10.898
	850103006	其他材料费（占材料费）	%	2.000	2.000
机械	990401020	载重汽车 5t	台班	0.676	0.721
	990304004	汽车式起重机 8t	台班	0.676	0.721
	990503030	电动单筒慢速卷扬机 50kN	台班	1.082	1.262
	990901020	交流弧焊机 32kV · A	台班	1.353	1.443
	990919030	电焊条烘干箱 60 × 50 × 75cm^3	台班	0.135	0.144
	991003020	电动空气压缩机 0.6m^3/min	台班	0.721	0.811

2. 给 煤 机

工作内容：基础检查、设备安装、配合二次灌浆、单体调试。 **计量单位：**台

编号				2-2-7	2-2-8	2-2-9	2-2-10
项目				电磁振动给煤机		埋刮板式给煤机	
				ZG-10	ZG-20	MG-10	MG-20
名称			单位	消耗量			
人工	000203000	综合二类工	工日	7.222	7.992	39.832	45.780
材料	012300001	型钢（综合）	kg	9.476	11.372	2.843	3.791
	022703003	白布	kg	0.284	0.284	1.895	1.895
	031102005	铁砂布 0#～2#	张	1.421	1.421	6.633	7.581
	031301007	低碳钢焊条（综合）	kg	0.948	0.948	3.791	3.791
	130115006	酚醛调和漆	kg	0.095	0.095	2.464	2.559
	130100003	手喷漆	kg	0.038	0.038	0.047	0.047
	140505001	铅油（厚漆）	kg	0.948	0.948	—	2.653
	142909001	氧气	m^3	2.843	2.843	3.696	4.264
	142907002	乙炔气	kg	1.093	1.093	1.421	1.640
	023503017	无石棉扭绳 ϕ6～10 烧失量 24%	kg	0.948	0.948	3.317	3.791
	012900002	钢板（综合）	kg	—	—	4.738	6.633
	012907002	镀锌钢板（综合）	kg	—	—	0.474	0.569
	013503001	紫铜板（综合）	kg	—	—	0.142	0.171
	020901003	聚氯乙烯薄膜	m^2	—	—	0.948	0.948
	022701001	棉纱	kg	—	—	1.895	1.895
	022709006	羊毛毡 6～8	m^2	—	—	0.028	0.028
	031509010	斜垫铁（综合）	kg	—	—	8.055	8.718
	130113005	酚醛磁漆	kg	—	—	0.379	0.379
	140509002	溶剂汽油	kg	—	—	1.895	3.885
	143309002	黄甘油	kg	—	—	3.791	3.791
	133503014	密封胶	kg	—	—	5.686	5.686
	272501002	青壳纸 δ0.1～1.0	kg	—	—	0.758	0.853
	850103006	其他材料费（占材料费）	%	2.000	2.000	2.000	2.000
机械	990401020	载重汽车 5t	台班	0.180	0.180	0.631	0.721
	990304004	汽车式起重机 8t	台班	0.180	0.180	0.631	0.721
	990503020	电动单筒慢速卷扬机 30kN	台班	0.540	0.586	1.443	1.622
	990901020	交流弧焊机 32kV·A	台班	0.451	0.451	1.803	2.254
	990919030	电焊条烘干箱 60×50×75cm^3	台班	0.045	0.045	0.180	0.225
	991003020	电动空气压缩机 0.6m^3/min	台班	—	—	0.090	0.090

工作内容：基础检查、设备安装、配合二次灌浆、单体调试。　　　　**计量单位**：台

编号				2-2-11	2-2-12	2-2-13	2-2-14
项目				皮带式给煤机		电子重力式给煤机	
				$B=500mm$	$B=600mm$	出力（t/h）	
						≤10	≤20
名称			单位	消耗量			
人工	000203000	综合二类工	工日	34.363	39.741	23.670	27.220
材料	012300001	型钢（综合）	kg	37.905	37.905	3.791	4.359
	012900002	钢板（综合）	kg	18.953	28.429	—	—
	012907002	镀锌钢板（综合）	kg	0.663	0.663	—	—
	013503001	紫铜板（综合）	kg	0.190	0.190	—	—
	022701001	棉纱	kg	1.895	2.843	—	—
	022703003	白布	kg	2.369	2.369	—	—
	022709006	羊毛毡 6～8	m^2	0.047	0.057	—	—
	031102005	铁砂布 0#～2#	张	6.633	7.581	—	—
	031301007	低碳钢焊条（综合）	kg	4.738	5.686	—	—
	340907006	钢丝刷子	把	0.948	0.948	—	—
	031509010	斜垫铁（综合）	kg	46.858	46.858	1.895	2.180
	130115006	酚醛调和漆	kg	8.244	10.718	—	—
	130100003	手喷漆	kg	0.047	0.057	—	—
	130505007	酚醛防锈漆	kg	0.474	0.474	—	—
	140509002	溶剂汽油	kg	5.781	6.823	—	—
	140505001	铅油（厚漆）	kg	0.474	0.474	—	—
	143309002	黄甘油	kg	1.895	1.895	—	—
	133503021	生胶	kg	1.232	1.421	—	—
	142909001	氧气	m^3	4.264	4.833	1.611	1.853
	142907002	乙炔气	kg	1.640	1.859	0.620	0.713

续前

编号				2-2-11	2-2-12	2-2-13	2-2-14
项目				皮带式给煤机		电子重力式给煤机	
				$B=500mm$	$B=600mm$	出力（t/h）	
						≤10	≤20
名称			单位	消耗量			
材料	133503014	密封胶	kg	5.686	5.686	—	—
	023503017	无石棉扭绳 $\phi6\sim10$ 烧失量24%	kg	0.948	0.948	—	—
	272501002	青壳纸 $\delta0.1\sim1.0$	kg	1.516	1.895	—	—
	273101001	电炉丝 220V 2000W	条	0.948	0.948	—	—
	340505001	牛皮纸	m^2	1.895	1.895	—	—
	010501001	钢丝绳 $\phi14.1\sim15$	kg	—	—	4.738	5.449
	012903005	热轧中厚钢板 $\delta15$ 以外	kg	—	—	2.843	3.269
	022701003	棉纱头	kg	—	—	0.474	0.545
	092705002	纱布	张	—	—	2.843	3.269
	031301021	钢焊条 J507（综合）	kg	—	—	1.203	1.384
	050109005	枕木 2500mm × 200mm × 160mm	根	—	—	1.895	2.180
	140901003	黄油钙基脂	kg	—	—	1.895	2.180
	143505004	清洗液 500mL	瓶	—	—	1.706	1.962
	850103006	其他材料费（占材料费）	%	2.000	2.000	2.000	2.000
机械	990401020	载重汽车 5t	台班	0.901	0.901	—	—
	990401035	载重汽车 10t	台班	—	—	0.451	0.519
	990304004	汽车式起重机 8t	台班	0.901	0.901	—	—
	990302040	履带式起重机 50t	台班	—	—	0.451	0.519
	990503020	电动单筒慢速卷扬机 30kN	台班	0.901	0.992	—	—
	990503030	电动单筒慢速卷扬机 50kN	台班	—	—	0.901	1.037
	990901020	交流弧焊机 32kV · A	台班	1.803	2.254	0.381	0.438
	990919030	电焊条烘干箱 60 × 50 × 75cm^3	台班	0.180	0.225	0.038	0.044
	991003020	电动空气压缩机 0.6m^3/min	台班	0.018	0.018	—	—

3. 叶轮给粉机

工作内容：基础检查、设备安装、配合二次灌浆、单体调试。　**计量单位：**台

编　号				2-2-15	2-2-16	2-2-17
项　目				叶轮给粉机		
				出力（t/h）		
				≤1.5	≤3	≤6
名　称			单位	消　耗　量		
人工	000203000	综合二类工	工日	8.440	11.055	11.816
材料	013903001	紫铜棒 ϕ16～80	kg	0.284	0.284	0.284
	022703002	白布	m	0.426	0.512	0.597
	092705002	纱布	张	3.791	3.791	4.738
	031301021	钢焊条 J507（综合）	kg	0.398	0.398	0.398
	140901003	黄油钙基脂	kg	0.474	0.474	0.663
	143505004	清洗液 500mL	瓶	0.853	0.995	1.137
	142909001	氧气	m^3	1.042	1.042	1.327
	142907002	乙炔气	kg	0.401	0.401	0.510
	023503013	无石棉扭绳（综合）	kg	0.474	0.711	0.948
	850103006	其他材料费（占材料费）	%	2.000	2.000	2.000
机械	990401035	载重汽车 10t	台班	0.135	0.135	0.135
	990304024	汽车式起重机 25t	台班	0.225	0.225	0.225
	990901020	交流弧焊机 32kV · A	台班	0.100	0.100	0.100
	990919030	电焊条烘干箱 60 × 50 × 75cm^3	台班	0.010	0.010	0.010

4. 螺旋输粉机

工作内容： 基础检查、设备安装、配合二次灌浆、单体调试。 **计量单位：** 见表

编号				2-2-18	2-2-19	2-2-20	2-2-21
项目				螺旋输粉机			螺旋输粉机安装长度调整
				出力（t/h）			
				≤ 5	≤ 10	≤ 20	
单位				台		每 10m	
名称			单位	消耗量			
人工	000203000	综合二类工	工日	25.970	30.241	37.820	7.380
材料	010501001	钢丝绳 ϕ14.1～15	kg	5.904	5.760	5.760	—
	012300001	型钢（综合）	kg	5.510	5.376	9.601	10.369
	012903005	热轧中厚钢板 δ15 以外	kg	3.936	3.840	3.840	—
	022701003	棉纱头	kg	0.984	0.960	0.960	0.576
	092705002	纱布	张	7.872	7.680	7.680	4.032
	031301021	钢焊条 J507（综合）	kg	3.346	3.264	6.241	2.448
	031509010	斜垫铁（综合）	kg	3.936	3.840	3.840	6.912
	140901003	黄油钙基脂	kg	3.444	3.361	3.361	0.576
	143505004	清洗液 500mL	瓶	2.952	2.880	2.880	0.656
	142909001	氧气	m^3	3.346	3.264	3.840	2.880
	142907002	乙炔气	kg	1.287	1.256	1.477	1.108
	013503001	紫铜板（综合）	kg	—	—	—	0.115
	023503013	无石棉扭绳（综合）	kg	—	—	—	0.749
	850103006	其他材料费（占材料费）	%	2.000	2.000	2.000	2.000
机械	990401035	载重汽车 10t	台班	0.606	0.585	0.585	0.012
	990302025	履带式起重机 25t	台班	0.606	0.585	0.585	0.685
	990901020	交流弧焊机 32kV · A	台班	0.896	0.865	1.171	0.166
	990919030	电焊条烘干箱 60 × 50 × 75cm^3	台班	0.090	0.087	0.117	0.017

5. 测 粉 装 置

工作内容：手摇绞车，设备与附件安装、固定；标尺刻度调整、校定。　　**计量单位：**套

编　　号				2-2-22	2-2-23
项　　目				标尺比例	
				1∶1	1∶2
名　　称			单位	消　耗　量	
人工	000203000	综合二类工	工日	18.519	20.378
材料	012300001	型钢（综合）	kg	134.060	134.060
	031507017	镀锌铁丝 ϕ2.5～4.0	kg	3.698	3.698
	010501004	钢丝绳 ϕ4.2	kg	8.321	8.321
	012900002	钢板（综合）	kg	83.210	83.210
	031301007	低碳钢焊条（综合）	kg	9.246	9.246
	143309002	黄甘油	kg	0.277	0.277
	142909001	氧气	m^3	16.642	16.642
	142907002	乙炔气	kg	6.401	6.401
	850103006	其他材料费（占材料费）	%	2.000	2.000
机械	990901020	交流弧焊机 32kV·A	台班	4.397	4.838
	990919030	电焊条烘干箱 $60 \times 50 \times 75cm^3$	台班	0.440	0.484

6. 煤粉分离器

工作内容：设备检查，组合焊接，吊装就位、固定；调节挡板或套筒调整，指示标定。 **计量单位：**台

编号				2-2-24	2-2-25	2-2-26	2-2-27
项目				粗粉分离器			
				直径（mm）			
				≤ 2000	≤ 2200	≤ 2800	≤ 3400
名称			单位	消耗量			
人工	000203000	综合二类工	工日	17.770	21.624	27.633	35.923
材料	012300001	型钢（综合）	kg	7.308	9.135	11.945	15.528
	012900002	钢板（综合）	kg	5.902	7.378	11.067	14.387
	012907002	镀锌钢板（综合）	kg	0.703	0.878	1.054	1.370
	031301007	低碳钢焊条（综合）	kg	7.940	9.925	12.911	16.785
	130115006	酚醛调和漆	kg	1.405	1.757	2.196	2.855
	143505003	金属清洗剂	kg	0.164	0.204	0.204	0.266
	140303001	机油（综合）	kg	0.352	0.440	0.440	0.571
	140505001	铅油（厚漆）	kg	1.757	1.757	2.196	2.855
	142909001	氧气	m^3	10.400	12.297	17.742	23.065
	142907002	乙炔气	kg	4.000	4.729	6.824	8.871
	023503018	无石棉扭绳 $\phi3$ 烧失量 24%	kg	6.148	6.588	7.905	10.276
	850103006	其他材料费（占材料费）	%	2.000	2.000	2.000	2.000
机械	990401020	载重汽车 5t	台班	0.163	0.203	0.271	0.353
	990302025	履带式起重机 25t	台班	0.217	0.231	0.326	0.423
	990306035	自升式塔式起重机 2500kN · m	台班	0.441	0.570	0.652	0.847
	990901020	交流弧焊机 32kV · A	台班	1.738	2.172	2.919	3.795
	990919030	电焊条烘干箱 60 × 50 × 75cm^3	台班	0.174	0.217	0.292	0.379

工作内容：设备检查，组合焊接，吊装就位、固定；调节挡板或套筒调整，指示标定。　　**计量单位：**台

编　号				2-2-28	2-2-29	2-2-30
项　目				细粉分离器		
				直径（mm）		
				≤1600	≤1850	≤2350
名　称			单位	消　耗　量		
人工	000203000	综合二类工	工日	15.780	17.133	20.351
材料	012300001	型钢（综合）	kg	6.373	6.373	8.194
	031507017	镀锌铁丝 ϕ2.5～4.0	kg	4.098	5.008	5.919
	012900002	钢板（综合）	kg	4.552	4.552	5.463
	012907002	镀锌钢板（综合）	kg	4.371	4.734	5.463
	031301007	低碳钢焊条（综合）	kg	12.747	14.568	18.210
	140505001	铅油（厚漆）	kg	0.910	1.002	1.366
	142909001	氧气	m^3	9.105	10.015	11.836
	142907002	乙炔气	kg	3.502	3.852	4.552
	023503018	无石棉扭绳 ϕ3 烧失量 24%	kg	2.731	2.913	3.642
	850103006	其他材料费（占材料费）	%	2.000	2.000	2.000
机械	990401020	载重汽车 5t	台班	0.141	0.141	0.393
	990302025	履带式起重机 25t	台班	0.336	0.336	0.393
	990306035	自升式塔式起重机 2500kN · m	台班	0.421	0.491	1.024
	990901020	交流弧焊机 32kV · A	台班	2.103	2.314	2.805
	990919030	电焊条烘干箱 $60 \times 50 \times 75cm^3$	台班	0.210	0.231	0.281

二、风 机 安 装

1. 排 粉 风 机

工作内容： 基础检查、设备安装、配合二次灌浆、单体调试。　　　　**计量单位：** 台

编号				2-2-31	2-2-32	2-2-33
项目				叶轮直径（mm）		
				≤ 1000	≤ 1300	≤ 1800
名称			单位	消耗量		
人工	000203000	综合二类工	工日	36.833	40.947	64.622
材料	012300001	型钢（综合）	kg	126.517	145.982	230.388
	012900002	钢板（综合）	kg	77.857	87.589	138.233
	012907002	镀锌钢板（综合）	kg	0.487	0.487	0.768
	013503001	紫铜板（综合）	kg	0.194	0.194	0.307
	020101005	橡胶板 $\delta 5 \sim 10$	kg	0.487	0.584	0.921
	203307023	橡胶垫 $\delta 2$	m^2	0.098	0.098	0.154
	020901003	聚氯乙烯薄膜	m^2	1.946	1.946	3.072
	340203010	聚四氟乙烯生料带 26mm × 20m × 0.1mm	m	0.292	0.292	0.461
	022701001	棉纱	kg	1.460	1.946	3.072
	022703003	白布	kg	1.460	1.946	3.072
	022709006	羊毛毡 6～8	m^2	0.039	0.068	0.107
	031102005	铁砂布 $0^{\#} \sim 2^{\#}$	张	5.839	7.786	12.287
	031301007	低碳钢焊条（综合）	kg	3.893	4.866	7.680
	031541003	钢锯条	条	3.893	4.866	7.680
	031509010	斜垫铁（综合）	kg	76.785	82.250	125.029
	130113005	酚醛磁漆	kg	0.487	0.487	0.768
	130115006	酚醛调和漆	kg	0.117	0.127	0.200

续前

编号				2-2-31	2-2-32	2-2-33
项目				叶轮直径（mm）		
				≤ 1000	≤ 1300	≤ 1800
名称			单位	消耗量		
材料	130100003	手喷漆	kg	0.925	0.934	1.475
	130505007	酚醛防锈漆	kg	1.217	1.217	1.920
	143505003	金属清洗剂	kg	0.454	0.454	0.717
	140509002	溶剂汽油	kg	4.866	5.839	9.216
	140303001	机油（综合）	kg	0.973	0.973	1.536
	140505001	铅油（厚漆）	kg	0.973	0.973	1.536
	143309002	黄甘油	kg	1.460	1.460	2.304
	142909001	氧气	m^3	23.357	26.277	41.470
	142907002	乙炔气	kg	8.983	10.106	15.950
	133503014	密封胶	kg	5.839	5.839	9.216
	023503017	无石棉扭绳 $\phi6 \sim 10$ 烧失量 24%	kg	1.460	1.460	2.304
	023503008	无石棉纸	kg	0.389	0.487	0.768
	272501002	青壳纸 $\delta0.1 \sim 1.0$	kg	1.167	1.363	2.150
	341101001	水	m^3	7.863	7.863	12.410
	850103006	其他材料费（占材料费）	%	2.000	2.000	2.000
机械	990401020	载重汽车 5t	台班	0.261	0.348	0.549
	990304004	汽车式起重机 8t	台班	0.261	0.348	0.549
	990302025	履带式起重机 25t	台班	0.261	0.261	0.412
	990901020	交流弧焊机 32kV · A	台班	1.915	2.176	3.434
	990919030	电焊条烘干箱 $60 \times 50 \times 75cm^3$	台班	0.191	0.218	0.343
	991003020	电动空气压缩机 $0.6m^3/min$	台班	0.261	0.261	0.412

2. 石灰石粉输送风机

工作内容：基础检查、设备安装、配合二次灌浆、单体调试。 **计量单位：**台

编号				2-2-34	2-2-35	2-2-36
项目				罗茨风机		
				功率（kW）		
				≤ 30	≤ 50	≤ 100
名称			单位	消耗量		
人工	000203000	综合二类工	工日	10.748	12.898	14.332
材料	012300001	型钢（综合）	kg	38.320	45.984	51.094
	012900002	钢板（综合）	kg	22.992	27.591	30.656
	012907002	镀锌钢板（综合）	kg	0.128	0.153	0.170
	013503001	紫铜板（综合）	kg	0.051	0.061	0.068
	020101005	橡胶板 δ5～10	kg	0.153	0.184	0.204
	203307023	橡胶垫 δ2	m^2	0.026	0.031	0.034
	020901003	聚氯乙烯薄膜	m^2	0.511	0.613	0.681
	340203010	聚四氟乙烯生料带 26mm × 20m × 0.1mm	m	0.077	0.092	0.102
	022701001	棉纱	kg	0.511	0.613	0.681
	022703003	白布	kg	0.511	0.613	0.681
	022709006	羊毛毡 6～8	m^2	0.018	0.022	0.024
	031102005	铁砂布 0#～2#	张	2.044	2.452	2.725
	031301007	低碳钢焊条（综合）	kg	1.277	1.533	1.703
	031541003	钢锯条	条	1.277	1.533	1.703
	031509010	斜垫铁（综合）	kg	35.765	42.919	47.687
	130113005	酚醛磁漆	kg	0.128	0.153	0.170
	130115006	酚醛调和漆	kg	0.033	0.040	0.044
	130100003	手喷漆	kg	0.245	0.294	0.327
	130505007	酚醛防锈漆	kg	0.319	0.383	0.426
	143505003	金属清洗剂	kg	0.119	0.143	0.159
	140509002	溶剂汽油	kg	1.533	1.839	2.044
	140303001	机油（综合）	kg	0.255	0.306	0.341
	140505001	铅油（厚漆）	kg	0.255	0.306	0.341
	143309002	黄甘油	kg	0.383	0.460	0.511
	142909001	氧气	m^3	6.898	8.277	9.197
	142907002	乙炔气	kg	2.653	3.183	3.537
	133503014	密封胶	kg	1.533	1.839	2.044
	023503017	无石棉扭绳 ϕ6～10 烧失量 24%	kg	0.383	0.460	0.511
	023503008	无石棉纸	kg	0.128	0.153	0.170
	272501002	青壳纸 δ0.1～1.0	kg	0.358	0.429	0.477
	341101001	水	m^3	2.064	2.477	2.752
	850103006	其他材料费（占材料费）	%	2.000	2.000	2.000
机械	990401020	载重汽车 5t	台班	0.097	0.117	0.130
	990304004	汽车式起重机 8t	台班	0.097	0.117	0.130
	990302025	履带式起重机 25t	台班	0.073	0.087	0.097
	990901020	交流弧焊机 32kV · A	台班	0.608	0.729	0.810
	990919030	电焊条烘干箱 60 × 50 × 75cm³	台班	0.061	0.073	0.081
	991003020	电动空气压缩机 0.6m³/min	台班	0.073	0.087	0.097

工作内容：基础检查、设备安装、配合二次灌浆、单体调试。 **计量单位：**台

编号				2-2-37	2-2-38	2-2-39
项目				电动空气压缩机		
				重量（t）		
				≤3	≤5	≤10
		名称	单位	消耗量		
人工	000203000	综合二类工	工日	34.089	51.026	68.159
材料	031507017	镀锌铁丝 ϕ2.5～4.0	kg	2.920	4.087	3.893
	012900002	钢板（综合）	kg	1.217	1.703	2.434
	013503001	紫铜板（综合）	kg	0.029	0.041	0.048
	020115002	耐油橡胶板 δ3～6	kg	1.217	1.703	1.946
	020112008	无石棉橡胶板 高压 δ0.5～8	kg	2.434	3.407	4.866
	020901003	聚氯乙烯薄膜	m^2	0.730	1.022	1.460
	022701001	棉纱	kg	1.071	1.499	2.141
	022703003	白布	kg	2.044	2.861	4.087
	031301007	低碳钢焊条（综合）	kg	0.205	0.286	0.613
	031505025	铜丝布	m	0.048	0.068	0.098
	031509007	平垫铁（综合）	kg	12.855	17.995	24.494
	031509010	斜垫铁（综合）	kg	5.956	8.338	10.557
	031509013	钩头成对斜垫铁 Q195#～Q2351#	kg	6.120	8.567	10.308
	022909002	丝绸布	m	1.460	2.044	2.920
	142131001	漆片 各种规格	kg	0.244	0.340	0.487
	140725001	透平油	kg	0.973	1.363	1.946
	143505003	金属清洗剂	kg	2.384	3.338	4.292
	140303001	机油（综合）	kg	1.966	2.752	3.932
	143309002	黄甘油	kg	0.196	0.275	0.393
	143121001	二硫化钼	kg	0.730	1.022	1.460
	143303001	酒精	kg	0.487	0.681	0.973
	142909001	氧气	m^3	0.497	0.695	0.993
	142907002	乙炔气	kg	0.191	0.267	0.382
	023503009	无石棉绳（综合）	kg	2.920	4.087	4.866
	040327001	凡尔砂	kg	0.092	0.128	0.019
	272501002	青壳纸 δ0.1～1.0	kg	0.244	0.340	0.487
	850103006	其他材料费（占材料费）	%	2.000	2.000	2.000
机械	990304016	汽车式起重机 16t	台班	0.277	0.389	0.648
	990401030	载重汽车 8t	台班	0.186	0.259	0.463
	990901010	交流弧焊机 21kV·A	台班	0.370	0.519	0.463
	990919030	电焊条烘干箱 60×50×75cm^3	台班	0.037	0.052	0.046

3. 送 风 机

工作内容： 基础检查、设备安装、配合二次灌浆、单体调试。 **计量单位：** 台

编号				2-2-40	2-2-41	2-2-42
项目				离心式		
				功率（kW）		
				≤ 240	≤ 400	≤ 800
		名称	单位	消耗量		
人工	000203000	综合二类工	工日	18.357	30.237	36.640
材料	012300001	型钢（综合）	kg	126.517	136.250	155.714
	031507017	镀锌铁丝 ϕ2.5～4.0	kg	1.946	2.434	2.434
	012900002	钢板（综合）	kg	58.393	68.125	77.857
	012907002	镀锌钢板（综合）	kg	0.487	0.487	0.487
	013503001	紫铜板（综合）	kg	0.117	0.155	0.194
	020901003	聚氯乙烯薄膜	m^2	0.973	0.973	0.973
	022701001	棉纱	kg	1.071	1.265	1.460
	022703003	白布	kg	0.584	0.779	0.973
	022709006	羊毛毡 6～8	m^2	0.029	0.039	0.048
	031102005	铁砂布 0#～2#	张	6.812	7.786	9.732
	031301007	低碳钢焊条（综合）	kg	2.434	2.434	2.920
	031541003	钢锯条	条	5.839	6.812	7.786
	031509010	斜垫铁（综合）	kg	126.517	136.250	145.982
	130113005	酚醛磁漆	kg	0.340	0.389	0.487
	130115006	酚醛调和漆	kg	3.114	3.309	3.893
	130100003	手喷漆	kg	0.633	0.681	0.779
	140509002	溶剂汽油	kg	4.380	4.866	5.839
	140303001	机油（综合）	kg	29.196	31.143	36.982
	140505001	铅油（厚漆）	kg	2.434	2.920	2.920
	143309002	黄甘油	kg	0.973	1.167	1.167
	142909001	氧气	m^3	14.598	16.545	17.518
	142907002	乙炔气	kg	5.615	6.363	6.738
	133503014	密封胶	kg	2.920	2.920	2.920
	023503017	无石棉扭绳 ϕ6～10 烧失量 24%	kg	3.407	3.893	3.893
	272501002	青壳纸 δ0.1～1.0	kg	0.973	1.167	1.167
	341101001	水	m^3	5.839	6.812	6.812
	340203010	聚四氟乙烯生料带 26mm × 20m × 0.1mm	m	—	—	0.292
	850103006	其他材料费（占材料费）	%	2.000	2.000	2.000
机械	990401020	载重汽车 5t	台班	0.277	0.277	0.277
	990304004	汽车式起重机 8t	台班	0.277	0.277	0.277
	990901020	交流弧焊机 32kV · A	台班	1.158	1.158	1.389
	990919030	电焊条烘干箱 60 × 50 × 75cm^3	台班	0.116	0.116	0.139

4. 引 风 机

工作内容：基础检查、设备安装、配合二次灌浆、单体调试。 **计量单位：**台

编 号				2-2-43	2-2-44	2-2-45	2-2-46
项 目				离心式			
				功率（kW）			
				≤300	≤500	≤800	≤1200
名 称			单位	消 耗 量			
人工	000203000	综合二类工	工日	16.713	41.950	49.059	55.437
材料	012300001	型钢（综合）	kg	87.589	116.785	145.982	164.960
	012900002	钢板（综合）	kg	48.661	66.178	77.857	87.978
	013503001	紫铜板（综合）	kg	0.098	0.117	0.136	0.154
	020901003	聚氯乙烯薄膜	m^2	1.946	1.946	1.946	2.199
	022701001	棉纱	kg	0.973	1.460	1.752	1.980
	022703003	白布	kg	0.973	1.460	1.752	1.980
	022709006	羊毛毡 6～8	m^2	0.039	0.059	0.059	0.066
	031102005	铁砂布 0#～2#	张	7.786	7.786	8.759	9.898
	031301007	低碳钢焊条（综合）	kg	1.946	3.893	4.866	5.499
	031541003	钢锯条	条	7.786	7.786	8.759	9.898
	031509010	斜垫铁（综合）	kg	97.321	145.982	175.178	197.951
	130113005	酚醛磁漆	kg	0.389	0.389	0.389	0.440
	130115006	酚醛调和漆	kg	1.460	1.557	1.752	1.980
	130100003	手喷漆	kg	0.973	1.071	1.167	1.320
	140509002	溶剂汽油	kg	4.866	5.839	6.812	7.699
	140303001	机油（综合）	kg	29.196	36.982	40.875	46.188
	140505001	铅油（厚漆）	kg	2.920	2.920	2.920	3.300
	143309002	黄甘油	kg	0.973	1.460	1.752	1.980
	142909001	氧气	m^3	7.786	17.518	19.464	21.994
	142907002	乙炔气	kg	2.994	6.738	7.486	8.459
	133503014	密封胶	kg	2.920	5.839	5.839	6.598
	023503017	无石棉扭绳 ϕ6～10 烧失量 24%	kg	3.893	3.893	3.893	4.399
	023503008	无石棉纸	kg	0.487	0.681	0.876	0.989
	272501002	青壳纸 δ0.1～1.0	kg	0.973	1.167	1.363	1.540
	341101001	水	m^3	5.839	6.812	6.812	7.699
	850103006	其他材料费（占材料费）	%	2.000	2.000	2.000	2.000
机械	990401020	载重汽车 5t	台班	0.277	0.370	0.463	0.523
	990304004	汽车式起重机 8t	台班	0.277	0.370	0.463	0.523
	990901020	交流弧焊机 32kV·A	台班	1.389	1.852	2.314	2.615
	990919030	电焊条烘干箱 60×50×75cm³	台班	0.139	0.185	0.231	0.262

5. 回料（流化）风机

工作内容：基础检查、设备安装、配合二次灌浆、单体调试。 **计量单位：**台

编号				2-2-47	2-2-48	2-2-49
项目				离心式		
				功率（kW）		
				≤ 30	≤ 50	≤ 100
名称			单位	消耗量		
人工	000203000	综合二类工	工日	8.357	14.683	14.719
材料	012300001	型钢（综合）	kg	43.794	58.525	73.156
	012900002	钢板（综合）	kg	24.330	33.172	39.026
	013503001	紫铜板（综合）	kg	0.049	0.117	0.137
	020901003	聚氯乙烯薄膜	m^2	0.973	0.976	0.976
	022701001	棉纱	kg	0.487	0.732	0.879
	022703003	白布	kg	0.487	0.732	0.879
	022709006	羊毛毡 6～8	m^2	0.019	0.020	0.020
	031102005	铁砂布 $0^{\#}$～$2^{\#}$	张	3.893	3.903	3.903
	031301007	低碳钢焊条（综合）	kg	0.973	1.951	2.440
	031541003	钢锯条	条	3.893	3.903	3.903
	031509010	斜垫铁（综合）	kg	48.661	73.174	87.809
	130113005	酚醛磁漆	kg	0.195	0.196	0.196
	130115006	酚醛调和漆	kg	0.730	0.781	0.879
	130100003	手喷漆	kg	0.487	0.196	0.586
	140509002	溶剂汽油	kg	2.433	2.928	3.416
	140303001	机油（综合）	kg	14.598	18.537	20.489
	140505001	铅油（厚漆）	kg	1.460	1.464	1.464
	143309002	黄甘油	kg	0.487	0.732	0.879
	142909001	氧气	m^3	3.893	8.781	9.665
	142907002	乙炔气	kg	1.497	3.377	3.717
	133503014	密封胶	kg	1.460	2.928	2.928
	023503017	无石棉扭绳 ϕ6～10 烧失量24%	kg	1.946	1.951	1.951
	023503008	无石棉纸	kg	0.244	0.342	0.440
	272501002	青壳纸 δ0.1～1.0	kg	0.487	0.586	0.684
	341101001	水	m^3	2.920	3.415	3.415
	850103006	其他材料费（占材料费）	%	2.000	2.000	2.000
机械	990401020	载重汽车 5t	台班	0.139	0.130	0.139
	990304004	汽车式起重机 8t	台班	0.139	0.130	0.139
	990901020	交流弧焊机 32kV·A	台班	0.694	0.648	0.694
	990919030	电焊条烘干箱 60×50×75cm³	台班	0.069	0.065	0.069

三、除尘器安装

1. 旋风式除尘器

工作内容：基础检查、配合二次灌浆、设备安装、单体调试。　　**计量单位：**见表

编号				2-2-50	2-2-51	2-2-52
项目				单筒		多管
				直径（mm）		
				≤ 900	≤ 1400	
单位				个		t
		名称	单位	消耗量		
人工	000203000	综合二类工	工日	3.473	4.981	5.452
材料	012300001	型钢（综合）	kg	2.920	3.893	1.946
	031507017	镀锌铁丝 ϕ2.5～4.0	kg	0.244	—	—
	012900002	钢板（综合）	kg	1.460	—	—
	031301007	低碳钢焊条（综合）	kg	2.920	4.282	3.407
	140505001	铅油（厚漆）	kg	1.167	2.434	3.503
	142909001	氧气	m^3	2.434	2.434	3.407
	142907002	乙炔气	kg	0.936	0.936	1.310
	023503018	无石棉扭绳 ϕ3 烧失量 24%	kg	1.655	—	—
	020101005	橡胶板 δ5～10	kg	—	1.946	3.893
	031541003	钢锯条	条	—	1.946	2.434
	850103006	其他材料费（占材料费）	%	2.000	2.000	2.000
机械	990401020	载重汽车 5t	台班	0.056	0.056	0.093
	990302025	履带式起重机 25t	台班	0.620	0.701	0.111
	990901020	交流弧焊机 32kV·A	台班	0.676	1.055	1.112
	990919030	电焊条烘干箱 60 × 50 × 75cm^3	台班	0.068	0.106	0.111

2. 袋式除尘器、电除尘器

工作内容： 基础检查、配合二次灌浆、设备安装、单体调试。 **计量单位：** t

编号				2-2-53	2-2-54	2-2-55
项目				布袋式除尘器	电除尘器	电袋复合除尘器
名称			单位	消耗量		
人工	000203000	综合二类工	工日	7.125	7.725	6.879
材料	012300001	型钢（综合）	kg	2.822	9.485	2.336
	012900002	钢板（综合）	kg	5.645	—	4.672
	031301007	低碳钢焊条（综合）	kg	4.939	4.565	4.087
	140505001	铅油（厚漆）	kg	3.528	0.146	2.920
	142909001	氧气	m^3	5.080	5.450	4.205
	142907002	乙炔气	kg	1.954	2.096	1.617
	023503018	无石棉扭绳 $\phi3$ 烧失量 24%	kg	4.939	—	4.087
	031507013	镀锌铁丝 $\phi1.5$～2.5	kg	—	0.584	—
	012901001	热轧薄钢板（综合）	kg	—	5.337	—
	020112006	无石棉橡胶板 中压 $\delta0.8$～6	kg	—	0.048	—
	022701001	棉纱	kg	—	0.117	—
	022709006	羊毛毡 6～8	m^2	—	0.009	—
	031102005	铁砂布 $0^{\#}$～$2^{\#}$	张	—	2.920	—
	050109005	枕木 2500mm × 200mm × 160mm	根	—	0.098	—
	143505003	金属清洗剂	kg	—	0.106	—
	140303001	机油（综合）	kg	—	0.078	—
	143309002	黄甘油	kg	—	0.068	—
	143121001	二硫化钼	kg	—	0.020	—
	023503009	无石棉绳（综合）	kg	—	0.205	—
	023503008	无石棉纸	kg	—	0.029	—
	850103006	其他材料费（占材料费）	%	2.000	2.000	2.000
机械	990403030	平板拖车组 40t	台班	0.114	0.058	0.097
	990302025	履带式起重机 25t	台班	0.137	0.120	0.117
	990306035	自升式塔式起重机 2500kN · m	台班	0.208	0.109	0.168
	990901020	交流弧焊机 32kV · A	台班	1.369	1.070	1.173
	990919030	电焊条烘干箱 60 × 50 × 75cm^3	台班	0.137	0.107	0.117

四、锅炉辅助设备安装

1. 定期排污扩容器

工作内容：本体与附件安装、固定、调整；内部清理、孔盖封闭。 **计量单位：**台

编号				2-2-56	2-2-57	2-2-58
项目				容积（m^3）		
				≤2	≤5	≤10
		名称	单位	消耗量		
人工	000203000	综合二类工	工日	7.853	9.238	10.080
材料	012300001	型钢（综合）	kg	12.905	15.182	12.652
	020112007	无石棉橡胶板 高压 δ1～6	kg	1.613	1.898	2.530
	031301009	低碳钢焊条 J427（综合）	kg	1.828	2.151	2.581
	031509010	斜垫铁（综合）	kg	5.377	6.326	7.883
	142909001	氧气	m^3	1.398	1.645	2.100
	142907002	乙炔气	kg	0.538	0.633	0.808
	850103006	其他材料费（占材料费）	%	2.000	2.000	2.000
机械	990401035	载重汽车 10t	台班	0.217	0.255	0.341
	990302025	履带式起重机 25t	台班	0.362	0.426	0.597
	990901010	交流弧焊机 21kV·A	台班	0.421	0.496	0.537
	990919030	电焊条烘干箱 60×50×75cm^3	台班	0.042	0.050	0.054
	991003050	电动空气压缩机 6m^3/min	台班	0.114	0.134	0.134

2. 连续排污扩容器

工作内容：本体与附件安装、固定、调整；内部清理、孔盖封闭。 **计量单位：**台

编号				2-2-59	2-2-60	2-2-61
项目				容积（m^3）		
				≤1	≤2	≤5
		名称	单位	消耗量		
人工	000203000	综合二类工	工日	11.899	14.699	17.682
材料	012300001	型钢（综合）	kg	11.387	11.387	15.182
	020112007	无石棉橡胶板 高压 δ1～6	kg	1.946	2.434	2.920
	031301009	低碳钢焊条 J427（综合）	kg	2.695	3.012	3.441
	031509010	斜垫铁（综合）	kg	4.768	4.768	6.326
	142909001	氧气	m^3	1.910	2.189	2.657
	142907002	乙炔气	kg	0.735	0.842	1.022
	850103006	其他材料费（占材料费）	%	2.000	2.000	2.000
机械	990401035	载重汽车 10t	台班	0.171	0.171	0.341
	990302025	履带式起重机 25t	台班	0.341	0.341	0.597
	990901010	交流弧焊机 21kV·A	台班	0.562	0.573	0.655
	990919030	电焊条烘干箱 60×50×75cm^3	台班	0.056	0.057	0.065
	991003050	电动空气压缩机 6m^3/min	台班	0.134	0.134	0.134

3. 疏水扩容器

工作内容：本体与附件安装、固定、调整；内部清理、孔盖封闭。 **计量单位：**台

编号				2-2-62	2-2-63	2-2-64
项目				容积（m^3）		
				≤0.5	≤1	≤3
名称			单位	消耗量		
人工	000203000	综合二类工	工日	5.599	7.700	9.799
材料	012300001	型钢（综合）	kg	13.158	19.737	26.316
	020112007	无石棉橡胶板 高压 δ1～6	kg	1.645	1.974	2.467
	031301009	低碳钢焊条 J427（综合）	kg	1.683	2.239	2.796
	031509010	斜垫铁（综合）	kg	3.114	4.768	6.326
	142909001	氧气	m^3	1.582	1.974	2.366
	142907002	乙炔气	kg	0.608	0.759	0.910
	850103006	其他材料费（占材料费）	%	2.000	2.000	2.000
机械	990401035	载重汽车 10t	台班	0.213	0.315	0.370
	990304024	汽车式起重机 25t	台班	0.463	—	—
	990302025	履带式起重机 25t	台班	—	0.509	0.666
	990901010	交流弧焊机 21kV·A	台班	0.348	0.561	0.633
	990919030	电焊条烘干箱 60×50×75cm^3	台班	0.035	0.056	0.063
	991003050	电动空气压缩机 6m^3/min	台班	0.073	0.120	0.120

4. 消　音　器

工作内容：支架组装；本体安装、固定、调整。　　　　**计量单位：**台

		编　号		2-2-65	2-2-66	2-2-67	2-2-68	2-2-69	2-2-70
		项　目		锅炉排气中压级消音器（t）		锅炉排气高压级消音器（t）	送风机入口消音器		
							风机功率（kW）		
				≤ 0.5	≤ 0.8		≤ 240	≤ 400	≤ 800
		名　称	单位	消　耗　量					
人工	000203000	综合二类工	工日	7.771	9.327	10.659	15.448	18.538	22.480
材料	012300001	型钢（综合）	kg	4.866	5.839	6.812	28.340	34.007	42.510
	031301009	低碳钢焊条 J427（综合）	kg	—	—	—	15.473	18.568	23.216
	142909001	氧气	m^3	2.920	3.503	4.866	6.988	8.386	10.530
	142907002	乙炔气	kg	1.123	1.347	1.872	2.688	3.225	4.050
	023503013	无石棉扭绳（综合）	kg	—	—	—	6.389	7.667	7.060
	031507017	镀锌铁丝 ϕ2.5～4.0	kg	0.973	1.167	1.460	—	—	—
	012900002	钢板（综合）	kg	0.973	1.167	1.946	—	—	—
	020112006	无石棉橡胶板 中压 δ0.8～6	kg	0.973	1.167	—	—	—	—
	031301007	低碳钢焊条（综合）	kg	4.866	5.450	6.326	—	—	—
	130115006	酚醛调和漆	kg	1.655	1.946	1.655	—	—	—
	020112008	无石棉橡胶板 高压 δ0.5～8	kg	—	—	1.460	—	—	—
	850103006	其他材料费（占材料费）	%	2.000	2.000	2.000	2.000	2.000	2.000
机械	990401020	载重汽车 5t	台班	0.098	0.115	0.098	—	—	—
	990401035	载重汽车 10t	台班	—	—	—	0.178	0.214	0.178
	990304004	汽车式起重机 8t	台班	0.186	0.186	0.186	—	—	—
	990304020	汽车式起重机 20t	台班	—	—	—	0.355	0.426	0.444
	990302025	履带式起重机 25t	台班	—	—	—	0.444	0.444	0.444
	990306035	自升式塔式起重机 2500kN · m	台班	0.266	0.312	0.325	—	—	—
	990901020	交流弧焊机 32kV · A	台班	1.422	1.707	2.000	3.071	3.686	4.609
	990919030	电焊条烘干箱 60 × 50 × 75cm³	台班	0.142	0.171	0.200	0.307	0.369	0.461

5. 暖 风 器

工作内容： 检查、组装、安装、固定、密封。 **计量单位：** 台

编 号				2-2-71	2-2-72	2-2-73
项 目				NT 型暖风器		其他型暖风器
				单排管	双排管	
名 称			单位	消 耗 量		
人工	000203000	综合二类工	工日	11.528	13.833	4.713
材料	012300001	型钢（综合）	kg	10.238	12.286	1.946
	020112005	无石棉橡胶板 低中压 δ0.8～6	kg	0.949	1.139	—
	031301009	低碳钢焊条 J427（综合）	kg	4.871	5.845	—
	050109005	枕木 2500mm × 200mm × 160mm	根	0.026	0.030	—
	142909001	氧气	m^3	4.783	5.739	2.044
	142907002	乙炔气	kg	1.839	2.207	0.786
	023503013	无石棉扭绳（综合）	kg	1.422	1.708	—
	031507017	镀锌铁丝 ϕ2.5～4.0	kg	—	—	0.419
	012900002	钢板（综合）	kg	—	—	2.774
	031301007	低碳钢焊条（综合）	kg	—	—	2.920
	050109006	枕木 2500mm × 250mm × 200mm	根	—	—	0.068
	130115006	酚醛调和漆	kg	—	—	0.866
	140505001	铅油（厚漆）	kg	—	—	0.312
	023503018	无石棉扭绳 ϕ3 烧失量 24%	kg	—	—	0.487
	170200002	无缝钢管（综合）	kg	—	—	1.752
	850103006	其他材料费（占材料费）	%	2.000	2.000	2.000
机械	990401020	载重汽车 5t	台班	—	—	0.009
	990401035	载重汽车 10t	台班	0.088	0.105	—
	990304016	汽车式起重机 16t	台班	0.205	0.245	—
	990302025	履带式起重机 25t	台班	0.088	0.105	0.026
	990813045	试压泵 60MPa	台班	—	—	0.158
	990901010	交流弧焊机 21kV · A	台班	0.734	0.880	—
	990901020	交流弧焊机 32kV · A	台班	—	—	0.721
	990919030	电焊条烘干箱 60 × 50 × 75cm^3	台班	0.073	0.088	0.072

五、金属结构安装

工作内容：检查、组装、安装、固定。 **计量单位：**t

编号				2-2-74	2-2-75	2-2-76	2-2-77	2-2-78
项目				除尘器钢结构支架	平台、扶梯、栏杆钢结构	设备支架钢结构		
						重量（t）		
						≤0.5	≤2	>2
名称			单位	消耗量				
人工	000203000	综合二类工	工日	9.758	10.236	10.690	8.037	9.596
材料	012300001	型钢（综合）	kg	2.920	5.921	6.001	3.152	6.287
	031507017	镀锌铁丝 ϕ2.5～4.0	kg	1.946	—	—	—	—
	012900002	钢板（综合）	kg	3.893	—	—	—	—
	031301007	低碳钢焊条（综合）	kg	7.786	—	—	—	—
	140505001	铅油（厚漆）	kg	0.973	—	—	—	—
	142909001	氧气	m^3	8.759	7.795	9.482	4.881	5.942
	142907002	乙炔气	kg	3.369	2.998	3.647	1.877	2.285
	023503018	无石棉扭绳 ϕ3 烧失量 24%	kg	1.460	—	—	—	—
	012903004	热轧中厚钢板 δ15 以内	kg	—	1.875	2.280	—	—
	031301009	低碳钢焊条 J427（综合）	kg	—	9.034	9.154	4.807	6.038
	031101001	砂轮片（综合）	片	—	0.372	0.566	—	—
	031101009	尼龙砂轮片 ϕ100	片	—	0.205	0.311	—	—
	050109005	枕木 2500mm × 200mm × 160mm	根	—	0.076	0.092	0.566	0.019
	012901011	热轧薄钢板 δ2.0～3.0	kg	—	—	—	1.207	6.657
	020112005	无石棉橡胶板 低中压 δ0.8～6	kg	—	—	—	1.716	0.962
	023503013	无石棉扭绳（综合）	kg	—	—	—	4.853	1.760
	850103006	其他材料费（占材料费）	%	2.000	2.000	2.000	2.000	2.000
机械	990401020	载重汽车 5t	台班	0.088	—	—	—	—
	990401035	载重汽车 10t	台班	—	0.221	0.056	0.137	0.134
	990304016	汽车式起重机 16t	台班	—	—	—	0.324	0.400
	990304024	汽车式起重机 25t	台班	—	0.442	0.202	—	—
	990302025	履带式起重机 25t	台班	—	—	—	0.264	0.144
	990306035	自升式塔式起重机 2500kN · m	台班	—	0.067	0.161	0.154	0.122
	990901010	交流弧焊机 21kV · A	台班	—	2.578	2.612	1.373	0.898
	990901020	交流弧焊机 32kV · A	台班	1.935	—	—	—	—
	990919030	电焊条烘干箱 60 × 50 × 75cm^3	台班	0.194	0.258	0.261	0.137	0.090

六、烟道、风道、煤管道安装

工作内容：管道及支吊架组合、焊接；各种门、孔安装；焊缝渗透试验；
风压试验后缺陷消除。

计量单位：t

编号				2-2-79	2-2-80	2-2-81	2-2-82
项目				矩形断面		圆形断面	
				钢板厚度（mm）			
				≤4	>4	≤4	>4
名称			单位	消耗量			
人工	000203000	综合二类工	工日	5.460	4.796	5.499	4.614
材料	031507007	镀锌铁丝（综合）	kg	0.721	0.556	0.885	0.671
	010501001	钢丝绳 ϕ14.1～15	kg	0.011	0.011	0.012	0.023
	012300001	型钢（综合）	kg	5.820	3.817	6.021	8.003
	031301009	低碳钢焊条 J427（综合）	kg	6.949	7.391	7.366	10.594
	050109005	枕木 2500mm × 200mm × 160mm	根	0.026	0.026	0.027	0.026
	143515001	渗透剂 500mL	瓶	0.294	0.199	0.360	0.246
	142909001	氧气	m^3	2.481	2.251	2.723	3.754
	142907002	乙炔气	kg	0.954	0.866	1.047	1.444
	023503013	无石棉扭绳（综合）	kg	0.319	0.325	0.405	0.570
	850103006	其他材料费（占材料费）	%	2.000	2.000	2.000	2.000
机械	990403020	平板拖车组 20t	台班	0.045	0.030	0.047	0.030
	990304024	汽车式起重机 25t	台班	0.022	0.014	0.023	0.010
	990302025	履带式起重机 25t	台班	0.055	0.055	0.023	0.020
	990306035	自升式塔式起重机 2500kN · m	台班	0.025	0.025	0.026	0.025
	990503030	电动单筒慢速卷扬机 50kN	台班	0.334	0.410	0.351	0.595
	990901010	交流弧焊机 21kV · A	台班	1.151	1.199	1.271	1.586
	990919030	电焊条烘干箱 60 × 50 × 75cm^3	台班	0.115	0.120	0.127	0.159

工作内容： 管道及支吊架组合、焊接；各种门、孔安装；焊缝渗透试验；风压试验后缺陷消除。

计量单位： t

编　号				2-2-83	2-2-84	2-2-85
项　目				送粉管道直径（mm）		原煤管道
				≤ 159	≤ 273	
名　称			单位	消　耗　量		
人工	000203000	综合二类工	工日	7.041	6.818	6.073
材料	012300001	型钢（综合）	kg	3.846	3.455	7.683
	031507007	镀锌铁丝（综合）	kg	0.671	0.671	—
	010501001	钢丝绳 ϕ14.1～15	kg	0.024	0.024	—
	012901011	热轧薄钢板 δ2.0～3.0	kg	3.598	3.166	—
	031301009	低碳钢焊条 J427（综合）	kg	11.124	11.679	—
	050109005	枕木 2500mm × 200mm × 160mm	根	0.026	0.026	—
	142909001	氧气	m^3	3.315	3.133	10.405
	142907002	乙炔气	kg	1.275	1.205	4.002
	023503013	无石棉扭绳（综合）	kg	0.550	0.581	—
	031507017	镀锌铁丝 ϕ2.5～4.0	kg	—	—	2.540
	012900002	钢板（综合）	kg	—	—	0.175
	031301007	低碳钢焊条（综合）	kg	—	—	13.693
	050109006	枕木 2500mm × 250mm × 200mm	根	—	—	0.073
	143515001	渗透剂 500mL	瓶	—	—	0.114
	140303001	机油（综合）	kg	—	—	0.070
	140505001	铅油（厚漆）	kg	—	—	0.382
	143309002	黄甘油	kg	—	—	0.140
	023503018	无石棉扭绳 ϕ3 烧失量 24%	kg	—	—	0.514
	850103006	其他材料费（占材料费）	%	2.000	2.000	2.000
机械	990401020	载重汽车 5t	台班	—	—	0.033
	990403020	平板拖车组 20t	台班	0.064	0.064	—
	990304024	汽车式起重机 25t	台班	0.009	0.009	—
	990302025	履带式起重机 25t	台班	—	—	0.017
	990302040	履带式起重机 50t	台班	0.023	0.023	—
	990306035	自升式塔式起重机 2500kN · m	台班	0.009	0.009	0.027
	990503030	电动单筒慢速卷扬机 50kN	台班	1.151	1.151	0.438
	990901010	交流弧焊机 21kV · A	台班	2.153	2.153	—
	990901020	交流弧焊机 32kV · A	台班	—	—	2.659
	990919030	电焊条烘干箱 60 × 50 × 75cm^3	台班	0.215	0.215	0.266

七、补 充 项 目

1. 双曲线煤斗

工作内容：检查、组装、安装、固定。 计量单位：套

编号				2-2-86	2-2-87
项目				设备重量（t 以内）	
				2	3
名称			单位	消耗量	
人工	000203000	综合二类工	工日	39.987	44.217
材料	142909001	氧气	m^3	31.280	35.640
	142907002	乙炔气	kg	10.320	11.760
	031301008	低碳钢焊条 J422（综合）	kg	56.400	64.330
	012300001	型钢（综合）	kg	15.750	18.900
	010901006	圆钢 ϕ6～8	kg	3.500	3.600
	012900028	普通钢板 $0^{\#}$～$3^{\#}$ δ3.5～4.0	kg	0.500	0.600
	031507018	镀锌铁丝 ϕ2.8～4.0	kg	8.000	8.700
	140307001	煤油	kg	0.960	0.960
	140505001	铅油（厚漆）	kg	1.280	1.310
	150105008	石棉扭绳 ϕ3 烧失量 24%	kg	1.710	1.760
	050109007	枕木 250mm × 200mm × 2500mm	根	0.150	0.250
	140901004	钙基脂	kg	0.480	0.480
	140303002	机油 5#～7#	kg	0.240	0.240
	850103006	其他材料费（占材料费）	%	2.000	2.000
机械	990401020	载重汽车 5t	台班	0.300	0.340
	990302015	履带式起重机 15t	台班	0.320	0.360
	990503030	电动单筒慢速卷扬机 50kN	台班	2.030	2.300
	990313010	门座吊 30t	台班	0.290	0.370
	990901020	交流弧焊机 32kV · A	台班	11.700	13.360
	990919030	电焊条烘干箱 60 × 50 × 75cm³	台班	1.170	1.340

2. 方 煤 斗

工作内容： 检查、组装、安装、固定。 **计量单位：** 套

编号				2-2-88	2-2-89	2-2-90
项目				设备重量（t 以内）		
				1	2	3
名称			单位	消耗量		
人工	000203000	综合二类工	工日	19.800	23.859	27.954
材料	142909001	氧气	m^3	13.500	16.300	19.100
	142907002	乙炔气	kg	4.460	5.380	6.300
	031301008	低碳钢焊条 J422（综合）	kg	15.200	18.300	21.400
	012300001	型钢（综合）	kg	7.620	9.180	10.740
	010901006	圆钢 ϕ6～8	kg	3.700	4.450	5.210
	012900028	普通钢板 $0^{\#}$～$3^{\#}$ δ3.5～4.0	kg	1.200	1.450	1.700
	031507018	镀锌铁丝 ϕ2.8～4.0	kg	4.500	5.400	6.320
	140901004	钙基脂	kg	0.500	0.600	0.700
	140303002	机油 5#～7#	kg	0.250	0.300	0.350
	140307001	煤油	kg	0.670	0.800	0.940
	140505001	铅油（厚漆）	kg	1.690	2.030	2.380
	150105008	石棉扭绳 ϕ3 烧失量 24%	kg	2.180	2.630	3.080
	850103006	其他材料费（占材料费）	%	2.000	2.000	2.000
机械	990401020	载重汽车 5t	台班	0.200	0.380	0.440
	990302015	履带式起重机 15t	台班	0.200	0.380	0.440
	990503030	电动单筒慢速卷扬机 50kN	台班	1.530	1.840	2.150
	990313010	门座吊 30t	台班	0.220	0.260	0.310
	990901020	交流弧焊机 32kV·A	台班	3.640	4.390	5.140
	990919030	电焊条烘干箱 $60 \times 50 \times 75cm^3$	台班	0.360	0.440	0.510

第三章

汽轮发电机安装工程

说　明

一、本章内容包括汽轮机本体、燃气轮机本体、汽轮机本体管道、发电机本体等安装工程。

二、相关说明：

1. 汽轮发电机本体安装项目是按照采用厂房内桥式起重机（电厂未接收的固定资产）施工考虑的，实际施工与其不同时，应根据实际使用的机械台班用量和单价调整安装机械费。

2. 汽轮机本体安装项目包括下列工作内容，不包括汽轮机叶片频率测定。

（1）汽轮机、调速系统、主汽门、联合汽门等安装。

（2）找正用千斤顶、转子吊马、中心线架、转子支撑架等专用工具制作。

（3）基础临时栏杆、设备临时堆放架搭设与拆除。

（4）汽轮机低压缸排气口临时木盖板敷设。

（5）假轴的折旧摊销费用。

3. 汽轮机本体管道安装包括随汽轮机（燃气轮机调压站设备、管道）本体设备供应的管道、管件、阀门、支吊架安装以及直径 ≤ 76mm 管道煨弯与支吊架制作、管道系统水压（风压）试验。不包括蒸汽管道吹洗、非厂供的本体管道（整套设计或补充设计）安装。项目综合考虑了不同形式汽轮机结构，执行时，不做调整。

（1）汽轮机本体管道包括随汽轮机本体设备供应的导汽管、汽封疏水管、蒸汽管、油管。

（2）非汽轮发电机配套供应的油管安装，执行相应的管道安装项目乘以系数 2.20。

（3）不包括汽轮机本体管道无损检测，工程实际发生时，执行第八册《工业管道安装工程》相应项目。

4. 燃气轮的发电机与蒸汽轮机的发电机执行同等容量的安装项目。

5. 发电机本体安装包括发电机、励磁机、副励磁机、空气冷却器、发电机本体消防水管道安装及发电机空气冷却器水压试验和风道安装。不包括发电机及励磁机的电气部分检查、干燥、接线及电气调整试验，应执行第四册《电气设备与线缆安装工程》相应项目。

6. 燃气轮机安装项目中不包括调压站设备及管道安装。

工程量计算规则

一、汽轮机本体、发电机本体根据设备性能，按照设计图示数量，分别以“台”为计量单位。

二、汽轮机本体管道安装根据汽轮发电机容量与本体管道供货重量，按照设计图示汽轮发电机数量，以“台”为计量单位。

三、汽轮发电机整套空负荷试运根据汽轮机型号，按照设计图示汽轮发电机数量，以“套”为计量单位。

一、汽轮机本体安装

1. 背压式汽轮机

工作内容：基础检查；垫铁安装；设备组合、安装；地脚螺栓安装；管路、支吊架配制、安装等。

计量单位：台

	编号			2-3-1	2-3-2	2-3-3	2-3-4
	项目			单机容量（MW）			
				≤6	≤15	≤25	≤35
		名称	单位	消耗量			
人工	000203000	综合二类工	工日	366.012	542.936	746.187	1093.037
材料	012300001	型钢（综合）	kg	273.116	378.094	759.602	1112.689
	031507008	镀锌铁丝 ϕ0.1～0.5	kg	0.171	0.171	0.299	0.438
	031507017	镀锌铁丝 ϕ2.5～4.0	kg	20.484	23.898	33.286	48.758
	010900002	圆钢（综合）	kg	17.070	18.350	21.593	31.630
	011100001	方钢（综合）	kg	4.267	4.267	5.121	7.501
	012900002	钢板（综合）	kg	50.185	71.138	183.953	269.370
	031509010	斜垫铁（综合）	kg	62.134	88.075	227.676	333.506
	012907002	镀锌钢板（综合）	kg	1.707	2.134	2.134	3.125
	012913006	不锈钢板 δ0.05～0.5	kg	1.366	1.664	2.987	4.376
	013901001	黄铜棒 ϕ7～80	kg	1.707	1.707	2.560	3.750
	013903001	紫铜棒 ϕ16～80	kg	2.560	2.560	3.414	5.001
	040915002	白铅粉	kg	0.853	0.853	0.853	1.250
	040915003	黑铅粉	kg	2.603	2.945	5.548	8.126
	016307001	弹簧钢	kg	12.802	12.802	12.802	18.753
	020101005	橡胶板 δ5～10	kg	1.536	2.304	3.073	4.500
	020112007	无石棉橡胶板 高压 δ1～6	kg	1.536	4.182	8.279	12.127
	020115003	耐油无石棉橡胶板 δ0.8	kg	2.560	2.560	4.609	6.751
	022105001	橡胶棒 ϕ35	kg	0.427	0.427	0.853	1.250
	020901003	聚氯乙烯薄膜	m^2	2.390	2.390	2.987	4.376
	021700003	有机玻璃 δ8	m^2	0.045	0.045	0.073	0.107
	022701001	棉纱	kg	18.350	25.349	35.676	52.259
	022703003	白布	kg	7.570	9.009	12.608	18.468
	031501014	圆钉 50～75	kg	1.024	1.280	1.280	1.875
	031101009	尼龙砂轮片 ϕ100	片	9.388	11.095	14.509	21.254
	031102005	铁砂布 $0^{\#}$～$2^{\#}$	张	110.953	136.558	221.906	325.055
	031301007	低碳钢焊条（综合）	kg	29.019	33.994	60.598	88.765
	031541003	钢锯条	条	20.484	20.484	38.407	56.259
	340907006	钢丝刷子	把	2.560	3.414	4.267	6.251
	050401003	板枋材	m^3	0.171	0.222	0.367	0.538
	130101002	硝基腻子	kg	1.707	2.134	1.707	2.501
	130105011	油性清漆	kg	0.128	0.128	1.707	2.501

续前

编号				2-3-1	2-3-2	2-3-3	2-3-4
项目				单机容量（MW）			
				≤6	≤15	≤25	≤35
名称			单位	消耗量			
材料	130100003	手喷漆	kg	4.267	5.121	6.401	9.376
	143505003	金属清洗剂	kg	15.534	19.716	27.285	39.968
	140509002	溶剂汽油	kg	5.121	7.255	8.962	13.127
	140715001	汽轮机油	kg	11.693	12.376	19.545	28.630
	143309002	黄甘油	kg	1.878	2.134	3.414	5.001
	142301001	红丹粉	kg	3.866	3.977	4.950	7.251
	143121001	二硫化钼	kg	1.366	1.792	2.475	3.626
	143133001	磷酸三钠	kg	1.707	2.560	3.414	5.001
	143555001	脱化剂	kg	4.267	4.694	5.974	8.752
	142909001	氧气	m^3	52.233	61.084	106.515	156.027
	142907002	乙炔气	kg	20.090	23.494	40.967	60.010
	133503014	密封胶	kg	35.846	35.846	51.209	75.013
	040327001	凡尔砂	kg	0.043	0.043	0.043	0.062
	170200002	无缝钢管（综合）	kg	12.802	12.802	89.616	131.272
	270301001	保险丝 5A	轴	2.560	3.414	4.267	6.251
	152309001	酚醛层压板 10～20	m^2	0.256	0.256	0.427	0.625
	040927005	面粉	kg	4.908	5.974	7.895	11.565
	311923001	隔电纸	m^2	1.366	1.622	1.707	2.501
	340907004	油刷 65	把	3.414	3.414	4.267	6.251
	023503006	无石棉布（综合）烧失量 32%	kg	—	—	2.987	4.376
	280109003	硬铜绞线 TJ-120mm²	kg	—	—	1.280	1.875
	850103006	其他材料费（占材料费）	%	2.000	2.000	2.000	2.000
机械	990401020	载重汽车 5t	台班	0.342	0.930	0.807	1.182
	990401030	载重汽车 8t	台班	0.380	0.342	—	—
	990403015	平板拖车组 15t	台班	—	0.380	—	—
	990403020	平板拖车组 20t	台班	—	0.684	—	—
	990403030	平板拖车组 40t	台班	—	—	1.405	2.058
	990304004	汽车式起重机 8t	台班	0.342	0.930	0.807	1.182
	990304016	汽车式起重机 16t	台班	0.380	—	—	—
	990308030	桥式起重机 20t	台班	28.146	—	—	—
	990309040	门式起重机 30t	台班	—	1.405	1.405	2.058
	990308040	桥式起重机 30t	台班	—	36.601	—	—
	990308050	桥式起重机 50t	台班	—	—	49.829	72.991
	991003030	电动空气压缩机 1m³/min	台班	0.949	1.424	1.424	2.085
	991003050	电动空气压缩机 6m³/min	台班	9.015	10.828	12.859	18.835
	990901020	交流弧焊机 32kV·A	台班	12.099	15.667	24.673	36.141
	990919030	电焊条烘干箱 60×50×75cm³	台班	1.210	1.567	2.467	3.614
	990797010	台式砂轮机	台班	5.219	7.117	10.438	15.291
	990753020	中频加热处理机 100kW	台班	—	—	0.949	1.390

2. 抽凝式汽轮机（单抽）

工作内容：基础检查；垫铁安装；设备组合、安装；地脚螺栓安装；管路、支吊架配制、安装等。

计量单位：台

编　　号				2-3-5	2-3-6	2-3-7	2-3-8
项　　目				单机容量（MW）			
				≤6	≤15	≤25	≤35
		名　　称	单位	消　耗　量			
人工	000203000	综合二类工	工日	398.828	522.313	760.489	1050.996
材料	012300001	型钢（综合）	kg	308.108	368.706	609.090	841.762
	031507008	镀锌铁丝 ϕ0.1～0.5	kg	0.179	0.179	0.256	0.354
	031507017	镀锌铁丝 ϕ2.5～4.0	kg	21.661	24.410	36.529	50.484
	010900002	圆钢（综合）	kg	13.229	18.026	22.873	31.611
	011100001	方钢（综合）	kg	5.548	5.548	5.548	7.667
	012900002	钢板（综合）	kg	59.072	82.952	142.087	196.364
	031509010	斜垫铁（综合）	kg	73.137	102.703	125.917	243.117
	012907002	镀锌钢板（综合）	kg	1.758	2.202	5.377	7.431
	012913006	不锈钢板 δ0.05～0.5	kg	1.451	1.622	2.484	3.433
	013901001	黄铜棒 ϕ7～80	kg	1.707	1.707	2.817	3.893
	013903001	紫铜棒 ϕ16～80	kg	3.329	2.560	3.755	5.190
	040915002	白铅粉	kg	0.879	0.879	0.896	1.238
	040915003	黑铅粉	kg	2.782	2.893	4.703	6.499
	016307001	弹簧钢	kg	17.582	13.229	13.485	18.637
	020101005	橡胶板 δ5～10	kg	1.622	2.134	3.243	4.483
	020112007	无石棉橡胶板 高压 δ1～6	kg	2.134	6.572	7.425	10.261
	020115003	耐油无石棉橡胶板 δ0.8	kg	3.329	3.329	3.499	4.836
	022105001	橡胶棒 ϕ35	kg	0.597	0.427	0.939	1.297
	020901003	聚氯乙烯薄膜	m^2	1.707	2.560	3.414	4.718
	021700003	有机玻璃 δ8	m^2	0.063	0.045	0.073	0.100
	022701001	棉纱	kg	20.228	24.922	36.273	50.129
	022703003	白布	kg	8.698	8.783	12.628	17.452
	031501014	圆钉 50～75	kg	1.459	1.297	2.296	3.173
	031101009	尼龙砂轮片 ϕ100	片	11.949	11.949	12.802	17.693
	031102005	铁砂布 $0^{\#}$～$2^{\#}$	张	116.928	133.997	220.199	304.316
	031301007	低碳钢焊条（综合）	kg	30.725	34.139	54.751	75.666
	031541003	钢锯条	条	26.458	20.484	37.553	51.899
	340907006	钢丝刷子	把	2.560	3.414	4.267	5.898
	050401003	板枋材	m^3	0.222	0.230	0.358	0.495
	130101002	硝基腻子	kg	1.707	2.134	2.731	3.774
	130105011	油性清漆	kg	0.128	0.171	0.188	0.259
	130100003	手喷漆	kg	4.267	6.401	7.511	10.380
	143505003	金属清洗剂	kg	16.729	19.398	27.953	38.630

续前

编号				2-3-5	2-3-6	2-3-7	2-3-8
项目				单机容量（MW）			
				≤6	≤15	≤25	≤35
名称			单位	消耗量			
材料	140509002	溶剂汽油	kg	6.529	5.121	8.364	11.560
	140715001	汽轮机油	kg	12.973	12.205	19.340	26.728
	143309002	黄甘油	kg	1.101	2.014	3.474	4.801
	142301001	红丹粉	kg	4.080	3.918	6.111	8.445
	143121001	二硫化钼	kg	1.485	1.400	2.484	3.433
	143133001	磷酸三钠	kg	1.707	2.560	4.267	5.898
	143555001	脱化剂	kg	4.856	4.788	6.256	8.646
	142909001	氧气	m^3	55.306	59.403	97.588	134.866
	142907002	乙炔气	kg	21.271	22.847	37.534	51.872
	133503014	密封胶	kg	35.846	35.846	51.209	70.771
	040327001	凡尔砂	kg	0.060	0.085	0.128	0.177
	170200002	无缝钢管（综合）	kg	12.802	12.802	93.883	129.747
	270301001	保险丝 5A	轴	2.560	3.414	4.267	5.898
	152309001	酚醛层压板 10～20	m^2	0.341	0.256	0.469	0.649
	040927005	面粉	kg	5.633	5.872	7.477	10.332
	311923001	隔电纸	m^2	1.408	1.587	1.707	2.359
	340907004	油刷 65	把	3.414	3.414	4.267	5.898
	023503006	无石棉布（综合）烧失量 32%	kg	—	—	2.987	4.128
	280109003	硬铜绞线 TJ-120mm²	kg	—	—	1.280	1.769
	850103006	其他材料费（占材料费）	%	2.000	2.000	2.000	2.000
机械	990401020	载重汽车 5t	台班	0.579	0.921	1.309	1.809
	990401030	载重汽车 8t	台班	—	0.342	—	—
	990403015	平板拖车组 15t	台班	0.380	0.380	—	—
	990403020	平板拖车组 20t	台班	—	0.684	—	—
	990403025	平板拖车组 30t	台班	—	—	1.405	1.941
	990304004	汽车式起重机 8t	台班	0.579	0.921	1.309	1.809
	990304020	汽车式起重机 20t	台班	0.380	—	—	—
	990308030	桥式起重机 20t	台班	31.619	—	—	—
	990309040	门式起重机 30t	台班	—	1.405	1.405	1.941
	990308040	桥式起重机 30t	台班	—	37.796	—	—
	990308050	桥式起重机 50t	台班	—	—	47.714	65.940
	990901020	交流弧焊机 32kV·A	台班	12.811	13.855	21.665	29.941
	990919030	电焊条烘干箱 60×50×75cm³	台班	1.281	1.385	2.166	2.994
	991003030	电动空气压缩机 1m³/min	台班	0.949	1.424	1.424	1.967
	991003050	电动空气压缩机 6m³/min	台班	9.490	8.683	11.160	15.422
	990797010	台式砂轮机	台班	5.219	6.643	11.388	15.737
	990753020	中频加热处理机 100kW	台班	—	—	0.949	1.311

3. 抽凝式汽轮机（双抽）

工作内容：基础检查；垫铁安装；设备组合、安装；地脚螺栓安装；
管路、支吊架配制、安装等。

计量单位：台

编号				2-3-9	2-3-10	2-3-11
项目				单机容量（MW）		
				≤ 15	≤ 25	≤ 35
		名称	单位	消耗量		
人工	000203000	综合二类工	工日	540.220	760.489	1117.906
材料	012300001	型钢（综合）	kg	377.241	609.090	895.353
	031507008	镀锌铁丝 ϕ0.1～0.5	kg	0.196	0.256	0.376
	031507017	镀锌铁丝 ϕ2.5～4.0	kg	25.007	36.529	53.697
	010900002	圆钢（综合）	kg	18.376	22.873	33.624
	011100001	方钢（综合）	kg	5.548	5.548	8.155
	012900002	钢板（综合）	kg	84.209	142.087	208.866
	031509010	斜垫铁（综合）	kg	104.259	175.917	258.595
	012907002	镀锌钢板（综合）	kg	2.245	5.377	7.904
	012913006	不锈钢板 δ0.05～0.5	kg	1.664	2.484	3.651
	013901001	黄铜棒 ϕ7～80	kg	2.134	2.817	4.140
	013903001	紫铜棒 ϕ16～80	kg	2.987	3.755	5.520
	040915002	白铅粉	kg	0.896	0.896	1.317
	040915003	黑铅粉	kg	2.979	4.703	6.913
	016307001	弹簧钢	kg	13.485	13.485	19.823
	020101005	橡胶板 δ5～10	kg	2.134	3.243	4.768
	020112007	无石棉橡胶板 高压 δ1～6	kg	6.657	7.425	10.915
	020115003	耐油无石棉橡胶板 δ0.8	kg	3.329	3.499	5.144
	022105001	橡胶棒 ϕ35	kg	0.469	0.939	1.380
	020901003	聚氯乙烯薄膜	m^2	2.560	3.414	5.018
	021700003	有机玻璃 δ8	m^2	0.050	0.073	0.107
	022701001	棉纱	kg	25.605	36.273	53.321
	022703003	白布	kg	9.260	12.628	18.563
	031501014	圆钉 50～75	kg	1.391	2.296	3.375
	031101009	尼龙砂轮片 ϕ100	片	12.802	12.802	18.819
	031102005	铁砂布 0#～2#	张	139.972	220.199	323.690
	031301007	低碳钢焊条（综合）	kg	34.139	54.751	80.483
	031541003	钢锯条	条	22.191	37.553	55.203
	340907006	钢丝刷子	把	3.414	4.267	6.273
	050401003	板枋材	m^3	0.324	0.358	0.527
	130101002	硝基腻子	kg	2.245	2.731	4.015
	130105011	油性清漆	kg	0.188	0.188	0.276
	130100003	手喷漆	kg	6.743	7.511	11.041
	143505003	金属清洗剂	kg	20.116	27.953	41.089

续前

编号				2-3-9	2-3-10	2-3-11
项目				单机容量（MW）		
				≤15	≤25	≤35
名称			单位	消耗量		
材料	140509002	溶剂汽油	kg	5.616	8.364	12.295
	140715001	汽轮机油	kg	12.717	19.340	28.430
	143309002	黄甘油	kg	2.074	3.474	5.106
	142301001	红丹粉	kg	4.046	6.111	8.983
	143121001	二硫化钼	kg	1.442	2.484	3.651
	143133001	磷酸三钠	kg	3.414	4.267	6.273
	040329001	硼砂	kg	0.060	0.060	0.088
	142909001	氧气	m^3	61.451	97.588	143.452
	142907002	乙炔气	kg	23.635	37.534	55.174
	133503014	密封胶	kg	35.846	51.209	75.277
	040327001	凡尔砂	kg	0.094	0.128	0.188
	170200002	无缝钢管（综合）	kg	12.802	93.883	138.007
	270301001	保险丝 5A	轴	3.414	4.267	6.273
	152309001	酚醛层压板 10～20	m^2	0.282	0.469	0.690
	040927005	面粉	kg	6.154	7.477	10.990
	311923001	隔电纸	m^2	1.613	1.707	2.509
	340907004	油刷 65	把	3.414	4.267	6.273
	023503006	无石棉布(综合）烧失量 32%	kg	—	2.987	4.391
	280109003	硬铜绞线 TJ-120mm^2	kg	—	1.280	1.882
	850103006	其他材料费（占材料费）	%	2.000	2.000	2.000
机械	990401020	载重汽车 5t	台班	0.930	1.309	1.925
	990401030	载重汽车 8t	台班	0.342	—	—
	990403015	平板拖车组 15t	台班	0.380	—	—
	990403020	平板拖车组 20t	台班	0.684	—	—
	990403025	平板拖车组 30t	台班	—	1.405	2.065
	990304004	汽车式起重机 8t	台班	0.930	1.309	1.925
	990309040	门式起重机 30t	台班	1.405	1.405	2.065
	990308040	桥式起重机 30t	台班	38.746	—	—
	990308050	桥式起重机 50t	台班	—	47.714	70.138
	991003030	电动空气压缩机 1m^3/min	台班	1.519	1.424	2.092
	991003050	电动空气压缩机 6m^3/min	台班	9.110	11.160	16.405
	990901020	交流弧焊机 32kV · A	台班	14.235	21.665	31.847
	990919030	电焊条烘干箱 60 × 50 × 75cm^3	台班	1.423	2.166	3.185
	990797010	台式砂轮机	台班	9.490	11.388	16.740
	990753020	中频加热处理机 100kW	台班	—	0.949	1.395

4. 燃 气 轮 机

工作内容： 基础检查；垫铁配制、安装；设备组合、安装；地脚螺栓安装；管路、支吊架配制、安装等。

计量单位：台

编号				2-3-12	2-3-13	2-3-14	2-3-15
项目				单轴			
				单机容量（MW）			
				≤6	≤15	≤25	≤35
		名称	单位	消耗量			
人工	000203000	综合二类工	工日	234.909	307.642	447.928	567.736
材料	012300001	型钢（综合）	kg	248.798	297.730	491.840	679.723
	031507008	镀锌铁丝 ϕ0.1～0.5	kg	0.145	0.145	0.207	0.286
	031507017	镀锌铁丝 ϕ2.5～4.0	kg	17.492	19.711	29.497	40.766
	010900002	圆钢（综合）	kg	10.682	14.556	18.470	25.526
	011100001	方钢（综合）	kg	4.480	4.480	4.480	6.191
	012900002	钢板（综合）	kg	47.701	66.984	114.735	158.564
	031509010	斜垫铁（综合）	kg	59.058	82.932	142.053	196.317
	012907002	镀锌钢板（综合）	kg	1.420	1.778	4.342	6.001
	012913006	不锈钢板 δ0.05～0.5	kg	1.172	1.309	2.006	2.772
	016307001	弹簧钢	kg	14.197	10.682	10.889	15.049
	020101005	橡胶板 δ5～10	kg	1.309	1.723	2.619	3.620
	020115003	耐油无石棉橡胶板 δ0.8	kg	2.688	2.688	2.826	3.905
	022105001	橡胶棒 ϕ35	kg	0.482	0.345	0.758	1.048
	020901003	聚氯乙烯薄膜	m^2	1.378	2.068	2.757	3.810
	022701001	棉纱	kg	16.334	20.124	29.291	40.480
	022703003	白布	kg	7.024	7.092	10.197	14.093
	031501014	圆钉 50～75	kg	1.179	1.048	1.854	2.562
	031101009	尼龙砂轮片 ϕ100	片	9.649	9.649	10.338	14.287
	031102005	铁砂布 0#～2#	张	94.419	108.203	177.811	245.735
	031301007	低碳钢焊条（综合）	kg	24.811	27.568	44.212	61.100
	031541003	钢锯条	条	21.365	16.541	30.324	41.908
	340907006	钢丝刷子	把	2.068	2.757	3.446	4.762
	050401003	板枋材	m^3	0.179	0.186	0.289	0.400
	130101002	硝基腻子	kg	1.378	1.723	2.205	3.048
	130105011	油性清漆	kg	0.103	0.138	0.152	0.210
	130100003	手喷漆	kg	3.446	5.169	6.065	8.382
	143505003	金属清洗剂	kg	13.509	15.664	22.572	31.193

续前

编号				2-3-12	2-3-13	2-3-14	2-3-15
项目				单轴			
				单机容量（MW）			
				≤6	≤15	≤25	≤35
名称			单位	消耗量			
材料	140509002	溶剂汽油	kg	5.272	4.135	6.754	9.334
	140715001	汽轮机油	kg	10.476	9.855	15.617	21.583
	143309002	黄甘油	kg	0.889	1.626	2.805	3.877
	143133001	磷酸三钠	kg	1.378	2.068	3.446	4.762
	143555001	脱化剂	kg	3.921	3.866	5.052	6.981
	142909001	氧气	m^3	44.660	47.968	78.802	108.904
	142907002	乙炔气	kg	17.177	18.449	30.308	41.886
	133503014	密封胶	kg	28.946	28.946	41.351	57.148
	170200002	无缝钢管（综合）	kg	10.338	10.338	75.811	104.771
	152309001	酚醛层压板 10～20	m^2	0.276	0.207	0.379	0.524
	340907004	油刷 65	把	2.757	2.757	3.446	4.762
	023503006	无石棉布（综合）烧失量 32%	kg	—	—	2.412	3.334
	280109003	硬铜绞线 TJ-120mm²	kg	—	—	1.034	1.429
	850103006	其他材料费（占材料费）	%	2.000	2.000	2.000	2.000
机械	990401020	载重汽车 5t	台班	0.467	0.743	1.057	1.461
	990401030	载重汽车 8t	台班	—	0.276	—	—
	990403015	平板拖车组 15t	台班	0.307	0.307	—	—
	990403020	平板拖车组 20t	台班	—	0.552	—	—
	990403025	平板拖车组 30t	台班	—	—	1.134	1.567
	990304004	汽车式起重机 8t	台班	0.467	0.743	1.057	1.461
	990304020	汽车式起重机 20t	台班	0.307	—	—	—
	990308030	桥式起重机 20t	台班	25.532	—	—	—
	990308040	桥式起重机 30t	台班	—	32.039	—	—
	990308050	桥式起重机 50t	台班	—	—	39.288	54.765
	991003030	电动空气压缩机 1m³/min	台班	0.766	1.150	1.150	1.588
	991003050	电动空气压缩机 6m³/min	台班	7.663	7.011	9.011	12.453
	990901020	交流弧焊机 32kV·A	台班	10.345	11.188	17.494	24.177
	990919030	电焊条烘干箱 60×50×75cm³	台班	1.035	1.119	1.749	2.418
	990797010	台式砂轮机	台班	4.214	5.364	9.196	12.708

注：安装基础为 0m 编制。当安装基础为地下室时，人工增加 10%，机械增加 8%。

二、汽轮机本体管道安装

1. 导汽管道、汽封疏水管道

工作内容：管子清扫、切割；坡口加工；对口焊接、安装；法兰焊接与连接；支吊架安装、调整和固定；压力试验等。

计量单位：台

编号				2-3-16	2-3-17	2-3-18	2-3-19
项目				单机容量（MW）			
				≤6		≤15	
				重量（t）			
				≤0.3	≤0.7	≤0.5	≤1.1
		名称	单位	消耗量			
人工	000203000	综合二类工	工日	11.153	26.476	19.265	44.948
材料	012300001	型钢（综合）	kg	4.600	7.588	4.319	9.883
	031507017	镀锌铁丝 ϕ2.5～4.0	kg	0.973	13.613	2.120	23.300
	020112007	无石棉橡胶板 高压 δ1～6	kg	0.939	3.713	0.707	1.890
	022703003	白布	kg	1.374	1.299	1.757	1.352
	031101009	尼龙砂轮片 ϕ100	片	1.110	3.094	1.767	5.121
	031301007	低碳钢焊条（综合）	kg	5.121	8.391	6.292	8.923
	031541003	钢锯条	条	1.707	39.602	2.945	39.431
	040319001	石英砂（综合）	m^3	0.064	—	0.086	—
	142909001	氧气	m^3	6.145	29.107	32.568	43.139
	142907002	乙炔气	kg	2.363	11.195	12.526	16.592
	023503006	无石棉布（综合）烧失量 32%	kg	0.111	—	0.246	—
	040915003	黑铅粉	kg	—	0.557	0.294	0.584
	031102005	铁砂布 0#～2#	张	—	2.475	2.510	3.073
	031303003	合金钢焊丝	kg	—	3.230	2.693	3.073
	040301003	中砂	t	—	0.322	—	0.809
	133519011	油浸无石棉盘根 编织 ϕ4～5（450℃）	kg	—	0.322	0.228	0.236
	143505003	金属清洗剂	kg	—	0.162	0.122	0.122
	140303001	机油（综合）	kg	—	0.693	0.523	0.691
	140505001	铅油（厚漆）	kg	—	0.050	0.010	0.020
	143309002	黄甘油	kg	—	0.334	1.850	0.138
	850103006	其他材料费（占材料费）	%	2.000	2.000	2.000	2.000
机械	990401020	载重汽车 5t	台班	0.038	0.010	0.077	0.063
	990304004	汽车式起重机 8t	台班	0.114	0.010	0.174	0.063
	990308030	桥式起重机 20t	台班	0.029	0.035	—	—
	990308040	桥式起重机 30t	台班	—	—	0.077	0.034
	990509030	电动葫芦单速 5t	台班	—	0.608	—	0.684
	990904030	直流弧焊机 20kV·A	台班	2.087	3.853	2.237	9.736
	990919030	电焊条烘干箱 60×50×75cm³	台班	0.209	0.385	0.224	0.974
	991003050	电动空气压缩机 6m³/min	台班	0.864	0.933	1.179	0.348
	990813045	试压泵 60MPa	台班	—	0.237	—	0.768

工作内容：管子清扫、切割；坡口加工；对口焊接、安装；法兰焊接与连接；支吊架安装、调整和固定；压力试验等。

计量单位：台

编号				2-3-20	2-3-21	2-3-22	2-3-23
项目				单机容量（MW）			
				≤25		≤35	
				重量（t）			
				≤1.5	≤3.1	≤3.0	≤4.5
名称			单位	消耗量			
人工	000203000	综合二类工	工日	46.406	134.421	91.341	192.864
材料	012300001	型钢（综合）	kg	8.834	262.593	13.910	376.764
	031507017	镀锌铁丝 ϕ2.5～4.0	kg	7.745	61.835	12.195	88.720
	040915003	黑铅粉	kg	1.178	1.546	1.855	2.218
	020112007	无石棉橡胶板 高压 δ1～6	kg	5.889	5.389	9.273	7.732
	022703003	白布	kg	1.325	4.167	2.087	5.978
	031101009	尼龙砂轮片 ϕ100	片	7.067	17.667	11.128	25.349
	031301007	低碳钢焊条（综合）	kg	47.996	58.493	75.578	83.925
	031541003	钢锯条	条	8.834	83.919	13.910	120.406
	040319001	石英砂（综合）	m^3	0.148	—	0.232	—
	140303001	机油（综合）	kg	1.208	1.826	1.901	2.619
	140505001	铅油（厚漆）	kg	0.089	0.059	0.139	0.084
	142909001	氧气	m^3	42.401	111.303	66.768	159.696
	142907002	乙炔气	kg	16.308	42.809	25.680	61.421
	023503006	无石棉布（综合）烧失量 32%	kg	0.883	—	1.391	—
	031102005	铁砂布 $0^{\#}$～$2^{\#}$	张	—	8.834	—	12.674
	031303003	合金钢焊丝	kg	—	5.889	—	8.450
	040301003	中砂	t	—	0.957	—	1.373
	133519011	油浸无石棉盘根 编织 ϕ4～5（450℃）	kg	—	0.883	—	1.267
	143505003	金属清洗剂	kg	—	0.412	—	0.591
	143309002	黄甘油	kg	—	0.398	—	0.570
	142301001	红丹粉	kg	—	0.207	—	0.296
	850103006	其他材料费（占材料费）	%	2.000	2.000	2.000	2.000
机械	990401020	载重汽车 5t	台班	0.295	0.196	0.464	0.282
	990304004	汽车式起重机 8t	台班	0.425	0.196	0.671	0.282
	990308050	桥式起重机 50t	台班	0.458	0.033	0.721	0.047
	990509030	电动葫芦单速 5t	台班	—	1.424	—	2.044
	991003050	电动空气压缩机 6m^3/min	台班	2.161	0.703	3.403	1.010
	990904030	直流弧焊机 20kV·A	台班	12.997	32.902	20.467	47.208
	990919030	电焊条烘干箱 60×50×75cm^3	台班	1.300	3.290	2.047	4.721
	990813045	试压泵 60MPa	台班	—	3.667	—	5.261

2. 蒸汽管道、油管道

工作内容：管子清扫、切割；坡口加工；对口焊接、安装；法兰焊接与连接；支吊架安装、调整和固定；压力试验等。

计量单位：台

编　号				2-3-24	2-3-25	2-3-26	2-3-27
项　目				单机容量（MW）			
				≤6		≤15	
				重量（t）			
				≤0.2	≤0.8	≤0.3	≤1.1
		名　称	单位	消　耗　量			
人工	000203000	综合二类工	工日	13.463	59.449	19.684	75.785
材料	012300001	型钢（综合）	kg	28.805	68.364	42.606	57.354
	031507017	镀锌铁丝 ϕ2.5～4.0	kg	4.788	—	5.626	—
	040915003	黑铅粉	kg	0.032	0.384	0.295	0.514
	020112007	无石棉橡胶板 高压 δ1～6	kg	0.442	—	0.754	—
	022703003	白布	kg	0.519	4.998	0.776	6.213
	031101009	尼龙砂轮片 ϕ100	片	0.640	5.633	1.092	8.723
	031301007	低碳钢焊条（综合）	kg	1.472	10.242	2.742	23.898
	031541003	钢锯条	条	19.203	11.266	25.127	11.351
	040301003	中砂	t	0.122	—	0.186	—
	133519011	油浸无石棉盘根 编织 ϕ4～5（450℃）	kg	0.135	—	0.218	—
	143505003	金属清洗剂	kg	0.074	0.155	0.113	0.154
	140303001	机油（综合）	kg	0.243	1.065	0.382	2.175
	143309002	黄甘油	kg	0.090	—	0.131	—
	142301001	红丹粉	kg	0.090	0.671	0.066	1.512
	142909001	氧气	m^3	10.383	20.402	14.038	42.944
	142907002	乙炔气	kg	3.993	7.847	5.399	16.517
	040327001	凡尔砂	kg	0.090	0.077	0.131	0.090

续前

编号				2-3-24	2-3-25	2-3-26	2-3-27
项目				单机容量（MW）			
				≤6		≤15	
				重量（t）			
				≤0.2	≤0.8	≤0.3	≤1.1
名称			单位	消耗量			
材料	031507009	镀锌铁丝 ϕ0.7～0.9	kg	—	0.317	—	0.597
	020115003	耐油无石棉橡胶板 δ0.8	kg	—	1.567	—	2.348
	020901003	聚氯乙烯薄膜	m^2	—	1.060	—	1.225
	031102005	铁砂布 0#～2#	张	—	1.024	—	2.390
	040319001	石英砂（综合）	m^3	—	0.272	—	0.527
	022909002	丝绸布	m	—	1.060	—	1.225
	130115006	酚醛调和漆	kg	—	2.601	—	3.638
	130505007	酚醛防锈漆	kg	—	4.097	—	5.735
	133519017	油麻盘根 ϕ6～25	kg	—	0.410	—	0.335
	140715001	汽轮机油	kg	—	0.737	—	0.866
	140505001	铅油（厚漆）	kg	—	—	—	0.030
	850103006	其他材料费（占材料费）	%	2.000	2.000	2.000	2.000
机械	990401020	载重汽车 5t	台班	—	0.023	0.022	0.033
	990304004	汽车式起重机 8t	台班	—	0.170	0.106	0.199
	990308030	桥式起重机 20t	台班	—	0.006	—	—
	990308040	桥式起重机 30t	台班	—	—	0.012	0.013
	990509030	电动葫芦单速 5t	台班	0.399	0.285	0.631	0.232
	990813045	试压泵 60MPa	台班	0.149	2.448	0.242	1.462
	991003050	电动空气压缩机 $6m^3/min$	台班	0.071	2.591	0.097	2.890
	990904030	直流弧焊机 20kV · A	台班	0.940	10.499	1.798	15.013
	990919030	电焊条烘干箱 $60\times50\times75cm^3$	台班	0.094	1.050	0.180	1.501

工作内容：管子清扫、切割；坡口加工；对口焊接、安装；法兰焊接与连接；支吊架安装、调整和固定；压力试验等。

计量单位：台

编号				2-3-28	2-3-29	2-3-30	2-3-31
项目				单机容量（MW）			
				≤25		≤35	
				重量（t）			
				≤0.5	≤2.2	≤1.0	≤4.0
		名称	单位	消耗量			
人工	000203000	综合二类工	工日	28.902	108.103	56.963	188.188
材料	012300001	型钢（综合）	kg	36.379	79.886	71.703	139.066
	031507017	镀锌铁丝 ϕ2.5～4.0	kg	4.206	—	8.290	—
	040915003	黑铅粉	kg	0.737	0.640	1.453	1.114
	020112007	无石棉橡胶板 高压 δ1～6	kg	1.475	—	2.907	—
	022703003	白布	kg	1.420	10.242	2.799	17.829
	031101009	尼龙砂轮片 ϕ100	片	2.731	8.859	5.383	15.422
	031301007	低碳钢焊条（综合）	kg	7.784	28.984	15.342	50.456
	031541003	钢锯条	条	21.849	16.899	43.065	29.418
	133519011	油浸无石棉盘根 编织 ϕ4～5（450℃）	kg	0.574	—	1.131	—
	143505003	金属清洗剂	kg	0.255	0.272	0.503	0.474
	143309002	黄甘油	kg	0.273	—	0.539	—
	142301001	红丹粉	kg	0.164	1.797	0.323	3.129
	142909001	氧气	m^3	13.110	30.725	25.839	53.487
	142907002	乙炔气	kg	5.042	11.817	9.938	20.572
	031507009	镀锌铁丝 ϕ0.7～0.9	kg	—	0.645	—	1.124
	020115003	耐油无石棉橡胶板 δ0.8	kg	—	3.610	—	6.284
	020901003	聚氯乙烯薄膜	m^2	—	2.197	—	3.824
	031102005	铁砂布 $0^{\#}$～$2^{\#}$	张	—	2.048	—	3.566
	040319001	石英砂（综合）	m^3	—	0.394	—	0.685
	022909002	丝绸布	m	—	2.197	—	3.824
	130115006	酚醛调和漆	kg	—	7.220	—	12.570
	130505007	酚醛防锈漆	kg	—	11.471	—	19.968
	133519017	油麻盘根 ϕ6～25	kg	—	0.814	—	1.417
	140505001	铅油（厚漆）	kg	—	0.026	—	0.045
	850103006	其他材料费（占材料费）	%	2.000	2.000	2.000	2.000
机械	990401020	载重汽车 5t	台班	0.091	0.097	0.179	0.169
	990304004	汽车式起重机 8t	台班	0.091	0.381	0.179	0.664
	990308050	桥式起重机 50t	台班	0.061	0.051	0.120	0.090
	990509030	电动葫芦单速 5t	台班	1.305	0.558	2.573	0.971
	990813045	试压泵 60MPa	台班	0.881	4.544	1.736	7.909
	991003050	电动空气压缩机 $6m^3/min$	台班	—	5.102	—	8.880
	990904030	直流弧焊机 20kV·A	台班	4.615	16.853	9.098	29.338
	990919030	电焊条烘干箱 $60\times50\times75cm^3$	台班	0.462	1.685	0.910	2.934

3. 逆止阀控制水管道、抽汽管道

工作内容： 管子清扫、切割；坡口加工；对口焊接、安装；法兰焊接与连接；支吊架安装、调整和固定；压力试验等。

计量单位：台

编号				2-3-32	2-3-33	2-3-34	2-3-35
项目				单机容量（MW）			
				≤6	≤15	≤25	≤35
名称			单位	消耗量			
人工	000203000	综合二类工	工日	15.942	43.681	46.104	53.232
材料	012300001	型钢（综合）	kg	15.363	42.094	149.872	173.047
	031507017	镀锌铁丝 ϕ2.5～4.0	kg	2.834	7.764	5.974	6.898
	040915003	黑铅粉	kg	0.179	0.491	0.486	0.562
	020112006	无石棉橡胶板 中压 δ0.8～6	kg	1.792	4.911	1.152	1.331
	022703003	白布	kg	0.853	2.339	0.999	1.153
	031101009	尼龙砂轮片 ϕ100	片	1.622	4.443	2.817	3.252
	031102005	铁砂布 $0^{\#}$～$2^{\#}$	张	1.707	4.677	1.707	1.971
	031301007	低碳钢焊条（综合）	kg	9.277	10.893	11.138	12.860
	031541003	钢锯条	条	3.414	9.354	56.330	65.041
	040301003	中砂	t	0.458	0.682	0.982	1.133
	133519011	油浸无石棉盘根 编织 ϕ4～5（450℃）	kg	0.307	0.355	0.572	1.567
	143505003	金属清洗剂	kg	0.201	0.551	0.167	0.193
	140505001	铅油（厚漆）	kg	0.043	0.117	0.043	0.050
	142301001	红丹粉	kg	0.051	0.140	0.102	0.119
	142909001	氧气	m^3	8.296	22.731	51.721	59.719
	142907002	乙炔气	kg	3.191	8.743	19.893	22.969
	850103006	其他材料费（占材料费）	%	2.000	2.000	2.000	2.000
机械	990401020	载重汽车 5t	台班	0.095	0.260	0.450	0.550
	990304004	汽车式起重机 8t	台班	0.095	0.260	0.273	0.357
	990308030	桥式起重机 20t	台班	0.133	0.364	—	—
	990509030	电动葫芦单速 5t	台班	0.370	1.014	1.570	1.832
	990813045	试压泵 60MPa	台班	0.845	2.314	0.228	0.263
	991003050	电动空气压缩机 $6m^3/min$	台班	—	—	0.636	0.734
	990901020	交流弧焊机 32kV·A	台班	2.979	5.165	5.191	5.993
	990919030	电焊条烘干箱 $60\times50\times75cm^3$	台班	0.298	0.517	0.519	0.599

4. 燃气轮机调压站设备、管道

工作内容： 设备安装；管子清扫、切割；坡口加工；对口焊接、安装；法兰焊接与连接；支吊架安装、调整和固定；压力试验等。

计量单位： 台

编号				2-3-36	2-3-37	2-3-38	2-3-39
项目				单机容量（MW）			
				⩽ 6	⩽ 15	⩽ 25	⩽ 35
名称			单位	消耗量			
人工	000203000	综合二类工	工日	81.327	109.969	143.097	165.224
材料	012300001	型钢（综合）	kg	61.599	168.782	600.935	693.859
	031507017	镀锌铁丝 $\phi2.5\sim4.0$	kg	11.362	31.131	23.954	27.659
	040915003	黑铅粉	kg	0.719	1.969	1.953	2.253
	020112006	无石棉橡胶板 中压 $\delta0.8\sim6$	kg	7.187	19.691	4.623	5.337
	022703003	白布	kg	3.422	9.379	4.006	4.623
	031101009	尼龙砂轮片 $\phi100$	片	6.502	17.815	11.295	13.039
	031102005	铁砂布 $0^{\#}\sim2^{\#}$	张	6.844	18.753	6.844	7.899
	031301007	低碳钢焊条（综合）	kg	37.199	43.260	44.660	51.564
	031541003	钢锯条	条	13.689	37.506	95.494	130.422
	133519011	油浸无石棉盘根 编织 $\phi4\sim5$（450℃）	kg	2.293	6.283	7.626	11.536
	143505003	金属清洗剂	kg	0.808	2.209	0.670	0.774
	140303001	机油（综合）	kg	1.608	2.779	3.420	3.954
	140505001	铅油（厚漆）	kg	0.171	0.469	0.172	0.200
	142909001	氧气	m^3	33.264	91.143	207.383	239.457
	142907002	乙炔气	kg	12.794	35.055	79.763	92.099
	133519005	橡胶无石棉盘根 编织 $\phi4\sim5$（250℃）	kg	—	—	1.231	1.423
	850103006	其他材料费（占材料费）	%	2.000	2.000	2.000	2.000
机械	990401020	载重汽车 5t	台班	0.368	1.011	1.399	2.480
	990304004	汽车式起重机 8t	台班	0.368	1.011	1.224	2.148
	990302025	履带式起重机 25t	台班	0.515	1.413	1.918	4.584
	991003050	电动空气压缩机 $6m^3/min$	台班	1.435	1.669	2.470	2.853
	990901020	交流弧焊机 32kV · A	台班	11.577	31.726	20.172	23.289
	990919030	电焊条烘干箱 $60\times50\times75cm^3$	台班	1.158	3.173	2.017	2.329

三、发电机本体安装

工作内容： 基础检查；垫铁安装；设备组合、安装；地脚螺栓安装；管路、支吊架配制、安装等。

计量单位：台

编号				2-3-40	2-3-41	2-3-42	2-3-43
项目				单机容量（MW）			
				≤6	≤15	≤25	≤35
名称			单位	消耗量			
人工	000203000	综合二类工	工日	146.900	176.525	242.370	319.927
材料	012300001	型钢（综合）	kg	43.951	43.951	64.509	85.152
	031507017	镀锌铁丝 ϕ2.5～4.0	kg	10.633	10.633	12.760	16.843
	010900002	圆钢（综合）	kg	7.585	6.876	7.231	9.545
	012900002	钢板（综合）	kg	148.867	82.156	94.405	124.615
	031509010	斜垫铁（综合）	kg	90.473	101.717	86.981	154.302
	012907002	镀锌钢板（综合）	kg	2.126	3.544	4.537	5.989
	012913006	不锈钢板 δ0.05～0.5	kg	0.816	0.957	1.099	1.450
	020101005	橡胶板 δ5～10	kg	0.142	0.213	0.213	0.281
	020112006	无石棉橡胶板 中压 δ0.8～6	kg	14.355	14.355	20.735	27.370
	020901003	聚氯乙烯薄膜	m^2	1.418	1.418	2.126	2.807
	022701001	棉纱	kg	3.863	5.246	6.947	9.170
	022703003	白布	kg	1.944	2.224	2.277	3.006
	022709005	羊毛毡 1～5	m^2	1.418	1.560	2.198	2.901
	031101009	尼龙砂轮片 ϕ100	片	2.836	2.836	3.544	4.679
	031102005	铁砂布 0#～2#	张	36.862	44.660	44.661	58.951
	031301007	低碳钢焊条（综合）	kg	4.253	4.820	5.529	7.299
	031301025	紫铜电焊条 T107 ϕ3.2	kg	0.213	0.213	0.213	0.281
	340907006	钢丝刷子	把	1.418	2.127	2.126	2.807
	050401003	板枋材	m^3	0.036	0.035	0.050	0.065
	130115006	酚醛调和漆	kg	2.126	2.127	2.268	2.994
	130101002	硝基腻子	kg	1.241	1.276	1.630	2.152
	130100003	手喷漆	kg	3.544	3.856	4.679	6.176
	143505003	金属清洗剂	kg	2.150	2.481	3.225	4.258
	140303001	机油（综合）	kg	1.418	1.418	2.126	2.807
	140715001	汽轮机油	kg	2.056	2.056	3.261	4.304
	140505001	铅油（厚漆）	kg	0.708	0.709	0.708	0.936
	143309002	黄甘油	kg	0.708	0.709	1.063	1.404

续前

编号				2-3-40	2-3-41	2-3-42	2-3-43
项目				单机容量（MW）			
				≤6	≤15	≤25	≤35
名称			单位	消耗量			
材料	142301001	红丹粉	kg	0.248	0.248	0.283	0.374
	143133001	磷酸三钠	kg	1.418	1.418	2.126	2.807
	040329001	硼砂	kg	0.071	0.071	0.071	0.094
	143555001	脱化剂	kg	1.418	1.772	2.836	3.743
	142909001	氧气	m^3	21.267	23.819	28.923	38.178
	142907002	乙炔气	kg	8.180	9.161	11.124	14.684
	144101004	环氧树脂胶合剂	kg	0.071	0.142	0.142	0.187
	133503014	密封胶	kg	2.126	2.127	4.962	6.550
	170200002	无缝钢管（综合）	kg	14.178	14.178	21.267	28.072
	272300001	绝缘棒	kg	0.355	0.496	0.708	0.936
	040927005	面粉	kg	0.355	0.354	0.567	0.749
	340907004	油刷 65	把	2.126	2.836	2.836	3.743
	850103006	其他材料费（占材料费）	%	2.000	2.000	2.000	2.000
机械	990401020	载重汽车 5t	台班	0.455	0.436	—	—
	990401030	载重汽车 8t	台班	0.151	0.170	—	—
	990401045	载重汽车 15t	台班	0.170	—	—	—
	990403025	平板拖车组 30t	台班	—	0.228	—	—
	990403030	平板拖车组 40t	台班	—	—	0.674	0.890
	990403040	平板拖车组 60t	台班	—	—	0.237	0.313
	990302025	履带式起重机 25t	台班	0.078	0.677	0.674	0.890
	990302030	履带式起重机 30t	台班	—	0.158	0.180	0.238
	990302040	履带式起重机 50t	台班	—	—	0.237	0.313
	990308030	桥式起重机 20t	台班	10.742	—	—	—
	990308040	桥式起重机 30t	台班	—	11.767	—	—
	990308050	桥式起重机 50t	台班	—	—	15.183	20.042
	990813045	试压泵 60MPa	台班	1.424	1.424	1.898	2.505
	991003030	电动空气压缩机 $1m^3/min$	台班	0.474	0.569	0.665	0.877
	991003050	电动空气压缩机 $6m^3/min$	台班	3.321	3.321	4.982	6.576
	990901020	交流弧焊机 32kV·A	台班	2.610	3.084	4.508	5.950
	990919030	电焊条烘干箱 $60\times50\times75cm^3$	台班	0.261	0.308	0.451	0.595
	990797010	台式砂轮机	台班	1.898	2.847	3.796	5.011

四、发电机组整套空负荷试运

1. 汽轮发电机组（抽汽式）

工作内容：各附属机械起动投入，暖管、暖机、升速、超速试验、调速系统动态调整，配合发电机调整，停机后安装问题处理。

计量单位：套

编号				2-3-44	2-3-45	2-3-46	2-3-47
项目				单、双抽汽式			
				单机容量（MW）			
				≤6	≤15	≤25	≤35
名称			单位	消耗量			
人工	000203000	综合二类工	工日	193.872	202.261	211.582	243.320
材料	341113002	蒸汽	t	（300.000）	（630.000）	（1100.000）	（1265.000）
	143119001	除盐水	t	（120.000）	（200.000）	（300.000）	（345.000）
	341101002	水	m^3	（80.000）	（140.000）	（250.000）	（287.500）
	341103002	电	kW·h	（4510.000）	（10760.000）	（18010.000）	（20711.500）
	140715002	汽轮机油	kg	（237.000）	（437.000）	（767.000）	（882.050）
	012300001	型钢（综合）	kg	51.209	59.744	68.279	78.521
	012100002	角钢（综合）	kg	32.176	38.612	38.612	44.403
	012907005	镀锌薄钢板（综合）	kg	47.795	71.693	83.642	96.188
	013901001	黄铜棒 ϕ7～80	kg	7.681	8.535	8.535	9.815
	013903001	紫铜棒 ϕ16～80	kg	7.681	8.535	8.535	9.815
	020115002	耐油橡胶板 δ3～6	kg	12.802	17.070	17.070	19.630
	020112007	无石棉橡胶板 高压 δ1～6	kg	5.121	6.828	6.828	7.852
	020901003	聚氯乙烯薄膜	m^2	0.427	0.427	0.427	0.491
	022701001	棉纱	kg	5.121	5.121	6.401	7.361
	031101009	尼龙砂轮片 ϕ100	片	3.841	3.841	4.267	4.908
	031102005	铁砂布 0#～2#	张	17.070	21.337	25.605	29.445
	031301007	低碳钢焊条（综合）	kg	19.630	25.605	25.605	29.445
	031505027	铜丝布 16 目	m	1.878	1.878	1.878	2.159

续前

编　号				2-3-44	2-3-45	2-3-46	2-3-47
项　目				单、双抽汽式			
				单机容量（MW）			
				≤6	≤15	≤25	≤35
名　称			单位	消　耗　量			
材料	010301003	钢丝 $\phi 0.7$	kg	17.070	21.337	21.337	24.538
	031541003	钢锯条	条	17.070	21.337	25.605	29.445
	133503014	密封胶	kg	13.656	13.656	13.656	15.704
	140509002	溶剂汽油	kg	17.070	34.139	34.139	39.260
	143505003	金属清洗剂	kg	11.380	18.966	18.966	21.812
	142909001	氧气	m^3	12.290	18.435	18.435	21.201
	142907002	乙炔气	kg	4.727	7.090	7.090	8.154
	170201061	无缝钢管 D51～70×4.7～7	kg	33.440	33.440	35.368	40.674
	172705001	耐油胶管（综合）	m	8.535	8.535	8.535	9.815
	180307001	冲压弯头 DN80	个	5.121	5.121	5.121	5.889
	200001016	平焊法兰 PN1.6 DN70	片	5.121	5.121	5.121	5.889
	040927005	面粉	kg	1.707	1.707	1.707	1.963
	311921002	滤油纸 300×300	张	512.092	597.440	699.858	804.837
	133519016	油浸无石棉铜丝盘根 编织 $\phi 3$（450℃）	kg	2.134	2.134	2.560	2.945
	022703003	白布	kg	12.294	18.818	23.085	26.548
	850103006	其他材料费（占材料费）	%	2.000	2.000	2.000	2.000
机械	990401020	载重汽车 5t	台班	0.199	0.299	0.299	0.344
	990308030	桥式起重机 20t	台班	3.986	—	—	—
	990308040	桥式起重机 30t	台班	—	3.986	—	—
	990308050	桥式起重机 50t	台班	—	—	3.986	4.583
	991275010	滤油机 LX100	台班	11.957	17.935	18.932	21.771
	990900010	电焊机（综合）	台班	18.433	18.433	18.932	21.771
	991003050	电动空气压缩机 $6m^3/min$	台班	0.996	0.996	0.996	1.146

2. 汽轮发电机组（背压式）

工作内容： 各附属机械起动投入，暖管、暖机、升速、超速试验、调速系统动态调整，配合发电机调整，停机后安装问题处理。

计量单位： 套

编号				2-3-48	2-3-49	2-3-50	2-3-51
项目				背压式			
				单机容量（MW）			
				⩽6	⩽15	⩽25	⩽35
		名称	单位	消耗量			
人工	000203000	综合二类工	工日	144.938	165.072	179.446	206.364
材料	341113002	蒸汽	t	（220.000）	（463.000）	（800.000）	（920.000）
	143119001	除盐水	t	（100.000）	（180.000）	（250.000）	（287.500）
	341103002	电	kW·h	（2010.000）	（4010.000）	（5010.000）	（5761.500）
	140715002	汽轮机油	kg	（232.000）	（432.000）	（762.000）	（876.300）
	341101002	水	m^3	—	（260.000）	（470.000）	（540.500）
	012300001	型钢（综合）	kg	59.744	59.744	59.744	68.706
	012100002	角钢（综合）	kg	26.595	38.612	38.612	44.403
	012907005	镀锌薄钢板（综合）	kg	47.795	71.693	83.642	96.188
	020112006	无石棉橡胶板 中压 δ0.8～6	kg	3.414	6.828	6.828	7.852
	020901003	聚氯乙烯薄膜	m^2	0.427	0.427	0.427	0.491
	022701001	棉纱	kg	3.414	4.267	4.267	4.908
	031101009	尼龙砂轮片 ϕ100	片	3.841	3.841	4.267	4.908
	031102005	铁砂布 0#～2#	张	8.535	8.535	17.070	19.630
	031301007	低碳钢焊条（综合）	kg	17.070	19.630	21.337	24.538
	031505027	铜丝布 16 目	m	0.939	1.878	1.878	2.159
	133503014	密封胶	kg	10.242	11.949	13.656	15.704
	142909001	氧气	m^3	12.290	18.435	18.435	21.201
	142907002	乙炔气	kg	4.727	7.090	7.090	8.154
	170200002	无缝钢管（综合）	kg	25.605	38.612	27.312	31.408
	180307001	冲压弯头 *DN*80	个	5.121	5.121	5.121	5.889
	200001016	平焊法兰 *PN*1.6 *DN*70	片	5.121	5.121	5.121	5.889
	040927005	面粉	kg	1.707	1.707	1.707	1.963
	311921002	滤油纸 300×300	张	469.417	554.766	597.440	687.056
	133519016	油浸无石棉铜丝盘根 编织ϕ3（450℃）	kg	1.707	2.134	2.560	2.945
	022703003	白布	kg	3.008	3.760	4.512	5.188
	013903001	紫铜棒 ϕ16～80	kg	—	4.267	4.267	4.908
	850103006	其他材料费（占材料费）	%	2.000	2.000	2.000	2.000
机械	990401020	载重汽车 5t	台班	0.199	0.299	0.299	0.344
	990308030	桥式起重机 20t	台班	3.986	—	—	—
	990308040	桥式起重机 30t	台班	—	3.986	—	—
	990308050	桥式起重机 50t	台班	—	—	3.986	4.583
	991275010	滤油机 LX100	台班	11.957	17.935	18.932	21.771
	990900010	电焊机（综合）	台班	18.433	18.932	18.932	21.771
	991003050	电动空气压缩机 6m^3/min	台班	0.996	0.996	0.996	1.146

3. 燃气发电机组

工作内容：各附属机械起动投入；系统动态调整，配合发电机调整，停机后安装问题处理。　**计量单位：**套

编　号				2-3-52	2-3-53	2-3-54	2-3-55
项　目				单机容量（MW）			
				≤ 6	≤ 15	≤ 25	≤ 35
		名　称	单位	消　耗　量			
人工	000203000	综合二类工	工日	61.070	63.712	66.649	76.646
材料	012300001	型钢（综合）	kg	16.387	19.118	21.849	25.127
	012100002	角钢（综合）	kg	10.296	12.356	12.356	14.209
	012907005	镀锌薄钢板（综合）	kg	15.294	22.942	26.765	30.780
	013901001	黄铜棒 ϕ7～80	kg	2.458	2.731	2.731	3.141
	013903001	紫铜棒 ϕ16～80	kg	2.458	2.731	2.731	3.141
	020115002	耐油橡胶板 δ3～6	kg	4.097	5.462	5.462	6.282
	020112007	无石棉橡胶板 高压 δ1～6	kg	1.639	2.185	2.185	2.513
	020901003	聚氯乙烯薄膜	m^2	0.137	0.137	0.137	0.157
	022701001	棉纱	kg	1.639	1.639	2.048	2.356
	031101009	尼龙砂轮片 ϕ100	片	1.229	1.229	1.366	1.570
	031102005	铁砂布 $0^{\#}$～$2^{\#}$	张	5.462	6.828	8.193	9.422
	031301007	低碳钢焊条（综合）	kg	6.282	8.193	8.193	9.422
	031505027	铜丝布 16 目	m	0.601	0.601	0.601	0.691
	010301003	钢丝 ϕ0.7	kg	5.462	6.828	6.828	7.852
	031541003	钢锯条	条	5.462	6.828	8.193	9.422
	133503014	密封胶	kg	4.370	4.370	4.370	5.025
	140509002	溶剂汽油	kg	5.462	10.925	10.925	12.563
	143505003	金属清洗剂	kg	3.642	6.069	6.069	6.980
	142909001	氧气	m^3	3.933	5.899	5.899	6.784
	142907002	乙炔气	kg	1.513	2.269	2.269	2.609
	170201061	无缝钢管 D51～70×4.7～7	kg	10.700	10.701	11.318	13.016
	172705001	耐油胶管（综合）	m	2.731	2.731	2.731	3.141
	180307001	冲压弯头 DN80	个	1.639	1.639	1.639	1.884
	200001016	平焊法兰 PN1.6 DN70	片	1.639	1.639	1.639	1.884
	040927005	面粉	kg	0.546	0.546	0.546	0.628
	022703003	白布	kg	3.934	6.022	7.387	8.495
	850103006	其他材料费（占材料费）	%	2.000	2.000	2.000	2.000
机械	990401020	载重汽车 5t	台班	0.064	0.096	0.096	0.110
	990308030	桥式起重机 20t	台班	1.275	—	—	—
	990308040	桥式起重机 30t	台班	—	1.275	—	—
	990308050	桥式起重机 50t	台班	—	—	1.275	1.467
	990900010	电焊机（综合）	台班	5.899	5.899	6.058	6.967
	991003050	电动空气压缩机 6m^3/min	台班	0.319	0.319	0.319	0.367

第四章

汽轮发电机附属、辅助设备安装工程

说　明

一、本章内容包括电动给水泵、凝结水泵、循环水泵、循环水入口设备、补给水入口设备、凝汽器、除氧器及水箱、热交换器、射水抽气器、油系统设备、胶球清洗装置、减温减压装置、柴油发电机组等安装工程。

二、相关说明：

1. 汽轮发电机附属与辅助设备安装定额包括基础框架、轴瓦冷却水管道、就地一次仪表及附件、设备水位表等安装以及配合灌浆、水位计保护罩制作和安装、对轮保护罩配制与安装。不包括下列工作内容：

（1）电动机检查、接线与空负荷试验。

（2）平台、梯子、栏杆、基础框架、地脚螺栓的配制。

（3）基础二次灌浆。

2. 轴承冷却水管、一次仪表、表管、阀门及表盘等部件费用按照设备成套供货考虑。

3. 水泵安装定额包括水泵及电动机安装。

4. 循环水、补给水入口设备安装包括旋转滤网、清污机、拦污栅、钢闸门安装。

（1）旋转滤网安装定额包括上部骨架、导轨、减速传动机构、拉紧调节装置、链条与滚轮、网板与链条、喷嘴与排水槽等组装、安装、调整、临时吊笼的制作和安装。

（2）清污机安装定额包括设备组装、安装。

（3）拦污栅安装定额包括轨道、拦污栅组装与安装。

（4）钢闸门安装定额包括钢闸门导槽、钢闸门、配套附件等安装。

5. 凝汽器安装定额是按照壳体整体供货组合安装考虑的。定额中包括凝汽器端盖拆装、管孔板的清扫、冷凝管穿管与胀管及切割翻边与焊接、凝汽器汽侧灌水试验、喉部临时封闭、弹簧座安装与调整、水位调整器安装及支架配制安装、水位计连通管配制安装、热水井安装、凝汽器本体上安全阀的检查与安装及调整等。定额不包括凝汽器水位调整器的汽、水侧连接管道安装，凝汽器水封管及放水管安装。凝汽器整体供货不需要现场穿管时，执行定额乘以系数 0.65。

6. 除氧器及水箱安装定额是按照大气式除氧器考虑的，当工程采用压力式除氧器时，执行相应的大气式除氧器定额乘以系数 1.05 计算其安装费。定额中包括除氧器水箱托架安装、水箱体组合与安装、人孔盖安装、除氧器本体组装、水位调节阀安装、消音管及水箱内梯子安装、蒸汽压力调节阀检查与安装及调整、水封装置或溢水装置安装。定额不包括蒸汽压力调整阀的自动调整装置安装。

7. 热交换器安装定额适用于不同介质热交换器安装工程。定额包括加热器本体安装、加热器水压试验、疏水器及危机泄水器安装、配套附件与支架安装等。定额不包括疏水器及危机泄水器支架制作、疏水器与加热器间汽与水侧连接管道安装、加热器空气门及空气管的配制与安装、加热器液压保护装置阀门及管道系统安装、加热器水侧出入口自动阀安装、电磁阀与快速电动闸阀电气系统接线及调整。

8. 射水抽气器安装定额包括抽气器本体组装与安装、水侧与混合侧水压试验、逆止阀安装与灌水试验等。定额不包括抽气器的空气管、射水管或蒸汽管安装。

9. 油箱安装定额是按照成品供货安装考虑的，不包括现场配制，工程实际发生时，应参照相应定额计算配制费。定额包括油箱本体安装、油箱支吊架安装、法兰及放油阀门安装、油箱内部及滤网清扫、注油器与过滤阀安装、油位计安装以及油箱支吊架制作与刷油漆。

10. 冷油器安装定额包括冷油器本体安装、放油与放空气阀门安装、冷油器水压试验等。定额不包括排烟风机及风管安装。

11. 滤油器、滤水器安装定额包括设备本体及支架组装与安装、水压试验等。定额不包括滤油器支架制作。

12. 胶球清洗装置安装定额包括装球室与收球网组合安装、液压系统安装、一二次滤网组合安装。定额不包括胶球清洗装置的胶球泵安装、胶球清洗装置与凝汽器连接的管道安装。

13. 减温减压装置安装定额包括由制造厂供应的减压阀、调节阀、安全阀、减温器、扩散管，配套管道、支吊架的组装和安装。

14. 柴油发电机组安装定额包括柴油发电机本体安装、油箱与管道及配件安装、冷却装置安装、基础槽钢框架的制作与安装。定额不包括与设备本体非同一底座的其他设备、启动装置、仪表盘等安装与调试。

工程量计算规则

一、电动给水泵、循环水泵、凝结水泵安装根据泵流量或所配电动机容量，按照设计工艺系统配置安装数量以“台”为计量单位。

二、旋转滤网安装根据网板宽度及安装高度，按照设计工艺系统配置安装数量以“台”为计量单位。

三、清污机安装根据网板清污宽度，按照设计工艺系统配置安装数量以“套”为计量单位。

四、拦污栅、钢闸门安装根据设计图示尺寸，按照成品重量以“t”为计量单位。计算组装、拼装连接螺栓的重量，不计算焊条重量，不计算下料及加工制作损耗量，不计算设备包装材料、临时加固铁构件重量。

1. 计算拦污栅安装重量的范围包括：轨道、拦污栅等。

2. 计算钢闸门安装重量的范围包括：钢闸门导槽、钢闸门、配套附件等。

五、凝汽器、除氧器及水箱、热交换器、射水抽气器、油箱、冷油器、滤油器、滤水器、减温减压器、柴油发电机的安装根据设备出力或规格，按照设计工艺系统配置安装数量以“台”为计量单位。

六、胶球清洗装置根据循环水入口管直径，按照设计工艺系统配置安装数量以“套”为计量单位，一个装球室与一个收球网为一套。

一、电动给水泵安装

工作内容：基础检查；垫铁安装；设备检查、测量、调整、组合安装等。 **计量单位：**台

编号				2-4-1	2-4-2	2-4-3	2-4-4	2-4-5	2-4-6
项目				流量（t/h）					
				≤50	≤75	≤100	≤150	≤200	≤300
名称			单位	消耗量					
人工	000203000	综合二类工	工日	27.295	31.556	35.966	46.324	59.343	76.427
材料	012300001	型钢（综合）	kg	3.292	3.292	3.840	4.946	6.337	8.161
	012900002	钢板（综合）	kg	16.360	22.071	22.202	28.788	36.879	47.496
	031509010	斜垫铁（综合）	kg	20.255	27.387	27.673	35.246	45.660	58.804
	012907002	镀锌钢板（综合）	kg	1.317	2.195	2.195	2.827	3.621	4.663
	012913006	不锈钢板 δ0.05～0.5	kg	0.439	0.439	0.439	0.565	0.724	0.933
	013503001	紫铜板（综合）	kg	0.110	0.110	0.110	0.142	0.181	0.233
	040915003	黑铅粉	kg	0.219	0.274	0.274	0.353	0.453	0.583
	020901003	聚氯乙烯薄膜	m^2	1.097	1.097	1.097	1.413	1.810	2.332
	022701001	棉纱	kg	1.262	1.426	1.591	2.049	2.625	3.381
	022703003	白布	kg	0.285	0.296	0.324	0.418	0.535	0.689
	031102005	铁砂布 0#～2#	张	4.938	4.938	6.035	7.773	9.958	12.824
	031301007	低碳钢焊条（综合）	kg	0.549	1.097	1.097	1.413	1.810	2.332
	031541003	钢锯条	条	2.743	3.292	3.292	4.240	5.431	6.995
	130113005	酚醛磁漆	kg	0.110	0.110	0.110	0.142	0.181	0.233
	130101002	硝基腻子	kg	0.176	0.219	0.329	0.424	0.543	0.699
	130100003	手喷漆	kg	0.538	0.658	0.988	1.272	1.629	2.098
	133519006	橡胶无石棉盘根编织 ϕ6～25（250℃）	kg	1.646	2.359	2.359	3.038	3.892	5.013
	143505003	金属清洗剂	kg	0.256	0.256	0.320	0.412	0.528	0.680
	140509002	溶剂汽油	kg	1.097	1.646	1.646	2.120	2.716	3.497
	140715001	汽轮机油	kg	4.663	5.761	6.858	8.833	11.315	14.573
	140505001	铅油（厚漆）	kg	0.274	0.274	0.274	0.353	0.453	0.583
	142301001	红丹粉	kg	0.165	0.219	0.219	0.283	0.362	0.466
	142909001	氧气	m^3	3.292	3.292	3.292	4.240	5.431	6.995
	142907002	乙炔气	kg	1.266	1.266	1.266	1.631	2.089	2.690
	133503014	密封胶	kg	1.646	1.646	1.646	2.120	2.716	3.497
	272501002	青壳纸 δ0.1～1.0	kg	3.292	3.840	3.840	4.946	6.337	8.161
	850103006	其他材料费（占材料费）	%	2.000	2.000	2.000	2.000	2.000	2.000
机械	990401030	载重汽车 8t	台班	0.068	0.068	0.099	0.128	0.164	0.211
	990304004	汽车式起重机 8t	台班	0.120	0.120	0.198	0.255	0.327	0.421
	990308030	桥式起重机 20t	台班	0.522	—	—	—	—	—
	990308040	桥式起重机 30t	台班	—	0.522	—	—	—	—
	990308050	桥式起重机 50t	台班	—	—	0.522	0.672	0.861	1.109
	990901020	交流弧焊机 32kV·A	台班	0.130	0.130	0.130	0.168	0.215	0.277
	991003050	电动空气压缩机 $6m^3$/min	台班	0.021	0.026	0.042	0.054	0.069	0.089
	990919030	电焊条烘干箱 60×50×$75cm^3$	台班	0.013	0.013	0.013	0.017	0.022	0.028

二、凝结水泵安装

工作内容：基础检查；垫铁安装；检查、测量、调整、组合安装等。　　**计量单位**：台

编号				2-4-7	2-4-8	2-4-9	2-4-10
项目				功率（kW）			
				≤10	≤15	≤25	≤50
		名称	单位	消耗量			
人工	000203000	综合二类工	工日	12.929	13.720	16.048	17.837
材料	012900002	钢板（综合）	kg	7.541	22.623	22.623	22.623
	031509010	斜垫铁（综合）	kg	9.306	28.010	28.010	31.623
	012913006	不锈钢板 δ0.05～0.5	kg	0.449	0.718	0.718	0.898
	013503001	紫铜板（综合）	kg	0.090	0.090	0.090	0.090
	040915003	黑铅粉	kg	0.090	0.090	0.090	0.090
	020101005	橡胶板 δ5～10	kg	2.694	2.693	5.387	5.387
	020901003	聚氯乙烯薄膜	m^2	0.449	0.449	0.449	0.449
	022703003	白布	kg	0.167	0.167	0.176	0.176
	031102005	铁砂布 0#～2#	张	3.591	3.591	4.489	5.387
	031301007	低碳钢焊条（综合）	kg	0.449	0.449	0.449	0.449
	031541003	钢锯条	条	1.796	1.796	1.796	1.796
	130101002	硝基腻子	kg	0.036	0.045	0.054	0.072
	130100003	手喷漆	kg	0.108	0.144	0.180	0.215
	133519006	橡胶无石棉盘根编织 φ6～25（250℃）	kg	0.628	0.718	0.718	0.808
	143505003	金属清洗剂	kg	0.419	0.314	0.419	0.628
	140509002	溶剂汽油	kg	1.796	1.347	1.796	2.693
	140715001	汽轮机油	kg	2.065	3.591	4.848	5.746
	140505001	铅油（厚漆）	kg	0.180	0.180	0.180	0.180
	142301001	红丹粉	kg	0.090	0.090	0.090	0.090
	142909001	氧气	m^3	2.694	2.693	2.693	2.693
	133503014	密封胶	kg	1.796	1.796	1.796	1.796
	272501002	青壳纸 δ0.1～1.0	kg	0.180	0.180	0.269	1.257
	142907002	乙炔气	kg	1.036	1.036	1.036	1.036
	022701001	棉纱	kg	—	—	—	1.077
	040927005	面粉	kg	—	—	—	0.449
	850103006	其他材料费（占材料费）	%	2.000	2.000	2.000	2.000
机械	990304004	汽车式起重机 8t	台班	0.051	0.051	0.051	0.111
	990401020	载重汽车 5t	台班	0.026	0.026	0.026	0.060
	990901020	交流弧焊机 32kV·A	台班	0.213	0.213	0.213	0.213
	990919030	电焊条烘干箱 60×50×75cm³	台班	0.021	0.021	0.021	0.021
	990308030	桥式起重机 20t	台班	—	0.256	—	—
	990308040	桥式起重机 30t	台班	—	—	0.427	—
	990308050	桥式起重机 50t	台班	—	—	—	0.640
	991003050	电动空气压缩机 6m³/min	台班	—	—	—	0.009

三、循环水泵安装

工作内容： 基础检查；垫铁安装；检查、测量、调整、组合安装等。　　　　**计量单位：** 台

编号				2-4-11	2-4-12	2-4-13	2-4-14	2-4-15
项目				流量（t/h）				
				≤500	≤1000	≤2000	≤3500	≤5000
名称			单位	消耗量				
人工	000203000	综合二类工	工日	19.550	24.789	32.005	34.197	38.579
材料	012300001	型钢（综合）	kg	56.858	85.286	85.286	85.286	94.763
	031507017	镀锌铁丝 ϕ2.5～4.0	kg	0.948	0.948	0.948	0.948	0.948
	012900002	钢板（综合）	kg	15.920	23.880	27.851	31.840	31.840
	031509010	斜垫铁（综合）	kg	19.141	29.566	34.494	39.421	39.421
	012907002	镀锌钢板（综合）	kg	0.758	1.516	1.516	2.274	2.274
	012913006	不锈钢板 δ0.05～0.5	kg	0.095	0.190	0.190	0.379	0.663
	013503001	紫铜板（综合）	kg	0.095	0.142	0.142	0.142	0.142
	040915003	黑铅粉	kg	0.047	0.047	0.095	0.095	0.190
	020101005	橡胶板 δ5～10	kg	1.421	2.843	3.317	3.791	5.686
	020901003	聚氯乙烯薄膜	m^2	0.948	0.948	0.948	1.421	1.421
	022701001	棉纱	kg	0.853	1.421	1.516	1.611	1.895
	022703003	白布	kg	0.269	0.362	0.371	0.381	0.474
	031102005	铁砂布 $0^{\#}$～$2^{\#}$	张	3.791	5.686	5.686	6.633	7.581
	031301007	低碳钢焊条（综合）	kg	0.474	0.474	0.948	0.948	1.421
	031541003	钢锯条	条	1.895	2.843	3.791	3.791	4.738
	130101002	硝基腻子	kg	0.095	0.114	1.516	0.190	0.227
	130100003	手喷漆	kg	0.284	0.379	0.531	0.758	0.758
	133519006	橡胶无石棉盘根编织 ϕ6～25（250℃）	kg	1.611	1.990	1.990	1.990	3.222
	143505003	金属清洗剂	kg	0.443	0.443	0.443	1.106	1.547
	140509002	溶剂汽油	kg	1.895	1.895	1.895	4.738	6.633
	140715001	汽轮机油	kg	2.369	2.653	2.653	3.791	3.791

续前

编号				2-4-11	2-4-12	2-4-13	2-4-14	2-4-15
项目				流量（t/h）				
				≤ 500	≤ 1000	≤ 2000	≤ 3500	≤ 5000
名称			单位	消耗量				
材料	140505001	铅油（厚漆）	kg	0.474	0.569	0.853	0.853	1.516
	143309002	黄甘油	kg	0.948	0.948	0.948	1.895	2.843
	142301001	红丹粉	kg	0.095	0.095	0.095	0.095	0.095
	142909001	氧气	m^3	2.843	2.843	6.633	6.633	7.581
	142907002	乙炔气	kg	1.093	1.093	2.551	2.551	2.916
	133503014	密封胶	kg	1.895	1.895	1.895	1.895	1.895
	170101003	焊接钢管 *DN*20	m	3.506	4.738	7.107	7.581	8.529
	181303002	镀锌弯头 *DN*20	个	1.895	3.791	3.791	3.791	3.791
	190103004	螺纹截止阀 J11T-16 *DN*20	个	1.895	1.895	1.895	1.895	1.895
	272501002	青壳纸 δ0.1～1.0	kg	0.569	0.569	0.569	0.569	0.569
	040927005	面粉	kg	0.190	0.190	0.284	0.284	0.379
	050401003	板枋材	m^3	—	—	—	0.047	0.047
	850103006	其他材料费（占材料费）	%	2.000	2.000	2.000	2.000	2.000
机械	990304004	汽车式起重机 8t	台班	0.117	0.162	0.162	0.225	0.343
	990308030	桥式起重机 20t	台班	0.135	—	—	—	—
	990401030	载重汽车 8t	台班	0.063	0.081	0.081	0.117	0.180
	990901020	交流弧焊机 32kV · A	台班	0.225	0.225	0.451	0.451	0.676
	991003050	电动空气压缩机 $6m^3/min$	台班	0.009	0.018	0.018	0.027	0.027
	990919030	电焊条烘干箱 $60 \times 50 \times 75cm^3$	台班	0.023	0.023	0.045	0.045	0.068
	990308040	桥式起重机 30t	台班	—	0.225	—	—	—
	990797010	台式砂轮机	台班	—	0.451	0.451	0.451	0.451
	990308050	桥式起重机 50t	台班	—	—	0.451	0.676	0.901

四、循环水、补给水入口设备安装

1. 旋 转 滤 网

工作内容： 骨架校正、安装；导轨安装；减速传动机构检查及安装，拉紧调节装置组装及调整；相关附件组合安装等。

计量单位： 台

编号				2-4-16	2-4-17	2-4-18	2-4-19	2-4-20
项目				网板宽度				
				2m	2.5m	3m	3.5m	4m
				高度 10m				
名称			单位	消耗量				
人工	000203000	综合二类工	工日	88.256	91.872	95.488	96.936	102.000
材料	012300001	型钢（综合）	kg	108.408	117.506	127.361	136.458	145.555
	012913006	不锈钢板 δ0.05～0.5	kg	0.284	0.284	—	0.284	0.284
	021101002	聚氯乙烯板 δ8	m^2	1.649	1.649	1.649	1.649	1.649
	022701001	棉纱	kg	5.307	5.307	5.401	6.065	6.065
	022709006	羊毛毡 6～8	m^2	0.019	0.019	0.019	0.019	0.019
	031102005	铁砂布 0#～2#	张	6.422	5.793	6.060	17.057	17.057
	031301007	低碳钢焊条（综合）	kg	12.082	12.082	12.082	12.082	12.082
	031301003	不锈钢焊条 A102 ϕ3.2	kg	2.672	2.748	2.824	2.843	2.843
	130115006	酚醛调和漆	kg	2.843	3.601	4.359	5.117	5.686
	130505007	酚醛防锈漆	kg	2.843	3.601	4.359	5.117	5.686
	143505003	金属清洗剂	kg	2.343	2.343	2.343	2.476	2.565
	140509006	油漆溶剂油	kg	0.474	0.569	0.663	0.758	0.853
	140303001	机油（综合）	kg	4.738	4.738	4.738	4.738	4.738
	143309002	黄甘油	kg	2.843	2.843	2.843	2.843	2.843
	142113002	聚酰胺树脂	kg	0.701	0.701	0.701	0.701	0.701
	142909001	氧气	m^3	13.646	13.646	14.404	14.404	15.162
	142907002	乙炔气	kg	5.248	5.248	5.540	5.540	5.832
	133503014	密封胶	kg	0.758	0.758	0.758	0.758	0.758
	850103006	其他材料费（占材料费）	%	2.000	2.000	2.000	2.000	2.000
机械	990304004	汽车式起重机 8t	台班	0.919	0.919	0.919	0.919	1.061
	990401020	载重汽车 5t	台班	0.455	0.455	0.455	0.455	0.526
	990503030	电动单筒慢速卷扬机 50kN	台班	11.864	12.042	12.221	12.399	12.578
	990901020	交流弧焊机 32kV·A	台班	8.893	9.152	9.152	9.660	9.999
	990919030	电焊条烘干箱 60×50×75cm^3	台班	0.889	0.915	0.915	0.966	1.000

2. 清　污　机

工作内容：清污机及其附件检查、检修、安装等。　　　　计量单位：套

编号				2-4-21	2-4-22
项目				清污宽度（m）	
				≤2.5	≤4
		名称	单位	消耗量	
人工	000203000	综合二类工	工日	109.335	156.908
材料	031507007	镀锌铁丝（综合）	kg	0.713	0.891
	012300001	型钢（综合）	kg	46.883	51.571
	012901006	热轧薄钢板 δ1.0～1.5	kg	4.454	4.454
	012903005	热轧中厚钢板 δ15 以外	kg	17.815	24.379
	022701003	棉纱头	kg	3.563	4.454
	022703002	白布	m	0.802	1.203
	031301021	钢焊条 J507（综合）	kg	22.710	22.710
	050109005	枕木 2500mm × 200mm × 160mm	根	1.069	1.158
	140901003	黄油钙基脂	kg	1.782	1.782
	143505004	清洗液 500mL	瓶	3.474	4.008
	142909001	氧气	m^3	45.607	63.868
	142907002	乙炔气	kg	17.541	24.565
	850103006	其他材料费（占材料费）	%	2.000	2.000
机械	990304020	汽车式起重机 20t	台班	7.136	7.582
	990401045	载重汽车 15t	台班	2.453	2.944
	990901020	交流弧焊机 32kV · A	台班	4.696	4.696
	990919030	电焊条烘干箱 60 × 50 × 75cm³	台班	0.470	0.470

3. 栏污栅、钢闸门

工作内容：清理、吊装、就位；配套附件安装等。　　　　计量单位：t

编号				2-4-23	2-4-24
项目				拦污栅	钢闸门
		名称	单位	消耗量	
人工	000203000	综合二类工	工日	2.087	1.252
材料	012300001	型钢（综合）	kg	2.512	2.512
	012903004	热轧中厚钢板 δ15 以内	kg	3.349	3.349
	031301021	钢焊条 J507（综合）	kg	0.220	0.220
	050109005	枕木 2500mm × 200mm × 160mm	根	0.009	0.009
	142909001	氧气	m^3	0.251	0.084
	142907002	乙炔气	kg	0.097	0.032
	850103006	其他材料费（占材料费）	%	2.000	2.000
机械	990304020	汽车式起重机 20t	台班	0.042	0.042
	990401035	载重汽车 10t	台班	0.084	0.084
	990901020	交流弧焊机 32kV · A	台班	0.038	0.038
	990919030	电焊条烘干箱 60 × 50 × 75cm³	台班	0.004	0.004

五、凝汽器安装

1. 铜管凝汽器

工作内容：基础检查；设备就位，找正；与汽缸连接；相关配套附件安装等。 **计量单位：**台

编号				2-4-25	2-4-26	2-4-27	2-4-28	2-4-29
项目				冷凝面积（m²）				
				≤ 600	≤ 1000	≤ 1200	≤ 2000	≤ 2500
名称			单位	消耗量				
人工	000203000	综合二类工	工日	37.402	145.785	164.008	177.526	213.031
材料	012300001	型钢（综合）	kg	4.612	7.176	8.074	10.765	12.918
	031507017	镀锌铁丝 ϕ2.5～4.0	kg	5.165	5.598	6.298	6.387	7.664
	012900002	钢板（综合）	kg	30.992	55.761	62.731	94.341	113.209
	031509010	斜垫铁（综合）	kg	38.371	69.037	77.667	116.803	140.164
	040915003	黑铅粉	kg	1.061	1.041	1.171	0.539	0.646
	020112004	无石棉橡胶板低压 δ0.8～6	kg	8.301	20.812	23.413	13.887	16.664
	022701001	棉纱	kg	2.121	7.679	8.639	9.258	11.109
	022703003	白布	kg	0.425	0.471	0.529	0.522	0.626
	031102005	铁砂布 0#～2#	张	73.790	91.140	102.533	101.187	121.425
	031301007	低碳钢焊条（综合）	kg	8.025	10.549	11.868	49.517	59.421
	130115006	酚醛调和漆	kg	4.612	5.023	5.652	7.356	8.827
	143505003	金属清洗剂	kg	2.368	2.060	2.318	2.227	2.672
	140715001	汽轮机油	kg	0.139	1.435	1.615	1.651	1.981
	140505001	铅油（厚漆）	kg	1.845	2.655	2.987	3.086	3.703
	142301001	红丹粉	kg	0.600	0.610	0.686	0.036	0.043
	142909001	氧气	m³	13.836	11.123	12.514	23.682	28.419
	142907002	乙炔气	kg	5.321	4.278	4.813	9.109	10.930
	023503017	无石棉扭绳 ϕ6～10 烧失量24%	kg	1.015	1.148	1.292	1.507	1.808
	170301010	镀锌钢管 *DN*50	m	0.572	1.400	1.575	1.400	1.679

续前

	编　　号			2-4-25	2-4-26	2-4-27	2-4-28	2-4-29
	项　　目			冷凝面积（m²）				
				≤ 600	≤ 1000	≤ 1200	≤ 2000	≤ 2500
	名　　称		单位	消　耗　量				
材料	341101001	水	m^3	73.790	100.470	113.029	179.410	215.292
	340907006	钢丝刷子	把	—	12.918	14.533	14.353	17.223
	050301004	木板（综合）	m^3	—	0.086	0.097	0.122	0.146
	143309002	黄甘油	kg	—	12.918	14.533	14.353	17.223
	850103006	其他材料费（占材料费）	%	2.000	2.000	2.000	2.000	2.000
机械	990304004	汽车式起重机 8t	台班	0.448	1.137	1.279	1.289	1.546
	990308030	桥式起重机 20t	台班	1.462	—	—	—	—
	990401045	载重汽车 15t	台班	0.224	—	—	—	—
	990901020	交流弧焊机 32kV · A	台班	1.462	2.275	2.559	8.720	10.463
	991003050	电动空气压缩机 6m³/min	台班	0.649	1.061	1.194	1.061	1.274
	990919030	电焊条烘干箱 60 × 50 × 75cm³	台班	0.146	0.228	0.256	0.872	1.046
	990797010	台式砂轮机	台班	0.974	1.516	1.706	1.516	1.820
	990304020	汽车式起重机 20t	台班	—	0.402	0.452	—	—
	990308040	桥式起重机 30t	台班	—	1.592	1.791	—	—
	990401020	载重汽车 5t	台班	—	0.379	0.426	—	—
	990403020	平板拖车组 20t	台班	—	0.205	0.230	—	—
	990801010	电动单级离心清水泵 50mm	台班	—	1.365	1.535	1.516	1.820
	990302025	履带式起重机 25t	台班	—	—	—	0.311	0.373
	990308050	桥式起重机 50t	台班	—	—	—	2.085	2.502
	990403030	平板拖车组 40t	台班	—	—	—	0.576	0.691

2. 不锈钢管凝汽器

工作内容：基础检查；设备就位，找正；与汽缸连接；相关配套附件安装等。 **计量单位：**台

编号				2-4-30	2-4-31	2-4-32	2-4-33	2-4-34
项目				冷凝面积（m^2）				
				≤ 600	≤ 1000	≤ 1200	≤ 2000	≤ 2500
名称			单位	消耗量				
人工	000203000	综合二类工	工日	37.573	174.850	197.637	213.860	256.466
材料	012300001	型钢（综合）	kg	4.221	8.443	9.524	12.664	15.197
	031507017	镀锌铁丝 ϕ2.5～4.0	kg	4.728	6.585	7.428	7.514	9.017
	012900002	钢板（综合）	kg	32.623	55.761	62.731	94.341	113.209
	031509010	斜垫铁（综合）	kg	40.390	69.037	77.667	116.803	140.164
	040915003	黑铅粉	kg	0.971	1.224	1.381	0.633	0.760
	020112004	无石棉橡胶板低压 δ0.8～6	kg	7.599	24.484	27.618	16.337	19.604
	022701001	棉纱	kg	1.942	9.034	10.191	10.891	13.070
	022703003	白布	kg	0.389	0.554	0.625	0.614	0.736
	031102005	铁砂布 0#～2#	张	6.754	107.224	120.949	119.044	142.853
	031301007	低碳钢焊条（综合）	kg	7.345	12.411	14.000	58.256	69.907
	031303017	不锈钢焊丝（综合）	kg	0.507	0.675	0.844	1.013	1.182
	340907006	钢丝刷子	把	—	15.197	17.142	16.886	20.263
	050301004	木板（综合）	m^3	—	0.101	0.114	0.144	0.172
	130115006	酚醛调和漆	kg	4.221	5.910	6.666	8.654	10.385
	143505003	金属清洗剂	kg	2.167	2.423	2.733	2.620	3.144
	140715001	汽轮机油	kg	0.127	1.689	1.905	1.942	2.330
	140505001	铅油（厚漆）	kg	1.689	3.124	3.524	3.630	4.357
	143309002	黄甘油	kg	—	15.197	17.142	16.886	20.263
	142301001	红丹粉	kg	0.549	0.718	0.810	0.042	0.051
	142909001	氧气	m^3	12.664	13.086	14.761	27.861	33.434
	142907002	乙炔气	kg	4.871	5.033	5.677	10.716	12.859

续前

编　号				2-4-30	2-4-31	2-4-32	2-4-33	2-4-34
项　目				冷凝面积（m^2）				
				≤ 600	≤ 1000	≤ 1200	≤ 2000	≤ 2500
		名　称	单位	消　耗　量				
材料	023503017	无石棉扭绳 ϕ6～10 烧失量 24%	kg	0.929	1.351	1.524	1.773	2.128
	170301010	镀锌钢管 *DN*50	m	0.523	1.646	1.857	1.646	1.976
	341101001	水	m^3	67.543	118.200	133.329	211.071	253.285
	850103006	其他材料费（占材料费）	%	2.000	2.000	2.000	2.000	2.000
机械	990304016	汽车式起重机 16t	台班	0.410	—	—	—	—
	990308030	桥式起重机 20t	台班	1.338	—	—	—	—
	990401045	载重汽车 15t	台班	0.205	—	—	—	—
	990304020	汽车式起重机 20t	台班	—	0.473	0.533	—	—
	990308040	桥式起重机 30t	台班	—	1.873	2.113	—	—
	990401020	载重汽车 5t	台班	—	0.446	0.503	—	—
	990403020	平板拖车组 20t	台班	—	0.241	0.272	—	—
	990302025	履带式起重机 25t	台班	—	—	—	0.365	0.439
	990304004	汽车式起重机 8t	台班	—	1.338	1.509	1.516	1.820
	990308050	桥式起重机 50t	台班	—	—	—	2.453	2.944
	990403030	平板拖车组 40t	台班	—	—	—	0.678	0.814
	990801010	电动单级离心清水泵 50mm	台班	—	1.605	1.811	1.784	2.141
	990901020	交流弧焊机 32kV · A	台班	1.338	2.676	3.019	10.258	12.310
	990912010	氩弧焊机 500A	台班	1.793	2.283	2.346	2.578	2.899
	991003050	电动空气压缩机 $6m^3/min$	台班	0.268	1.249	1.409	1.249	1.499
	990919030	电焊条烘干箱 60 × 50 × 75cm^3	台班	0.134	0.268	0.302	1.026	1.231
	990797010	台式砂轮机	台班	0.892	1.784	2.013	1.784	2.141

六、除氧器及水箱安装

工作内容：基础检查；设备组合、起吊、拖运、就位、固定、附件安装等。　　　　**计量单位：**台

编号				2-4-35	2-4-36	2-4-37	2-4-38	2-4-39
项目				大气式				
				水箱容积（m^3）				
				≤25	≤40	≤55	≤75	≤110
		名称	单位	消耗量				
人工	000203000	综合二类工	工日	55.941	65.795	78.954	84.666	101.600
材料	012300001	型钢（综合）	kg	8.908	10.783	12.940	11.721	14.065
	031507017	镀锌铁丝 ϕ2.5～4.0	kg	14.065	15.940	19.128	18.753	22.504
	012900002	钢板（综合）	kg	56.259	65.636	78.763	75.012	90.014
	040915003	黑铅粉	kg	0.188	0.234	0.281	0.281	0.338
	020112004	无石棉橡胶板低压 δ0.8～6	kg	3.376	4.219	5.063	5.063	6.076
	022701001	棉纱	kg	2.719	3.000	3.601	4.688	5.626
	022703003	白布	kg	0.309	0.375	0.450	0.694	0.833
	031301007	低碳钢焊条（综合）	kg	16.409	18.753	22.504	23.441	28.130
	130133002	汽包漆	kg	14.065	17.628	21.153	36.381	43.657
	143505003	金属清洗剂	kg	0.832	1.006	1.208	1.751	2.100
	140509002	溶剂汽油	kg	0.281	0.356	0.428	0.638	0.765
	140715001	汽轮机油	kg	0.047	0.047	0.056	0.938	1.125
	140505001	铅油（厚漆）	kg	0.141	0.141	0.169	0.188	0.225
	142301001	红丹粉	kg	0.047	0.047	0.056	0.047	0.056
	142909001	氧气	m^3	16.878	19.691	23.629	30.942	37.131
	142907002	乙炔气	kg	6.491	7.573	9.088	11.901	14.281
	023503017	无石棉扭绳 ϕ6～10 烧失量 24%	kg	0.281	0.281	0.338	0.375	0.450
	040327001	凡尔砂	kg	0.028	0.028	0.034	0.028	0.034
	170301003	镀锌钢管 *DN*15	m	11.533	11.533	13.840	10.595	12.715
	170201004	无缝钢管 *D*25×4	m	1.163	1.519	1.823	1.782	2.138
	850103006	其他材料费（占材料费）	%	2.000	2.000	2.000	2.000	2.000
机械	990302025	履带式起重机 25t	台班	0.428	0.521	0.625	0.529	0.636
	990304020	汽车式起重机 20t	台班	0.221	0.441	0.529	—	—
	990401030	载重汽车 8t	台班	0.441	—	—	—	—
	990503030	电动单筒慢速卷扬机 50kN	台班	2.427	2.427	2.912	2.647	3.177
	990904030	直流弧焊机 20kV·A	台班	3.089	3.531	4.236	4.413	5.295
	991003050	电动空气压缩机 6m^3/min	台班	0.221	0.221	0.265	0.221	0.265
	990919030	电焊条烘干箱 60×50×75cm^3	台班	0.309	0.353	0.424	0.441	0.529
	990797010	台式砂轮机	台班	0.882	0.882	1.059	1.324	1.588
	990403025	平板拖车组 30t	台班	—	0.256	0.307	0.265	0.318
	990306005	自升式塔式起重机 400kN·m	台班	—	—	—	0.441	0.529

七、热交换器安装

1. 高压热交换器

工作内容：基础检查；设备检查、拖运、起吊就位、安装；水压试验等。　　　　**计量单位：**台

编　号				2-4-40	2-4-41	2-4-42	2-4-43
项　目				热交换面积（m^2）			
				≤65	≤100	≤200	≤260
名　称			单位	消　耗　量			
人工	000203000	综合二类工	工日	18.246	22.728	33.226	39.304
材料	031507017	镀锌铁丝 ϕ2.5～4.0	kg	0.928	1.392	1.855	1.855
	012900002	钢板（综合）	kg	24.120	33.396	44.528	45.456
	013903001	紫铜棒 ϕ16～80	kg	0.186	0.186	0.186	0.186
	040915003	黑铅粉	kg	0.557	0.557	1.067	1.067
	020112004	无石棉橡胶板低压 δ0.8～6	kg	12.153	12.153	13.173	17.069
	022701001	棉纱	kg	0.928	0.928	1.855	1.855
	031301007	低碳钢焊条（综合）	kg	2.412	2.412	2.412	2.412
	133519014	油浸无石棉盘根扭制 ϕ11～25	kg	0.232	0.232	0.464	0.464
	143505003	金属清洗剂	kg	0.130	0.130	0.260	0.260
	140715001	汽轮机油	kg	0.232	0.232	0.464	0.464
	142301001	红丹粉	kg	0.093	0.093	0.139	0.139
	142909001	氧气	m^3	6.958	6.958	6.958	6.958
	142907002	乙炔气	kg	2.676	2.676	2.676	2.676
	040327001	凡尔砂	kg	0.009	0.009	0.009	0.009
	850103006	其他材料费（占材料费）	%	2.000	2.000	2.000	2.000
机械	990302010	履带式起重机 10t	台班	0.203	0.212	—	—
	990308040	桥式起重机 30t	台班	0.777	—	—	—
	990401020	载重汽车 5t	台班	0.176	—	—	—
	990813045	试压泵 60MPa	台班	0.441	0.441	0.883	0.882
	990901020	交流弧焊机 32kV·A	台班	0.662	0.662	0.661	0.662
	991003050	电动空气压缩机 6m^3/min	台班	0.221	0.221	0.441	0.441
	990919030	电焊条烘干箱 60×50×75cm^3	台班	0.066	0.066	0.066	0.066
	990308050	桥式起重机 50t	台班	—	0.777	1.438	1.438
	990403020	平板拖车组 20t	台班	—	0.106	—	—
	990302020	履带式起重机 20t	台班	—	—	0.318	0.361
	990403025	平板拖车组 30t	台班	—	—	0.158	—

2. 低压热交换器

工作内容：基础检查；设备检查、拖运、起吊就位、安装；水压试验等。 **计量单位：**台

编号				2-4-44	2-4-45	2-4-46	2-4-47
项目				热交换面积（m^2）			
				≤40	≤60	≤90	≤130
名称			单位	消耗量			
人工	000203000	综合二类工	工日	14.322	15.425	16.006	20.574
材料	031507017	镀锌铁丝 ϕ2.5～4.0	kg	1.855	2.783	2.783	3.711
	012900002	钢板（综合）	kg	55.661	60.299	69.576	72.359
	013503001	紫铜板（综合）	kg	0.464	0.464	0.464	0.835
	040915003	黑铅粉	kg	0.371	0.371	0.371	0.464
	020112004	无石棉橡胶板低压 δ0.8～6	kg	7.514	8.349	8.349	8.813
	022701001	棉纱	kg	0.974	0.974	1.067	1.299
	031301007	低碳钢焊条（综合）	kg	1.392	1.392	1.392	1.392
	143505003	金属清洗剂	kg	0.260	0.325	0.346	0.390
	140715001	汽轮机油	kg	0.139	0.186	0.186	0.186
	140505001	铅油（厚漆）	kg	0.046	0.093	0.093	0.093
	142301001	红丹粉	kg	0.046	0.046	0.046	0.046
	040329001	硼砂	kg	0.186	0.186	0.186	0.186
	142909001	氧气	m^3	7.421	7.421	8.349	8.349
	142907002	乙炔气	kg	2.854	2.854	3.211	3.211
	023503016	无石棉扭绳 ϕ4～5 烧失量24%	kg	0.046	0.464	0.046	0.046
	040327001	凡尔砂	kg	0.028	0.028	0.028	0.028
	170301007	镀锌钢管 *DN*32	m	0.668	0.668	0.668	1.113
	850103006	其他材料费（占材料费）	%	2.000	2.000	2.000	2.000
机械	990302010	履带式起重机 10t	台班	0.150	0.203	0.150	0.212
	990308040	桥式起重机 30t	台班	0.882	0.882	—	—
	990401020	载重汽车 5t	台班	0.133	0.176	—	—
	990901020	交流弧焊机 32kV·A	台班	0.662	0.662	0.662	0.662
	991003050	电动空气压缩机 $6m^3/min$	台班	0.221	0.221	0.221	0.221
	990919030	电焊条烘干箱 60×50×75cm^3	台班	0.066	0.066	0.066	0.066
	990308050	桥式起重机 50t	台班	—	—	0.882	0.882
	990403020	平板拖车组 20t	台班	—	—	0.080	0.106

3. 其他热交换器

工作内容：基础检查；设备检查、拖运、起吊就位、安装；水压试验等。　　**计量单位：**台

编号				2-4-48	2-4-49	2-4-50	2-4-51
项目				热交换面积（m^2）			
				≤20	≤50	≤80	≤120
		名称	单位	消耗量			
人工	000203000	综合二类工	工日	9.966	10.225	12.949	14.502
材料	031507017	镀锌铁丝 ϕ2.5～4.0	kg	1.855	1.855	1.855	2.078
	012900002	钢板（综合）	kg	37.107	41.745	41.745	46.755
	013503001	紫铜板（综合）	kg	0.464	0.835	0.464	0.519
	040915003	黑铅粉	kg	0.278	0.371	0.417	0.468
	020101005	橡胶板 δ5～10	kg	3.117	3.117	3.117	3.491
	020112004	无石棉橡胶板低压 δ0.8～6	kg	1.466	1.883	1.883	2.110
	022701001	棉纱	kg	0.974	1.345	1.345	1.507
	031301007	低碳钢焊条（综合）	kg	1.392	1.392	1.392	1.558
	133519005	橡胶无石棉盘根编织 ϕ4～5（250°C）	kg	0.186	0.186	0.186	0.208
	143505003	金属清洗剂	kg	0.216	0.238	0.303	0.340
	140715001	汽轮机油	kg	0.186	0.186	0.186	0.208
	140505001	铅油（厚漆）	kg	0.139	0.139	0.139	0.156
	142301001	红丹粉	kg	0.046	0.093	0.093	0.104
	142909001	氧气	m^3	4.175	4.175	4.175	4.675
	142907002	乙炔气	kg	1.606	1.606	1.606	1.798
	170301007	镀锌钢管 *DN*32	m	0.668	0.668	0.668	0.748
	850103006	其他材料费（占材料费）	%	2.000	2.000	2.000	2.000
机械	990302010	履带式起重机 10t	台班	0.150	0.203	0.283	0.316
	990308050	桥式起重机 50t	台班	0.441	0.441	0.441	0.494
	990901020	交流弧焊机 32kV·A	台班	0.662	0.662	0.662	0.741
	991003050	电动空气压缩机 $6m^3/min$	台班	0.115	0.221	0.221	0.247
	990919030	电焊条烘干箱 60×50×75cm^3	台班	0.066	0.066	0.066	0.074
	990401030	载重汽车 8t	台班	—	0.106	0.176	0.197

工作内容：基础检查；设备检查、拖运、起吊就位、安装；水压试验等。 **计量单位：**台

编号				2-4-52	2-4-53	2-4-54	2-4-55
项目				热交换面积（m²）			
				≤ 180	≤ 240	≤ 350	≤ 500
名称			单位	消耗量			
人工	000203000	综合二类工	工日	16.677	18.128	19.579	21.754
材料	031507017	镀锌铁丝 ϕ2.5～4.0	kg	2.390	2.597	2.805	3.117
	012900002	钢板（综合）	kg	53.768	58.444	63.119	70.132
	013503001	紫铜板（综合）	kg	0.597	0.649	0.701	0.779
	040915003	黑铅粉	kg	0.538	0.584	0.631	0.701
	020101005	橡胶板 δ5～10	kg	4.015	4.364	4.713	5.237
	020112004	无石棉橡胶板低压 δ0.8～6	kg	2.426	2.636	2.847	3.163
	022701001	棉纱	kg	1.733	1.883	2.033	2.260
	031301007	低碳钢焊条（综合）	kg	1.792	1.948	2.104	2.338
	133519005	橡胶无石棉盘根编织 ϕ4～5（250℃）	kg	0.239	0.260	0.280	0.312
	143505003	金属清洗剂	kg	0.391	0.424	0.458	0.509
	140715001	汽轮机油	kg	0.239	0.260	0.280	0.312
	140505001	铅油（厚漆）	kg	0.179	0.195	0.211	0.234
	142301001	红丹粉	kg	0.120	0.130	0.140	0.156
	142909001	氧气	m³	5.377	5.844	6.312	7.013
	142907002	乙炔气	kg	2.068	2.248	2.428	2.697
	170301007	镀锌钢管 *DN*32	m	0.860	0.935	1.010	1.122
	850103006	其他材料费（占材料费）	%	2.000	2.000	2.000	2.000
机械	990302010	履带式起重机 10t	台班	0.364	0.396	0.427	0.474
	990308050	桥式起重机 50t	台班	0.568	0.618	0.667	0.741
	990401030	载重汽车 8t	台班	0.227	0.247	0.267	0.297
	990901020	交流弧焊机 32kV·A	台班	0.853	0.927	1.001	1.112
	991003050	电动空气压缩机 6m³/min	台班	0.284	0.309	0.334	0.371
	990919030	电焊条烘干箱 60×50×75cm³	台班	0.085	0.093	0.100	0.111

八、射水抽气器安装

工作内容：设备检查、组装、起吊就位；水压试验等。　　　　计量单位：台

编　号				2-4-56	2-4-57
项　目				抽气量（kg）	
				≤ 8.5	≤ 12.5
名　称			单位	消　耗　量	
人工	000203000	综合二类工	工日	9.420	10.938
材料	012900002	钢板（综合）	kg	44.888	64.838
	040915003	黑铅粉	kg	0.399	0.599
	020112004	无石棉橡胶板低压 δ0.8～6	kg	5.387	9.875
	022701001	棉纱	kg	0.499	0.798
	031301007	低碳钢焊条（综合）	kg	1.995	1.995
	143505003	金属清洗剂	kg	0.232	0.232
	140505001	铅油（厚漆）	kg	0.249	0.200
	142301001	红丹粉	kg	0.399	0.499
	142909001	氧气	m^3	4.988	4.988
	142907002	乙炔气	kg	1.918	1.918
	130115006	酚醛调和漆	kg	—	1.995
	850103006	其他材料费（占材料费）	%	2.000	2.000
机械	990302025	履带式起重机 25t	台班	0.029	0.029
	990308030	桥式起重机 20t	台班	0.237	—
	990401020	载重汽车 5t	台班	0.029	0.029
	990901020	交流弧焊机 32kV · A	台班	0.474	0.474
	991003050	电动空气压缩机 $6m^3/min$	台班	0.124	0.124
	990919030	电焊条烘干箱 $60 \times 50 \times 75cm^3$	台班	0.047	0.047
	990308040	桥式起重机 30t	台班	—	0.474

九、油系统设备安装

1. 油　　箱

工作内容：基础检查；设备检查、拖运、就位、安装；配套附件安装；内部清扫等。　　**计量单位：**台

编　号				2-4-58	2-4-59	2-4-60	2-4-61
项　目				油箱容积（m^3）			
				≤2	≤5	≤10	≤15
名　称			单位	消　耗　量			
人工	000203000	综合二类工	工日	11.667	17.696	24.313	29.827
材料	031507017	镀锌铁丝 ϕ2.5～4.0	kg	1.995	2.993	3.990	4.988
	012900002	钢板（综合）	kg	13.406	19.691	19.691	33.516
	031509010	斜垫铁（综合）	kg	16.598	24.379	24.379	41.496
	020101005	橡胶板 δ5～10	kg	1.915	2.873	3.471	3.990
	022701001	棉纱	kg	1.496	2.494	3.491	3.990
	022703003	白布	kg	1.278	2.117	3.104	3.544
	022709005	羊毛毡 1～5	m^2	0.399	0.599	0.798	0.998
	031301007	低碳钢焊条（综合）	kg	1.995	1.995	1.995	1.995
	130115006	酚醛调和漆	kg	0.628	1.895	3.392	4.489
	143505003	金属清洗剂	kg	0.698	1.164	1.862	2.095
	140715001	汽轮机油	kg	1.995	2.494	3.491	3.491
	142301001	红丹粉	kg	0.100	0.200	0.200	0.200
	143555001	脱化剂	kg	0.599	0.998	1.496	1.995
	142909001	氧气	m^3	2.993	2.993	4.489	5.985
	142907002	乙炔气	kg	1.151	1.151	1.726	2.302
	133503014	密封胶	kg	1.995	2.993	3.990	4.988
	272501002	青壳纸 δ0.1～1.0	kg	0.150	0.200	0.200	0.299
	850103006	其他材料费（占材料费）	%	2.000	2.000	2.000	2.000
机械	990302010	履带式起重机 10t	台班	0.095	0.124	0.170	0.189
	990308030	桥式起重机 20t	台班	0.237	—	—	—
	990401020	载重汽车 5t	台班	0.048	0.057	—	—
	990901020	交流弧焊机 32kV·A	台班	0.474	0.474	0.474	0.474
	991003050	电动空气压缩机 $6m^3$/min	台班	0.237	0.237	0.237	0.237
	990919030	电焊条烘干箱 60×50×$75cm^3$	台班	0.047	0.047	0.047	0.047
	990308040	桥式起重机 30t	台班	—	0.474	—	—
	990308050	桥式起重机 50t	台班	—	—	0.711	0.711
	990403020	平板拖车组 20t	台班	—	—	0.095	0.133

2. 冷 油 器

工作内容：基础检查；设备检查、就位、安装；水压试验等。 **计量单位：**台

编号				2-4-62	2-4-63	2-4-64	2-4-65
项目				冷却面积（m²）			
				≤ 12.5	≤ 20	≤ 40	≤ 50
名称			单位	消耗量			
人工	000203000	综合二类工	工日	12.132	13.642	17.058	18.359
材料	012900002	钢板（综合）	kg	10.474	12.569	14.663	16.758
	031509010	斜垫铁（综合）	kg	12.968	15.561	18.155	20.748
	020112004	无石棉橡胶板低压 δ0.8～6	kg	4.489	5.387	6.783	6.783
	022701001	棉纱	kg	0.998	1.496	1.995	1.995
	022703003	白布	kg	0.827	0.915	1.178	1.178
	031301007	低碳钢焊条（综合）	kg	0.998	0.998	0.998	0.998
	130115006	酚醛调和漆	kg	0.599	0.998	1.596	1.796
	143505003	金属清洗剂	kg	0.931	1.047	1.164	1.164
	140715001	汽轮机油	kg	1.197	1.496	1.995	1.995
	140505001	铅油（厚漆）	kg	0.399	0.499	0.599	0.599
	142301001	红丹粉	kg	0.030	0.030	0.050	0.050
	142909001	氧气	m^3	1.995	1.995	2.993	3.990
	142907002	乙炔气	kg	0.767	0.767	1.151	1.535
	133503014	密封胶	kg	1.995	1.995	2.993	2.993
	272501002	青壳纸 δ0.1～1.0	kg	0.998	1.197	1.496	1.496
	850103006	其他材料费（占材料费）	%	2.000	2.000	2.000	2.000
机械	990302025	履带式起重机 25t	台班	0.038	0.038	0.029	0.029
	990308030	桥式起重机 20t	台班	0.949	—	—	—
	990401020	载重汽车 5t	台班	0.038	0.038	0.057	0.057
	990901020	交流弧焊机 32kV · A	台班	0.237	0.237	0.237	0.237
	991003050	电动空气压缩机 6m³/min	台班	0.237	0.237	0.237	0.237
	990919030	电焊条烘干箱 60 × 50 × 75cm³	台班	0.024	0.024	0.024	0.024
	990308040	桥式起重机 30t	台班	—	0.949	—	—
	990308050	桥式起重机 50t	台班	—	—	0.949	0.949

3. 滤油器、滤水器

工作内容：基础检查；检查，水压试验，就位安装等。 **计量单位：**台

编号				2-4-66	2-4-67	2-4-68	2-4-69
项目				滤油器	滤水器		
					L-100	L-150	L-200
名称			单位	消耗量			
人工	000203000	综合二类工	工日	4.382	2.539	2.772	3.373
材料	012907017	镀锌薄钢板 δ0.75	m^2	0.100	—	—	—
	020115003	耐油无石棉橡胶板 δ0.8	kg	0.229	—	—	—
	022701001	棉纱	kg	0.499	0.100	0.100	0.200
	022703003	白布	kg	0.889	0.100	0.100	0.100
	031301007	低碳钢焊条（综合）	kg	0.299	0.499	0.499	0.499
	130115006	酚醛调和漆	kg	0.399	0.499	0.499	0.628
	143505003	金属清洗剂	kg	0.466	0.070	0.070	0.117
	140715001	汽轮机油	kg	0.599	—	—	—
	142301001	红丹粉	kg	0.100	—	—	—
	133503014	密封胶	kg	1.995	—	—	—
	040327001	凡尔砂	kg	0.020	—	—	—
	012900002	钢板（综合）	kg	—	4.988	4.988	9.975
	020101005	橡胶板 δ5～10	kg	—	0.958	0.958	1.915
	142909001	氧气	m^3	—	0.998	0.998	0.998
	142907002	乙炔气	kg	—	0.384	0.384	0.384
	850103006	其他材料费（占材料费）	%	2.000	2.000	2.000	2.000
机械	990901020	交流弧焊机 32kV · A	台班	0.237	0.124	0.124	0.124
	991003050	电动空气压缩机 6m^3/min	台班	0.189	—	—	—
	990919030	电焊条烘干箱 60 × 50 × 75cm^3	台班	0.024	0.012	0.012	0.012
	990308050	桥式起重机 50t	台班	—	—	0.124	0.124
	990401020	载重汽车 5t	台班	—	—	0.048	0.048

十、胶球清洗装置安装

工作内容：装球室、收球网检查，组合安装，液压系统安装等。 **计量单位：**套

编号				2-4-70	2-4-71
项目				循环水入口管直径（mm）	
				≤ 400	≤ 600
	名称		单位	消耗量	
人工	000203000	综合二类工	工日	2.504	3.338
材料	020101008	橡胶板 $\delta3$	kg	2.071	4.861
	031301021	钢焊条 J507（综合）	kg	0.378	0.378
	143505004	清洗液 500mL	瓶	0.054	0.041
	142909001	氧气	m^3	0.576	0.576
	142907002	乙炔气	kg	0.222	0.222
	850103006	其他材料费（占材料费）	%	2.000	2.000
机械	990304024	汽车式起重机 25t	台班	0.180	0.180
	990401020	载重汽车 5t	台班	0.451	0.451
	990901010	交流弧焊机 21kV · A	台班	0.103	0.103
	990919030	电焊条烘干箱 60 × 50 × 75cm^3	台班	0.010	0.010
	990308020	桥式起重机 15t	台班	—	0.225

十一、减温减压装置安装

工作内容：设备检查；就位安装；配套管道、支吊架配制安装等。 **计量单位：**台

编 号				2-4-72	2-4-73	2-4-74
项 目				出口流量（t/h）		
				≤ 10	≤ 20	≤ 40
名 称			单位	消 耗 量		
人工	000203000	综合二类工	工日	19.196	21.116	23.035
材料	031507007	镀锌铁丝（综合）	kg	1.108	1.219	1.330
	012300001	型钢（综合）	kg	34.115	37.526	40.937
	340101002	钨棒	kg	0.027	0.030	0.033
	020112005	无石棉橡胶板低中压 δ0.8～6	kg	3.241	3.565	3.889
	031301021	钢焊条 J507（综合）	kg	18.318	20.149	21.981
	031303003	合金钢焊丝	kg	0.559	0.615	0.671
	133519011	油浸无石棉盘根编织 ϕ4～5（450℃）	kg	0.252	0.278	0.302
	143505004	清洗液 500mL	瓶	0.540	0.594	0.648
	142909001	氧气	m^3	5.869	6.455	7.043
	142907002	乙炔气	kg	2.257	2.483	2.709
	850103006	其他材料费（占材料费）	%	2.000	2.000	2.000
机械	990304004	汽车式起重机 8t	台班	0.149	0.164	0.179
	990308020	桥式起重机 15t	台班	0.069	0.077	0.083
	990401020	载重汽车 5t	台班	0.149	0.164	0.179
	990509030	电动葫芦单速 5t	台班	0.942	1.037	1.130
	990901020	交流弧焊机 32kV · A	台班	3.788	4.167	4.546
	991003050	电动空气压缩机 $6m^3/min$	台班	1.448	1.592	1.737
	990919030	电焊条烘干箱 $60 \times 50 \times 75cm^3$	台班	0.379	0.417	0.455

十二、柴油发电机组安装

工作内容：基础检查；设备检查、就位、安装等。　　　　**计量单位：**台

编号				2-4-75	2-4-76	2-4-77
项目				单台容量（kW）		
				≤75	≤120	≤200
名称			单位	消耗量		
人工	000203000	综合二类工	工日	45.567	53.983	60.996
材料	012300001	型钢（综合）	kg	46.085	50.693	55.301
	031509010	斜垫铁（综合）	kg	5.664	6.230	6.797
	022701003	棉纱头	kg	0.796	0.875	0.955
	012903005	热轧中厚钢板 δ15 以外	kg	4.575	5.032	5.490
	031301021	钢焊条 J507（综合）	kg	2.983	3.281	3.580
	143505004	清洗液 500mL	瓶	0.360	0.396	0.432
	142909001	氧气	m^3	3.058	3.364	3.670
	142907002	乙炔气	kg	1.176	1.294	1.412
	850103006	其他材料费（占材料费）	%	2.000	2.000	2.000
机械	990401020	载重汽车 5t	台班	0.223	0.245	0.268
	990304020	汽车式起重机 20t	台班	0.365	0.403	0.439
	990503030	电动单筒慢速卷扬机 50kN	台班	0.892	0.982	1.071
	990901020	交流弧焊机 32kV·A	台班	0.908	0.998	1.088
	991003040	电动空气压缩机 $3m^3$/min	台班	0.892	0.982	1.071
	990919030	电焊条烘干箱 $60 \times 50 \times 75cm^3$	台班	0.091	0.100	0.109

第五章

燃料供应设备安装工程

说 明

一、本章内容包括抓斗上料机、料场机械设备、碎料机械设备、燃料计量设备、胶带机、输料附属设备、生物质锅炉燃料输送设备、卸油装置、油罐、油过滤器、油水分离装置等安装工程。

二、相关说明：

1. 设备安装定额中包括电动机安装、随设备供货的金属构件（如：支吊架、构架、附件、管道基础框架、地脚螺栓）安装、设备安装后补漆、配合灌浆、分部试运、对轮保护罩配制与安装、就地一次仪表安装。就地一次仪表的表计、表管、玻璃管、阀门等均按照设备成套供货考虑。不包括下列工作内容，工程实际发生时，执行相应的定额项目。

（1）电动机的检查、接线及空载试转。

（2）油箱、支架、平台、扶梯、栏杆、基础框架及地脚螺栓等金属结构配制、安装与油漆及主材费。

（3）设备轨道安装。

（4）设备保温、油漆、衬里、灌浆。

2. 卸煤机安装包括桥式抓斗、桁架式龙门抓斗、箱式龙门抓斗安装。

（1）桥式抓斗机安装定额包括大车及小车的车轮、减速机、抓斗卷筒安装，车梁、行走机构、小车、小车轨道、抓斗、司机室、平台扶梯及附件安装。定额中桥式抓斗是按照起重量 10t、跨距 31.5m、双箱型大车梁，双轨小车结构考虑的，其他结构桥式抓斗执行本定额时不做调整。

（2）龙门式抓斗机安装定额包括大车及小车的车轮、减速机、抓斗卷筒、大车构架、柱梁、行走机构、小车、小车轨道、抓斗、司机室、平台扶梯及附件安装。定额中桁架式龙门抓斗是按照两端悬臂、桁架构架、双轨小车结构考虑，箱式龙门抓斗是按照两端悬臂、单箱型梁及支柱、单轨小车结构考虑，其他结构龙门抓斗执行本定额时不做调整。

3. 斗轮堆取料机安装定额包括下列工作内容：

（1）门座架、回转盘、门柱架、悬臂架、尾部配重架及进料皮带机的组合。

（2）行走机构、门座架、悬臂架、配重块、斗轮（液压马达、活动档板、煤位批示器）及回转盘安装。

（3）悬臂皮带机的金属构架、电动滚筒转动与导向滚筒、各种托辊、缓冲器、俯仰缸、落煤管、清扫器安装及传输皮带安装及搭接。

（4）包进料皮带机的构架、电动滚筒、转动与导向滚筒、各种托辊、平稳装置、行走机构及尾部落煤管安装及传输皮带安装及搭接。

（5）油箱、油泵、油管的清理和安装。

（6）各种阀门及液压件安装。

（7）安装用组装平台搭拆。

4. 碎煤机安装定额适用于反击式碎煤机、锤击式碎煤机、环锤式碎煤机安装。定额包括转子轴承、皮带轮支承座、反击板、锤击镶块、锤头的清扫与安装以及上机体、下机体、进料斗、转子、皮带轮、锤击部件、格板及链条、皮带及电动机安装。

5. 共振筛安装定额包括底座架、筛框、轴、板弹簧、弹簧座、轴承座、橡胶缓冲器及电动机安装。

6. 生物质锅炉破碎机进料系统设备安装定额包括生物质槽式链板输送进料设备本体（机头、机尾、机架、漏斗）、转动装置、附属平台梯子栏杆等的组对安装。

7. 生物质锅炉综合破碎机安装定额包括综合破碎机设备本体（底座、刀辊、刀具）、外壳、电机、附属平台梯子栏杆等的组对安装。

8. 生物质锅炉出料系统设备安装定额包括出料胶带机设备本体（机头、机尾、机架、、漏斗）、金属构架、拉紧装置构架、滑槽、滚筒、小车、固定滑轮、重锤、钢丝绳、弹簧、保护栅等安装及皮带敷设及胶接、导料槽安装。

9. 汽车衡安装定额包括汽车衡配件组装、安装。不包括防雨罩安装。

10. 皮带秤安装定额包括机械式皮带秤、电子式皮带秤安装。

（1）机械式皮带秤安装定额包括机体检查与安装、杠杆装置检查与安装、记录装置安装、配合校验。

（2）电子皮带秤安装定额包括活动架、底座、秤量托辊、十字弹簧片、传感器、标准砝码秤框、平衡重块安装及配合校验。定额中不包括电子设备及其他电气装置的安装调试。

11. 胶带机整台安装是按照 10m 长度考虑的；实际安装长度不同时，可按照胶带机中间构架定额进行调整；定额综合考虑了胶带机的安装弧度及斜度因素，执行定额时不做调整；胶带机非标准中间构架均按照设备成套供货考虑，当设计要求现场配制时，应另行计算其材料、制作费用。

胶带机安装项目中包括下列工作内容：

（1）头部及尾部导向滚筒、减速机、电动机、制动器、清扫器、防尘帘及其支架安装。

（2）中部标准金属构架、槽型托辊、调整托辊、平型托辊安装。

（3）拉紧装置构架、滑槽、滚筒、小车、固定滑轮、重锤、钢丝绳、弹簧、保护栅安装。

（4）皮带敷设及胶接、导料槽安装。

12. 胶带机中间构架安装定额包括下列工作内容：

（1）中部非标准金属构架、槽形托辊、平行托辊安装与调整。

（2）拉紧装置构架、滑槽、滚筒、小车、固定滑轮、重锤、钢丝绳、弹簧、保护栅安装。

（3）皮带敷设及胶接、导煤槽安装。

（4）压轮装置安装与调整。

13. 胶带机伸缩装置安装定额适用于不同宽度的二工位、三工位伸缩装置安装。定额包括电动机、减速机、联轴器安装；包括地锚及锚锭、移动机架、传动轨道、行车轮、传动滚筒固定支架、移动托辊架、落煤斗、受料斗安装以及煤流挡板、调节机构安装与调整。

14. 电动卸料车安装定额包括卸料车、滚筒、减速机、电动机、三通落煤管及导煤槽安装。定额中卸料车是按照轻型卸料车考虑，当工程采用重型卸料车时，执行定额乘以系数 1.5。

15. 犁式卸煤器安装定额包括犁煤器及犁煤器落煤斗安装。

16. 落煤装置（煤导流装置）安装定额适用于输煤转运站落煤管设备，不适用于煤斗与煤管、煤管与煤管、煤管与磨煤机间安装的煤导流装置安装。定额包括落煤管、挡板安装，但不包括配制。

17. 机械采样装置安装定额包括构架、链子、链轮、链斗、外壳、链轮制动装置、拉紧装置、减速机及电动机安装。

18. 电磁除铁器安装包括悬挂式、传动式、带式电磁除铁器安装。定额包括不同除铁方式的设备及附件安装。如：单轨吊车、分离器本体、电动滚筒、导向滚筒、上托辊、下托辊、电磁铁、电动机、减速机、主（从）动滚筒、冷却风机、弃铁皮带、支撑托辊等安装。

19. 除木器安装定额包括传动装置、除木轴、拨煤轴、减速器、振打器等安装与调整。

20. 储气罐空气炮安装定额包括贮气罐、油雾器、分水滤气器的清扫与安装及调整以及支架、附件安装。定额不包括空气炮的压缩空气气源管道安装。

21. 生物质锅炉燃料输送设备安装包括生物质散装给料机及炉前给料机壳体、螺旋体传动装置等的安装及设备本体范围内的料斗组合安装。

22. 鹤式卸油装置安装定额包括鹤式卸油支架组装、滑轮组及手动绞车安装、卸油胶皮管连接、卸油泵安装、电动机安装、泵本体附件与管道及润滑冷却装置等清洗与安装。

23. 油罐安装定额是按照成品供货安装考虑的，不包括现场配制，工程实际发生时，应参照相应定额计算配制费。定额包括油罐本体、支吊架、法兰及阀门、油位计等安装。定额不包括油箱支吊架制作及油漆、自动液位信号装置的安装。

24. 油过滤器、油水分离装置安装定额包括设备清理、组装、安装及表面补油漆。定额不包括设备制作和保温。

工程量计算规则

一、抓斗上煤机、斗轮堆取料机、碎煤机、筛煤设备、汽车衡、生物质锅炉破碎机、生物质锅炉燃料输送设备安装根据工艺系统设计流程及设备出力，按照设计安装数量以“台”为计量单位。

二、皮带秤安装根据工艺系统设计流程及设备性能，按照设计安装数量以“台”为计量单位。

三、胶带机安装根据工艺系统设计流程及带宽，按照设计安装数量以“套/10m”为计量单位。一套安装长度为 10m，长度 > 10m 计算胶带机中间构架工程量。胶带机中间构架根据胶带机安装长度，以节为计量单位。长度 > 10m 的胶带机，每增加 12m 为一节，增加长度 < 12m 时计算一节。

四、胶带机伸缩装置、电动卸料车、犁式卸煤器、机械采样装置、电磁除铁器、除木器、储气罐空气炮安装根据工艺系统设计流程及布置，按照设计安装数量以“台”为计量单位。

五、落煤装置（煤导流装置）安装根据工艺系统设计流程及布置，按照设计图示尺寸的成品重量以“t”为计量单位。不计算下料及加工制作损耗量。计算重量时，包括落煤管及挡板等重量。

六、卸油装置、油罐安装根据工艺系统设计流程及布置，按照设计安装数量以“台”为计量单位。

七、油过滤器、油水分离装置安装根据工艺系统设计流程及设备出力，按照设计安装数量以“台”为计量单位。

一、抓斗上煤机安装

工作内容：基础检查、设备检查、安装；平台扶梯及其他附件安装等。 **计量单位：**台

编号				2-5-1	2-5-2	2-5-3	2-5-4	2-5-5
项目				桥式抓斗	桁架式龙门抓斗		箱式龙门抓斗	
				卸煤量 10t/h	卸煤量 5t/h			
					跨距 20m	跨距 40m	跨距 20m	跨距 40m
		名称	单位	消耗量				
人工	000203000	综合二类工	工日	121.816	181.241	250.482	137.753	215.683
材料	012300001	型钢（综合）	kg	20.000	30.000	50.000	30.000	40.000
	031507017	镀锌铁丝 ϕ2.5～4.0	kg	13.000	14.000	17.000	14.000	16.000
	012900002	钢板（综合）	kg	30.000	40.000	60.000	40.000	50.000
	012907002	镀锌钢板（综合）	kg	1.000	0.800	0.800	0.800	0.800
	013503001	紫铜板（综合）	kg	0.500	0.400	0.400	0.400	0.400
	020115003	耐油无石棉橡胶板 δ0.8	kg	2.000	2.000	2.000	2.000	2.000
	020901003	聚氯乙烯薄膜	m^2	2.000	0.300	0.300	0.300	0.300
	022701001	棉纱	kg	12.000	12.000	15.000	12.000	15.000
	022703003	白布	kg	4.000	4.000	5.000	4.000	5.000
	022709006	羊毛毡 6～8	m^2	0.100	0.100	0.100	0.100	0.100
	031301007	低碳钢焊条（综合）	kg	12.000	18.000	22.000	14.000	18.000
	050109006	枕木 2500mm × 250mm × 200mm	根	3.000	5.000	7.000	5.000	7.000
	130113005	酚醛磁漆	kg	0.500	0.500	0.500	0.500	0.500
	130115006	酚醛调和漆	kg	119.000	188.600	269.700	131.700	312.200
	130100003	手喷漆	kg	0.840	0.380	0.680	0.320	0.380
	140111001	松节油	kg	13.500	29.600	42.340	20.680	49.020
	143505003	金属清洗剂	kg	7.934	6.534	7.001	6.534	7.001
	140509002	溶剂汽油	kg	52.000	42.000	62.000	42.000	62.000
	140303001	机油（综合）	kg	250.000	240.000	260.000	240.000	260.000
	143309002	黄甘油	kg	8.000	7.000	10.000	7.000	10.000
	142301001	红丹粉	kg	0.500	0.500	0.500	0.500	0.500
	142909001	氧气	m^3	39.000	48.000	66.000	36.000	48.000
	142907002	乙炔气	kg	15.000	18.462	25.385	13.846	18.462
	133503014	密封胶	kg	10.000	10.000	10.000	10.000	10.000
	272501002	青壳纸 δ0.1～1.0	kg	2.000	2.000	2.000	2.000	2.000
	340502001	描图纸	m^2	2.000	2.000	2.000	2.000	2.000
	850103006	其他材料费（占材料费）	%	2.000	2.000	2.000	2.000	2.000
机械	990302025	履带式起重机 25t	台班	2.285	3.904	4.953	4.286	5.239
	990403025	平板拖车组 30t	台班	1.333	—	0.952	—	0.952
	990901020	交流弧焊机 32kV · A	台班	6.667	9.524	10.476	7.619	9.524
	991003050	电动空气压缩机 6m^3/min	台班	0.038	0.019	0.029	0.095	0.019
	990919030	电焊条烘干箱 60 × 50 × 75cm^3	台班	0.667	0.952	1.048	0.762	0.952
	990403020	平板拖车组 20t	台班	—	1.905	1.905	1.905	1.905

二、煤场机械设备安装

工作内容：设备开箱、清点、检查；基础检查；设备及附件组合、就位、安装等。 **计量单位：**台

编 号				2-5-6	2-5-7
项 目				斗轮堆取料机	
				≤DQ2010	≤DQ3025
名 称			单位	消 耗 量	
人工	000203000	综合二类工	工日	730.095	914.110
材料	012300001	型钢（综合）	kg	120.000	140.000
	012900002	钢板（综合）	kg	200.000	270.000
	012907002	镀锌钢板（综合）	kg	2.400	2.600
	013503001	紫铜板（综合）	kg	1.200	1.300
	013903001	紫铜棒 ϕ16～80	kg	3.000	4.000
	040915003	黑铅粉	kg	0.500	0.600
	020101005	橡胶板 δ5～10	kg	0.238	0.238
	020115004	耐油无石棉橡胶板 δ1	kg	2.000	2.500
	020901004	聚氯乙烯薄膜	kg	0.800	1.000
	022701001	棉纱	kg	54.000	65.000
	022709006	羊毛毡 6～8	m^2	0.400	0.400
	031301007	低碳钢焊条（综合）	kg	176.600	270.900
	031505027	铜丝布 16 目	m	0.220	0.220
	031509010	斜垫铁（综合）	kg	72.500	90.800
	050109005	枕木 2500mm × 200mm × 160mm	根	4.000	4.000
	130115006	酚醛调和漆	kg	320.000	500.000
	130505002	防锈漆 C53-1	kg	0.500	0.500
	130100003	手喷漆	kg	0.920	1.200
	133519013	油浸无石棉盘根编织 ϕ11～25（250℃）	kg	3.000	4.000
	143505003	金属清洗剂	kg	23.335	26.369
	140509006	油漆溶剂油	kg	85.000	119.000

续前

编号				2-5-6	2-5-7
项目				斗轮堆取料机	
				≤ DQ2010	≤ DQ3025
名称			单位	消耗量	
材料	140303001	机油（综合）	kg	280.000	460.000
	143309002	黄甘油	kg	29.000	33.000
	142301001	红丹粉	kg	0.400	0.400
	143511001	稀释剂	kg	0.760	1.000
	133501005	研磨膏	盒	0.800	0.800
	142909001	氧气	m^3	180.000	240.000
	142907002	乙炔气	kg	69.231	92.308
	133503014	密封胶	kg	2.000	2.000
	144303016	塑料胶布带 20mm × 50m	卷	10.200	13.200
	023503009	无石棉绳（综合）	kg	1.000	1.500
	270301001	保险丝 5A	轴	3.000	3.000
	272501002	青壳纸 δ0.1～1.0	kg	3.000	4.000
	040927005	面粉	kg	10.000	10.500
	340502001	描图纸	m^2	5.000	5.000
	850103006	其他材料费（占材料费）	%	2.000	2.000
机械	990304024	汽车式起重机 25t	台班	20.952	22.762
	990304060	汽车式起重机 90t	台班	3.619	4.571
	990403030	平板拖车组 40t	台班	2.286	3.048
	990901020	交流弧焊机 32kV · A	台班	39.800	50.700
	991003020	电动空气压缩机 0.6m^3/min	台班	0.038	0.048
	991003060	电动空气压缩机 9m^3/min	台班	0.952	1.905
	990919030	电焊条烘干箱 60 × 50 × 75cm^3	台班	3.980	5.070

三、碎煤机械设备安装

1. 碎 煤 机

工作内容：基础检查；设备开箱、检查；设备清扫、检查、安装等。 **计量单位：**台

编号				2-5-8	2-5-9
项目				出力（t/h）	
				≤ 50	≤ 100
名称			单位	消耗量	
人工	000203000	综合二类工	工日	39.515	47.240
材料	012300001	型钢（综合）	kg	20.000	25.000
	031507017	镀锌铁丝 ϕ2.5～4.0	kg	5.000	5.000
	012900002	钢板（综合）	kg	30.000	50.000
	012907002	镀锌钢板（综合）	kg	0.200	0.220
	013503001	紫铜板（综合）	kg	0.200	0.200
	020101005	橡胶板 δ5～10	kg	1.200	1.500
	020112004	无石棉橡胶板低压 δ0.8～6	kg	1.500	1.500
	020901003	聚氯乙烯薄膜	m^2	0.500	0.500
	022701001	棉纱	kg	2.000	2.000
	022703003	白布	kg	3.000	3.000
	022709006	羊毛毡 6～8	m^2	0.100	0.100
	031102005	铁砂布 $0^{\#}$～$2^{\#}$	张	10.000	12.000
	031301007	低碳钢焊条（综合）	kg	8.000	10.000
	031541003	钢锯条	条	5.000	7.000
	031509010	斜垫铁（综合）	kg	42.300	48.500
	050301004	木板（综合）	m^3	0.060	0.080
	130113005	酚醛磁漆	kg	0.500	0.500
	130115006	酚醛调和漆	kg	3.500	5.500
	130100003	手喷漆	kg	4.000	1.000
	140111001	松节油	kg	0.700	0.900

续前

编号				2-5-8	2-5-9
项目				出力（t/h）	
				≤ 50	≤ 100
名称			单位	消耗量	
材料	143505003	金属清洗剂	kg	0.933	1.167
	140509002	溶剂汽油	kg	8.000	9.000
	140303001	机油（综合）	kg	4.000	4.500
	140505001	铅油（厚漆）	kg	2.500	2.500
	143309002	黄甘油	kg	4.000	6.000
	142301001	红丹粉	kg	0.050	0.050
	143337001	天那水	kg	0.500	0.800
	142909001	氧气	m^3	24.000	30.000
	142907002	乙炔气	kg	9.231	11.538
	133503014	密封胶	kg	4.000	4.000
	023503016	无石棉扭绳 $\phi4\sim5$ 烧失量 24%	kg	4.000	4.500
	270301002	保险丝 10A	轴	0.100	0.100
	272501002	青壳纸 $\delta0.1\sim1.0$	kg	0.500	0.500
	040927005	面粉	kg	0.500	1.000
	340502001	描图纸	m^2	1.000	1.000
	130505007	酚醛防锈漆	kg	—	1.500
	850103006	其他材料费（占材料费）	%	2.000	2.000
机械	990302025	履带式起重机 25t	台班	0.381	0.476
	990304024	汽车式起重机 25t	台班	0.450	0.500
	990401030	载重汽车 8t	台班	0.667	0.762
	990901020	交流弧焊机 32kV·A	台班	2.857	3.810
	991003050	电动空气压缩机 $6m^3/min$	台班	0.476	0.476
	990919030	电焊条烘干箱 $60\times50\times75cm^3$	台班	0.286	0.381

2. 筛 煤 设 备

工作内容： 基础检查；设备开箱、检查；设备清扫、检查、安装等。 **计量单位：** 台

编　号				2-5-10	2-5-11
项　目				最大出力（t/h）	
				≤ 50	≤ 100
名　称			单位	消　耗　量	
人工	000203000	综合二类工	工日	34.832	40.383
材料	012300001	型钢（综合）	kg	10.000	12.000
	031507017	镀锌铁丝 ϕ2.5～4.0	kg	1.000	4.000
	012900002	钢板（综合）	kg	25.000	30.000
	012907002	镀锌钢板（综合）	kg	0.800	1.000
	013503001	紫铜板（综合）	kg	0.200	0.200
	022703003	白布	kg	4.000	5.000
	031102005	铁砂布 0#～2#	张	8.000	10.000
	031301007	低碳钢焊条（综合）	kg	3.000	4.000
	031509010	斜垫铁（综合）	kg	42.500	42.500
	130115006	酚醛调和漆	kg	3.000	3.500
	140111001	松节油	kg	0.500	0.600
	140509002	溶剂汽油	kg	7.000	8.000
	143309002	黄甘油	kg	5.000	6.000
	142909001	氧气	m^3	9.000	12.000
	142907002	乙炔气	kg	3.462	4.615
	023503016	无石棉扭绳 ϕ4～5 烧失量 24%	kg	1.500	2.000
	270301001	保险丝 5A	轴	0.200	0.250
	272501002	青壳纸 δ0.1～1.0	kg	0.400	0.400
	850103006	其他材料费（占材料费）	%	2.000	2.000
机械	990302025	履带式起重机 25t	台班	0.381	0.429
	990304024	汽车式起重机 25t	台班	0.630	0.750
	990401030	载重汽车 8t	台班	0.952	1.048
	990901020	交流弧焊机 32kV · A	台班	1.429	1.905
	990919030	电焊条烘干箱 60 × 50 × 75cm^3	台班	0.143	0.191

3. 生物质锅炉破碎机

工作内容：基础检查；设备开箱、检查；设备清扫、检查、安装等。　　**计量单位：**台

编号				2-5-12	2-5-13	2-5-14
项目				进料系统设备	综合破碎机	出料系统设备
				槽式链板输送机 带宽 1400mm 输送长度 7500mm	15～20t	支架式皮带输送机 带宽 1200mm 输送长度 11800mm
		名称	单位	消耗量		
人工	000203000	综合二类工	工日	51.490	56.051	61.789
材料	031509010	斜垫铁（综合）	kg	18.881	44.800	30.816
	142909001	氧气	m^3	1.020	24.000	8.078
	142907002	乙炔气	kg	0.392	9.231	3.107
	140901003	黄油钙基脂	kg	2.921	4.000	14.202
	140307001	煤油	kg	10.595	4.000	12.123
	050301004	木板（综合）	m^3	0.120	0.060	0.019
	012901003	热轧薄钢板 δ0.5～0.65	kg	1.650	—	4.400
	140303001	机油（综合）	kg	4.157	—	3.762
	031301009	低碳钢焊条 J427（综合）	kg	9.450	8.000	7.392
	031509007	平垫铁（综合）	kg	16.960	—	29.376
	012300001	型钢（综合）	kg	—	20.000	—
	012900002	钢板（综合）	kg	—	30.000	—
	012907002	镀锌钢板（综合）	kg	—	0.200	—
	010300001	钢丝（综合）	kg	—	0.050	—
	031507007	镀锌铁丝（综合）	kg	—	5.000	—
	013503002	紫铜板 δ0.05～0.3	kg	—	0.200	—
	140301001	汽油 89#	kg	—	8.000	—
	140303002	机油 5#～7#	kg	—	4.000	—
	130100001	喷漆	kg	—	4.000	—
	130117001	红丹漆	kg	—	0.050	—
	142127001	松香	kg	—	0.700	—
	130113004	酚醛磁漆 各色	kg	—	0.500	—
	130115007	酚醛调和漆 各色	kg	—	3.500	—

续前

编号				2-5-12	2-5-13	2-5-14
项目				进料系统设备	综合破碎机	出料系统设备
				槽式链板输送机 带宽 1400mm 输送长度 7500mm	15～20t	支架式皮带输送机 带宽 1200mm 输送长度 11800mm
名称			单位	消耗量		
材料	130505009	酚醛防锈漆 各色	kg	—	1.000	—
	143511011	醇酸漆稀释剂	kg	—	0.500	—
	140505001	铅油（厚漆）	kg	—	2.500	—
	133503012	密封胶	支	—	4.000	—
	020905002	塑料布	kg	—	0.500	—
	020101004	橡胶板 δ4～15	kg	—	1.200	—
	023503016	无石棉扭绳 ϕ4～5 烧失量 24%	kg	—	4.000	—
	020112004	无石棉橡胶板低压 δ0.8～6	kg	—	1.500	—
	022701003	棉纱头	kg	—	2.000	—
	022709006	羊毛毡 6～8	m^2	—	0.100	—
	272501001	青壳纸 δ0.1～1.0	张	—	0.500	—
	040927005	面粉	kg	—	0.500	—
	031541003	钢锯条	条	—	5.000	—
	270301002	保险丝 10A	轴	—	0.100	—
	050105001	道木（综合）	m^3	—	—	0.010
	133503022	熟胶	kg	—	—	4.120
	140509004	橡胶溶剂 120#	kg	—	—	17.360
	133503021	生胶	kg	—	—	2.840
机械	990304024	汽车式起重机 25t	台班	0.550	0.500	0.320
	990919030	电焊条烘干箱 60×50×75cm³	台班	0.250	0.229	0.208
	990901010	交流弧焊机 21kV·A	台班	2.500	—	2.080
	990401030	载重汽车 8t	台班	—	0.534	0.200
	990302025	履带式起重机 25t	台班	—	0.305	—
	990901020	交流弧焊机 32kV·A	台班	—	2.286	—
	991003050	电动空气压缩机 6m³/min	台班	—	0.381	—
	990305020	叉式起重机 5t	台班	—	—	1.040

四、煤计量设备安装

1. 汽 车 衡

工作内容：基础检查；设备就位、固定，配合校验等。 **计量单位：**台

编 号				2-5-15	2-5-16	2-5-17
项 目				汽车衡（t）		
				≤30	≤50	≤100
名 称			单位	消 耗 量		
人工	000203000	综合二类工	工日	11.609	14.289	18.756
材料	012300001	型钢（综合）	kg	8.500	9.000	15.000
	012903005	热轧中厚钢板 δ15 以外	kg	15.000	15.000	22.000
	031301009	低碳钢焊条 J427（综合）	kg	3.200	3.500	5.000
	143505004	清洗液 500mL	瓶	3.500	3.500	5.000
	142909001	氧气	m^3	2.400	2.400	3.600
	142907002	乙炔气	kg	0.923	0.923	1.385
	850103006	其他材料费（占材料费）	%	2.000	2.000	2.000
机械	990304024	汽车式起重机 25t	台班	0.952	0.952	—
	990403020	平板拖车组 20t	台班	0.476	0.476	0.476
	990901010	交流弧焊机 21kV · A	台班	0.802	0.877	1.253
	990919030	电焊条烘干箱 60 × 50 × 75cm³	台班	0.080	0.088	0.125
	990304040	汽车式起重机 50t	台班	—	—	1.143

2. 皮 带 秤

工作内容：设备开箱、检查；设备清扫、检查、固定、安装等。 **计量单位：**台

编号				2-5-18	2-5-19	2-5-20
项目				机械式	电子式	动态链码校验装置
名称			单位	消耗量		
人工	000203000	综合二类工	工日	20.333	15.062	8.932
材料	012900002	钢板（综合）	kg	3.000	2.000	—
	022701001	棉纱	kg	1.500	—	—
	022703003	白布	kg	2.000	1.500	1.000
	022709006	羊毛毡 6～8	m^2	0.050	—	—
	031102005	铁砂布 0#～2#	张	1.000	2.000	—
	031301007	低碳钢焊条（综合）	kg	2.000	1.000	—
	130115006	酚醛调和漆	kg	1.340	2.170	—
	130505007	酚醛防锈漆	kg	1.100	—	—
	140111001	松节油	kg	0.130	0.380	—
	140509002	溶剂汽油	kg	4.000	2.000	—
	143309002	黄甘油	kg	0.600	1.000	—
	140113002	黄油	kg	0.500	—	—
	142909001	氧气	m^3	6.000	3.000	8.690
	142907002	乙炔气	kg	2.308	1.154	3.342
	040927005	面粉	kg	1.000	—	—
	012300001	型钢（综合）	kg	—	—	3.000
	013503001	紫铜板（综合）	kg	—	—	1.000
	031301009	低碳钢焊条 J427（综合）	kg	—	—	4.780
	850103006	其他材料费（占材料费）	%	2.000	2.000	2.000
机械	990304024	汽车式起重机 25t	台班	0.220	0.200	0.140
	990401020	载重汽车 5t	台班	0.095	0.095	—
	990901020	交流弧焊机 32kV · A	台班	0.952	0.476	—
	990919030	电焊条烘干箱 60 × 50 × 75cm^3	台班	0.095	0.048	0.120
	990401035	载重汽车 10t	台班	—	—	0.143
	990901010	交流弧焊机 21kV · A	台班	—	—	1.198

五、胶带机安装

工作内容：设备开箱、检查；拆装、清扫、组合、安装等。 计量单位：套/10m

编号				2-5-21	2-5-22	2-5-23	2-5-24
项目				上料胶带机	配仓胶带机	上料胶带机	配仓胶带机
				带宽（mm）			
				≤650		≤800	
		名称	单位	消耗量			
人工	000203000	综合二类工	工日	42.472	39.959	63.425	44.754
材料	031507017	镀锌铁丝 ϕ2.5～4.0	kg	9.750	—	14.560	—
	012900002	钢板（综合）	kg	37.500	40.000	56.000	44.800
	012907002	镀锌钢板（综合）	kg	0.750	0.200	1.120	0.224
	013503001	紫铜板（综合）	kg	0.150	0.100	0.224	0.112
	020115003	耐油无石棉橡胶板 δ0.8	kg	0.225	0.200	0.336	0.224
	020901003	聚氯乙烯薄膜	m^2	0.750	—	1.120	—
	022701001	棉纱	kg	3.000	3.000	4.480	3.360
	022703003	白布	kg	1.764	1.176	2.634	1.317
	022709006	羊毛毡 6～8	m^2	0.098	0.020	0.146	0.022
	031102005	铁砂布 0#～2#	张	32.250	—	48.160	—
	031301007	低碳钢焊条（综合）	kg	15.750	4.500	23.520	5.040
	031509010	斜垫铁（综合）	kg	35.550	—	40.200	—
	130113005	酚醛磁漆	kg	0.375	0.500	0.560	0.560
	130115006	酚醛调和漆	kg	39.000	47.480	58.240	53.178
	130100003	手喷漆	kg	0.240	—	0.358	—
	140111001	松节油	kg	6.375	8.140	9.520	9.117
	143505003	金属清洗剂	kg	0.875	0.700	1.307	0.784
	140509002	溶剂汽油	kg	11.250	6.000	16.800	6.720

续前

编号				2-5-21	2-5-22	2-5-23	2-5-24
项目				上料胶带机	配仓胶带机	上料胶带机	配仓胶带机
				带宽（mm）			
				≤ 650		≤ 800	
名称			单位	消耗量			
材料	140303001	机油（综合）	kg	36.000	6.400	53.760	7.168
	143309002	黄甘油	kg	4.125	2.000	6.160	2.240
	133503021	生胶	kg	1.125	1.500	1.680	1.680
	143337001	天那水	kg	0.203	—	0.302	—
	142909001	氧气	m^3	26.250	5.000	39.200	5.600
	142907002	乙炔气	kg	10.096	1.923	15.077	2.154
	133503014	密封胶	kg	2.250	3.000	3.360	3.360
	023503017	无石棉扭绳 ϕ6～10 烧失量 24%	kg	0.750	—	1.120	—
	272501002	青壳纸 δ0.1～1.0	kg	0.375	0.500	0.560	0.560
	040927005	面粉	kg	0.750	—	1.120	—
	340502001	描图纸	m^2	0.375	—	0.560	—
	273101001	电炉丝 220V 2000W	条	—	2.000	—	2.240
	850103006	其他材料费（占材料费）	%	2.000	2.000	2.000	2.000
机械	990302025	履带式起重机 25t	台班	0.427	0.427	0.650	0.480
	990401030	载重汽车 8t	台班	0.215	0.286	0.320	0.320
	990503020	电动单筒慢速卷扬机 30kN	台班	1.136	1.238	1.696	1.387
	990901020	交流弧焊机 32kV · A	台班	4.500	1.429	6.720	1.600
	990919030	电焊条烘干箱 60 × 50 × 75cm^3	台班	0.450	0.143	0.672	0.160
	991003050	电动空气压缩机 6m^3/min	台班	—	0.010	—	0.011

工作内容：设备开箱、检查；拆装、清扫、组合、安装等。　　**计量单位：**套/10m

编号				2-5-25	2-5-26	2-5-27	2-5-28
项目				上料胶带机	配仓胶带机	上料胶带机	配仓胶带机
				带宽（mm）			
				≤1200		≤1400	
		名称	单位	消耗量			
人工	000203000	综合二类工	工日	83.878	64.445	96.459	77.335
材料	031507017	镀锌铁丝 $\phi2.5\sim4.0$	kg	19.256	—	22.144	—
	012900002	钢板（综合）	kg	74.060	64.512	85.169	77.414
	012907002	镀锌钢板（综合）	kg	1.481	0.323	1.703	0.388
	013503001	紫铜板（综合）	kg	0.296	0.161	0.340	0.193
	020115003	耐油无石棉橡胶板 $\delta0.8$	kg	0.444	0.323	0.511	0.388
	020901003	聚氯乙烯薄膜	m^2	1.481	—	1.703	—
	022701001	棉纱	kg	5.925	4.838	6.814	5.806
	022703003	白布	kg	3.483	1.896	4.005	2.275
	022709006	羊毛毡 6～8	m^2	0.193	0.032	0.222	0.038
	031102005	铁砂布 $0^{\#}\sim2^{\#}$	张	63.692	—	73.246	—
	031301007	低碳钢焊条（综合）	kg	31.105	7.258	35.771	8.710
	031509010	斜垫铁（综合）	kg	52.800	—	62.203	—
	130113005	酚醛磁漆	kg	0.741	0.806	0.852	0.967
	130115006	酚醛调和漆	kg	77.022	76.576	88.575	91.891
	130100003	手喷漆	kg	0.473	—	0.544	—
	140111001	松节油	kg	12.590	13.128	14.479	15.754
	143505003	金属清洗剂	kg	1.729	1.129	1.988	1.355
	140509002	溶剂汽油	kg	22.218	9.677	25.551	11.612
	140303001	机油（综合）	kg	71.098	10.322	81.763	12.386
	143309002	黄甘油	kg	8.147	3.226	9.369	3.871
	133503021	生胶	kg	2.222	2.419	2.555	2.903
	143337001	天那水	kg	0.399	—	0.459	—
	142909001	氧气	m^3	51.842	8.064	59.618	9.677
	142907002	乙炔气	kg	19.939	3.102	22.930	3.722
	133503014	密封胶	kg	4.444	4.838	5.111	5.806
	023503017	无石棉扭绳 $\phi6\sim10$ 烧失量24%	kg	1.481	—	1.703	—
	272501002	青壳纸 $\delta0.1\sim1.0$	kg	0.741	0.806	0.852	0.967
	040927005	面粉	kg	1.481	—	1.703	—
	340502001	描图纸	m^2	0.741	—	0.852	—
	273101001	电炉丝 220V 2000W	条	—	3.226	—	3.871
	850103006	其他材料费（占材料费）	%	2.000	2.000	2.000	2.000
机械	990302025	履带式起重机 25t	台班	0.847	0.691	0.975	0.825
	990401030	载重汽车 8t	台班	0.423	0.461	0.486	0.553
	990503020	电动单筒慢速卷扬机 30kN	台班	2.243	1.997	2.579	2.396
	990901020	交流弧焊机 32kV·A	台班	8.887	2.304	10.220	2.765
	990919030	电焊条烘干箱 $60\times50\times75cm^3$	台班	0.889	0.230	1.022	0.277
	991003050	电动空气压缩机 $6m^3/min$	台班	—	0.016	—	0.019

工作内容：设备开箱、检查；拆装、清扫、组合、安装等。 **计量单位**：节/12m

编号				2-5-29	2-5-30	2-5-31	2-5-32
项目				胶带机中间构架			
				带宽（mm）			
				≤ 650mm	≤ 800mm	≤ 1200	≤ 1400
名称			单位	消耗量			
人工	000203000	综合二类工	工日	7.932	9.013	11.897	13.700
材料	012900002	钢板（综合）	kg	7.333	8.333	11.000	12.666
	022701001	棉纱	kg	0.733	0.833	1.100	1.266
	031301007	低碳钢焊条（综合）	kg	1.467	1.667	2.200	2.534
	130113005	酚醛磁漆	kg	0.147	0.167	0.220	0.254
	130115006	酚醛调和漆	kg	8.507	9.667	12.760	14.694
	140111001	松节油	kg	1.467	1.667	2.200	2.534
	143505003	金属清洗剂	kg	0.172	0.195	0.257	0.296
	140509002	溶剂汽油	kg	1.833	2.083	2.750	3.166
	143309002	黄甘油	kg	1.100	1.250	1.650	1.900
	133503021	生胶	kg	0.293	0.333	0.440	0.506
	142909001	氧气	m^3	2.200	2.500	3.300	3.800
	142907002	乙炔气	kg	0.846	0.962	1.269	1.462
	850103006	其他材料费（占材料费）	%	2.000	2.000	2.000	2.000
机械	990304004	汽车式起重机 8t	台班	0.161	0.183	0.242	0.278
	990401030	载重汽车 8t	台班	0.091	0.103	0.136	0.157
	990503020	电动单筒慢速卷扬机 30kN	台班	0.126	0.143	0.189	0.217
	990901020	交流弧焊机 32kV · A	台班	0.698	0.793	1.047	1.205
	990919030	电焊条烘干箱 $60 \times 50 \times 75cm^3$	台班	0.070	0.079	0.105	0.121

工作内容：设备开箱、检查；拆装、清扫、组合、安装等。 **计量单位：**台

编号				2-5-33	2-5-34	2-5-35	2-5-36
项目				胶带机伸缩装置			
				带宽（mm）			
				≤650mm	≤800mm	≤1200	≤1400
名称			单位	消耗量			
人工	000203000	综合二类工	工日	27.509	31.260	41.263	47.516
材料	012300001	型钢（综合）	kg	7.480	8.500	11.220	12.920
	022701003	棉纱头	kg	3.960	4.500	5.940	6.840
	031301009	低碳钢焊条 J427（综合）	kg	2.605	2.960	3.907	4.499
	133503013	密封胶	L	0.308	0.350	0.462	0.532
	140901003	黄油钙基脂	kg	2.420	2.750	3.630	4.180
	143505004	清洗液 500mL	瓶	3.080	3.500	4.620	5.320
	142909001	氧气	m^3	3.388	3.850	5.082	5.852
	142907002	乙炔气	kg	1.303	1.481	1.955	2.251
	850103006	其他材料费（占材料费）	%	2.000	2.000	2.000	2.000
机械	990304024	汽车式起重机 25t	台班	0.335	0.381	0.503	0.579
	990401035	载重汽车 10t	台班	0.268	0.305	0.403	0.464
	990503020	电动单筒慢速卷扬机 30kN	台班	0.838	0.952	1.257	1.447
	990901010	交流弧焊机 21kV·A	台班	0.653	0.742	0.979	1.128
	990919030	电焊条烘干箱 $60 \times 50 \times 75cm^3$	台班	0.065	0.074	0.098	0.113

工作内容：设备开箱、检查；拆装、清扫、组合、安装等。 计量单位：台

编号				2-5-37	2-5-38	2-5-39	2-5-40
项目				电动卸料车			
				带宽（mm）			
				≤650mm	≤800mm	≤1200	≤1400
名称			单位	消耗量			
人工	000203000	综合二类工	工日	20.767	23.600	31.150	35.871
材料	012900002	钢板（综合）	kg	5.280	6.000	7.920	9.120
	012907002	镀锌钢板（综合）	kg	0.616	0.700	0.924	1.064
	013503001	紫铜板（综合）	kg	0.088	0.100	0.132	0.152
	020901003	聚氯乙烯薄膜	m^2	0.132	0.150	0.198	0.228
	022701001	棉纱	kg	1.760	2.000	2.640	3.040
	022703003	白布	kg	0.880	1.000	1.320	1.520
	022709006	羊毛毡 6～8	m^2	0.088	0.100	0.132	0.152
	031301007	低碳钢焊条（综合）	kg	0.880	1.000	1.320	1.520
	130115006	酚醛调和漆	kg	5.060	5.750	7.590	8.740
	130100003	手喷漆	kg	0.088	0.100	0.132	0.152
	140111001	松节油	kg	0.475	0.540	0.713	0.821
	140509002	溶剂汽油	kg	8.800	10.000	13.200	15.200
	140303001	机油（综合）	kg	9.680	11.000	14.520	16.720
	143309002	黄甘油	kg	2.640	3.000	3.960	4.560
	142909001	氧气	m^3	2.640	3.000	3.960	4.560
	142907002	乙炔气	kg	1.015	1.154	1.523	1.754
	133503014	密封胶	kg	1.760	2.000	2.640	3.040
	023503010	无石棉绳 ϕ6～10 烧失量 24%	kg	0.704	0.800	1.056	1.216
	270301001	保险丝 5A	轴	0.264	0.300	0.396	0.456
	272501002	青壳纸 δ0.1～1.0	kg	0.440	0.500	0.660	0.760
	040927005	面粉	kg	0.880	1.000	1.320	1.520
	850103006	其他材料费（占材料费）	%	2.000	2.000	2.000	2.000
机械	990302025	履带式起重机 25t	台班	0.335	0.381	0.503	0.579
	990304004	汽车式起重机 8t	台班	0.042	0.048	0.063	0.073
	990401030	载重汽车 8t	台班	0.838	0.952	1.257	1.447
	990503020	电动单筒慢速卷扬机 30kN	台班	1.089	1.238	1.634	1.882
	990901020	交流弧焊机 32kV·A	台班	0.419	0.476	0.628	0.724
	990919030	电焊条烘干箱 60×50×75cm^3	台班	0.042	0.048	0.063	0.072

工作内容：设备开箱、检查；拆装、清扫、组合、安装等。 **计量单位：**见表

编号				2-5-41	2-5-42	2-5-43	2-5-44	2-5-45
项目				犁式卸煤器				落煤装置（煤导流装置）
				带宽（mm）				
				≤ 650mm	≤ 800mm	≤ 1200	≤ 1400	
单位				台				t
名称			单位	消耗量				
人工	000203000	综合二类工	工日	2.927	3.325	4.388	5.054	12.127
材料	012300001	型钢（综合）	kg	3.520	4.000	5.280	6.080	—
	022701001	棉纱	kg	0.440	0.500	0.660	0.760	—
	022703003	白布	kg	1.056	1.200	1.584	1.824	—
	031102005	铁砂布 0#～2#	张	1.760	2.000	2.640	3.040	—
	031301007	低碳钢焊条（综合）	kg	1.760	2.000	2.640	3.040	5.000
	130115006	酚醛调和漆	kg	0.387	0.440	0.581	0.669	4.400
	143505003	金属清洗剂	kg	0.205	0.233	0.308	0.354	—
	143309002	黄甘油	kg	0.440	0.500	0.660	0.760	—
	142909001	氧气	m^3	5.280	6.000	7.920	9.120	12.000
	142907002	乙炔气	kg	2.031	2.308	3.046	3.508	4.615
	031507017	镀锌铁丝 ϕ2.5～4.0	kg	—	—	—	—	3.000
	012900002	钢板（综合）	kg	—	—	—	—	30.000
	140111001	松节油	kg	—	—	—	—	0.750
	850103006	其他材料费（占材料费）	%	2.000	2.000	2.000	2.000	2.000
机械	990304004	汽车式起重机 8t	台班	—	—	—	—	0.171
	990401020	载重汽车 5t	台班	—	—	—	—	0.095
	990503020	电动单筒慢速卷扬机 30kN	台班	0.167	0.190	0.251	0.289	—
	990901020	交流弧焊机 32kV · A	台班	0.838	0.952	1.257	1.447	2.381
	990919030	电焊条烘干箱 60 × 50 × 75cm³	台班	0.084	0.095	0.126	0.145	0.238

六、输煤附属设备安装

工作内容：设备检查；就位、调整、安装等。 **计量单位：**台

编号				2-5-46	2-5-47	2-5-48	2-5-49
项目				机械采样装置	电磁除铁器	除木器	储气罐空气炮
名称			单位	消耗量			
人工	000203000	综合二类工	工日	19.134	10.730	20.162	1.787
材料	012300001	型钢（综合）	kg	8.640	3.000	4.640	—
	012900002	钢板（综合）	kg	21.000	—	15.000	—
	022701001	棉纱	kg	2.000	—	2.430	—
	031102005	铁砂布 $0^{\#}\sim2^{\#}$	张	10.000	3.000	4.000	—
	031301007	低碳钢焊条（综合）	kg	6.880	2.000	1.700	—
	130115006	酚醛调和漆	kg	4.000	0.610	1.700	—
	143505003	金属清洗剂	kg	0.840	—	0.905	—
	140509006	油漆溶剂油	kg	0.300	—	0.290	—
	143309002	黄甘油	kg	1.260	0.300	2.910	—
	142909001	氧气	m^3	19.840	6.000	4.640	0.176
	142907002	乙炔气	kg	7.631	2.308	1.785	0.068
	031507017	镀锌铁丝 $\phi2.5\sim4.0$	kg	—	2.000	—	—
	022703003	白布	kg	—	1.200	—	—
	140111001	松节油	kg	—	0.460	—	—
	140509002	溶剂汽油	kg	—	2.000	—	—
	013503001	紫铜板（综合）	kg	—	—	0.100	—
	031509010	斜垫铁（综合）	kg	—	—	16.600	—
	023503009	无石棉绳（综合）	kg	—	—	0.900	—
	020112004	无石棉橡胶板低压 $\delta0.8\sim6$	kg	—	—	—	0.330
	022701003	棉纱头	kg	—	—	—	0.022
	031301009	低碳钢焊条 J427（综合）	kg	—	—	—	0.187
	850103006	其他材料费（占材料费）	%	2.000	2.000	2.000	2.000
机械	990304024	汽车式起重机 25t	台班	0.076	0.476	0.381	0.095
	990401030	载重汽车 8t	台班	0.038	—	0.476	—
	990901020	交流弧焊机 32kV·A	台班	4.067	0.952	0.905	—
	990919030	电焊条烘干箱 $60\times50\times75cm^3$	台班	0.407	0.095	0.091	0.005
	990401020	载重汽车 5t	台班	—	0.476	—	—
	990901010	交流弧焊机 21kV·A	台班	—	—	—	0.051

七、生物质锅炉燃料输送设备安装

工作内容：基础检查；设备开箱、检查；设备清扫、检查、安装等。　　　　**计量单位：**台

编号				2-5-50	2-5-51	2-5-52	2-5-53
项目				生物质散料给料机		双螺旋炉前给料机	
				多轴螺旋输送		输送量：	
				输送量：280m³/h	输送量：500m³/h	27t/h	50t/h
名称			单位	消耗量			
人工	000203000	综合二类工	工日	43.890	52.668	63.573	82.644
材料	031509010	斜垫铁（综合）	kg	24.400	28.200	7.394	9.612
	012300001	型钢（综合）	kg	28.000	33.600	18.486	24.032
	012900002	钢板（综合）	kg	22.000	26.400	—	—
	012907002	镀锌钢板（综合）	kg	0.750	0.900	—	—
	013503002	紫铜板 δ0.05～0.3	kg	0.220	0.264	—	—
	031301009	低碳钢焊条 J427（综合）	kg	6.000	7.200	—	—
	142909001	氧气	m³	7.000	8.400	7.394	9.612
	142907002	乙炔气	kg	2.692	3.231	2.844	3.697
	140901003	黄油钙基脂	kg	0.800	0.960	6.471	8.412
	140307001	煤油	kg	5.000	6.000	—	—
	140301001	汽油 89#	kg	10.000	12.000	—	—
	140303002	机油 5#～7#	kg	31.200	37.440	—	—
	130100001	喷漆	kg	0.100	0.120	—	—
	130113004	酚醛磁漆 各色	kg	0.500	0.600	—	—
	130115007	酚醛调和漆 各色	kg	2.600	3.120	—	—
	140505001	铅油（厚漆）	kg	0.500	0.600	—	—

续前

编号				2-5-50	2-5-51	2-5-52	2-5-53
项目				生物质散料给料机		双螺旋炉前给料机	
				多轴螺旋输送		输送量：	
				输送量：280m³/h	输送量：500m³/h	27t/h	50t/h
名称			单位	消耗量			
材料	133503012	密封胶	支	6.000	7.200	—	—
	020905002	塑料布	kg	1.000	1.200	—	—
	203501007	绝缘垫 δ2	m²	0.200	0.240	—	—
	023503016	无石棉扭绳 ϕ4～5 烧失量24%	kg	0.500	0.600	—	—
	022709006	羊毛毡 6～8	m²	0.100	0.120	—	—
	092705004	碎布	kg	2.000	2.400	—	—
	031102005	铁砂布 0#～2#	张	6.000	7.200	—	—
	012903005	热轧中厚钢板 δ15 以外	kg	—	—	7.394	9.612
	010501001	钢丝绳 ϕ14.1～15	kg	—	—	11.092	14.420
	031301021	钢焊条 J507（综合）	kg	—	—	12.017	15.622
	143505004	清洗液 500mL	瓶	—	—	5.546	7.210
	092705002	纱布	张	—	—	14.789	19.226
	022701003	棉纱头	kg	—	—	1.849	2.404
	850103006	其他材料费（占材料费）	%	2.000	2.000	2.000	2.000
机械	990304024	汽车式起重机 25t	台班	2.000	2.400	—	—
	990901020	交流弧焊机 32kV · A	台班	2.000	2.400	1.565	2.035
	990919030	电焊条烘干箱 60 × 50 × 75cm³	台班	0.200	0.240	0.157	0.204
	991003050	电动空气压缩机 6m³/min	台班	0.100	0.120	—	—
	990302040	履带式起重机 50t	台班	—	—	0.782	1.017
	990401035	载重汽车 10t	台班	—	—	0.782	1.017

八、卸油装置及油罐安装

工作内容：基础检查；设备检查、安装等。 **计量单位：**台

编号				2-5-54	2-5-55
项目				鹤式卸油装置	油罐容积 ≤ $40m^3$
名称			单位	消耗量	
人工	000203000	综合二类工	工日	10.610	21.062
材料	012901006	热轧薄钢板 δ1.0～1.5	kg	4.400	—
	031301009	低碳钢焊条 J427（综合）	kg	3.278	—
	020115004	耐油无石棉橡胶板 δ1	kg	0.550	—
	140901003	黄油钙基脂	kg	0.550	—
	143505004	清洗液 500mL	瓶	0.099	—
	142909001	氧气	m^3	2.860	18.000
	142907002	乙炔气	kg	1.100	6.923
	350303001	脚手架钢管	kg	7.480	—
	350319001	木脚手板	m^3	0.110	—
	022701003	棉纱头	kg	0.330	—
	012900002	钢板（综合）	kg	—	15.000
	020112004	无石棉橡胶板低压 δ0.8～6	kg	—	5.000
	031102005	铁砂布 0#～2#	张	—	9.000
	031301007	低碳钢焊条（综合）	kg	—	10.000
	031507017	镀锌铁丝 φ2.5～4.0	kg	—	10.000
	031541003	钢锯条	条	—	3.000
	340203003	四氟带	kg	—	0.010
	130115006	酚醛调和漆	kg	—	20.600
	140111001	松节油	kg	—	1.650
	022703003	白布	kg	—	0.120
	341101001	水	m^3	—	90.000
	850103006	其他材料费（占材料费）	%	2.000	2.000
机械	990304024	汽车式起重机 25t	台班	0.180	0.800
	990901010	交流弧焊机 21kV · A	台班	0.822	—
	990919030	电焊条烘干箱 60 × 50 × 75cm^3	台班	0.082	0.286
	990403010	平板拖车组 10t	台班	—	0.286
	990901020	交流弧焊机 32kV · A	台班	—	2.857

九、油过滤器安装

工作内容：设备检查、组装、就位、安装等。 **计量单位：**台

编号				2-5-56	2-5-57
项目				出力（t/h）	
				≤5	≤10
名称			单位	消耗量	
人工	000203000	综合二类工	工日	3.975	5.431
材料	012300001	型钢（综合）	kg	1.000	1.000
	031507017	镀锌铁丝 ϕ2.5～4.0	kg	0.500	0.700
	012900002	钢板（综合）	kg	0.500	0.500
	040915003	黑铅粉	kg	0.050	0.070
	020117002	耐酸橡胶板 δ2	kg	0.100	0.150
	022703003	白布	kg	0.100	0.100
	031102005	铁砂布 0#～2#	张	1.000	1.000
	031301007	低碳钢焊条（综合）	kg	0.400	0.600
	031509010	斜垫铁（综合）	kg	6.400	6.400
	130115006	酚醛调和漆	kg	0.200	0.300
	140303001	机油（综合）	kg	0.150	0.200
	142909001	氧气	m^3	0.300	0.450
	142907002	乙炔气	kg	0.115	0.173
	850103006	其他材料费（占材料费）	%	2.000	2.000
机械	990901020	交流弧焊机 32kV·A	台班	0.381	0.476
	990919030	电焊条烘干箱 60×50×75cm^3	台班	0.038	0.048

十、油水分离装置安装

工作内容：基础检查；设备检查、安装等。　　　　**计量单位：**台

编号				2-5-58	2-5-59	2-5-60	2-5-61
项目				出力（m^3/h）			
				≤2	≤3	≤5	≤8
名称			单位	消耗量			
人工	000203000	综合二类工	工日	14.909	17.395	22.365	26.093
材料	012300001	型钢（综合）	kg	2.500	2.700	3.000	3.500
	012903004	热轧中厚钢板 δ15 以内	kg	3.100	3.900	4.700	6.300
	022701003	棉纱头	kg	2.200	2.500	3.000	3.200
	031301009	低碳钢焊条 J427（综合）	kg	1.500	1.800	2.000	2.800
	142909001	氧气	m^3	0.600	0.900	1.200	1.800
	142907002	乙炔气	kg	0.231	0.346	0.462	0.692
	850103006	其他材料费（占材料费）	%	2.000	2.000	2.000	2.000
机械	990305010	叉式起重机 3t	台班	0.500	0.600	0.600	0.800
	990901010	交流弧焊机 21kV·A	台班	0.583	0.612	0.641	0.670
	990919030	电焊条烘干箱 60 × 50 × 75cm^3	台班	0.058	0.061	0.064	0.067

第六章

除渣、除灰设备安装工程

说　　明

一、本章内容包括机械除渣设备、气力除灰设备等安装工程。

二、相关说明：

1. 设备安装定额中包括电动机安装、随设备供货的金属构件（如：支吊架、平台、梯子、栏杆、基础框架、地脚螺栓等）安装、设备安装后补漆、配合灌浆、就地一次仪表安装、设备水位计（表）及护罩安装。就地一次仪表的表计、表管、玻璃管、阀门等均按照设备成套供货考虑。

不包括下列工作内容，工程实际发生时，执行相应定额。

（1）电动机的检查、接线及空载试转。

（2）支吊架、平台、扶梯、栏杆、基础框架及地脚螺栓、电动机吸风筒等金属结构配制、组合、安装与油漆及主材费。

（3）设备保温、油漆、衬里。

（4）灌浆。

2. 机械除渣设备安装包括除渣机、冷渣机、带式排渣机、碎渣机、斗式提升机、渣仓、渣井等安装。

（1）除渣机及冷渣机安装定额包括设备本体、冷渣器、减速机、电动机、内置式碎渣机及其附件安装。

（2）带式排渣机安装定额包括机体、冷渣器、减速机、内置式碎渣机、电动机及附件安装。

（3）碎渣机安装定额包括设备本体、减速机、电动机、水灰箱、金属分离器及其附件安装。

（4）斗式提升机安装定额包括壳体、牵引件（输送链）、料斗、驱动轮（头轮）、改向轮（尾轮）、拉紧装置、导向装置、加料口（入料口）和卸料口（出料口）及附件安装。定额综合考虑了环链、板链和皮带三种结构安装方式，执行定额时不因提升重量和结构形式而调整。

（5）刮板捞渣机、带式排渣机安装定额根据出力按照基准长度进行编制，工程实际安装长度（斜长）> 基准长度时，长度每增加 10m 计算一个增加段，长度增加 < 10m 时亦计算一个增加段，执行增加段的相应项目。

（6）渣仓、渣井安装定额包括本体及附件安装。定额不包括渣仓、渣井配制。

3. 气力除灰设备安装包括负压风机、灰斗气化风机、布袋收尘器、袋式排气过滤器、加热器、仓泵、灰斗、加湿搅拌器、干灰散装机、空气斜槽、电动灰斗门、锁气器等安装。

（1）负压风机、灰斗气化风机安装定额包括本体及附件、管道、润滑装置、空气干燥器等清洗、安装，防护罩安装以及配套电动机安装。

（2）布袋收尘器、排气过滤器安装定额包括设备清理、布袋套装、空气联箱及附属阀门的安装，本体组合及安装。

（3）加热器安装定额包括本体清扫、整体安装。

（4）仓泵安装定额包括本体清扫、气密试验、本体阀门与自动料位指示器安装、饲料机清理与安装。

（5）灰斗安装定额包括灰斗清理、安装、密封试验。

（6）加湿搅拌机安装定额包括减速机、钢轨及齿条、传动架、槽、中心筒、大耙、小耙、副耙等的清理与安装。

（7）干灰散装机安装定额包括手动棒阀、电动扇形阀、卷扬装置、伸缩卸料装置、收尘软管等安装。

（8）空气斜槽安装定额包括槽体、弯槽、端盖板、出料溜槽、进料溜槽、通槽及载气阀安装及调整。定额不包括鼓风机安装。

（9）电动灰斗门安装定额包括各类门清扫与安装、电动机安装。

（10）电动锁气器安装定额包括本体清扫、气密试验、安装及电动机安装。

4. 补充项目包括水力喷射器、箱式冲灰器、砾石过滤器、灰渣沟插板门、浓缩机、浓缩机钢池、脱水仓、渣缓冲罐等安装。

（1）水力喷射器安装定额包括喷射器清理、安装、试射。

（2）箱式冲灰器安装定额包括箱体清扫、安装。

（3）砾石过滤器安装定额包括支架组装、罐体及附件安装、砾石装填。

（4）灰渣沟插板门安装定额包括门本体、滑道及附件安装。

（5）浓缩池安装定额包括搅拌装置、耙架、传动装置、耙架提升装置、给料装置、卸料装置和附件安装。不包括浓缩机钢池及附件安装。

（6）浓缩机钢池安装定额包括钢池及附件安装，定额不包括混凝土浓缩池浇制。定额综合了不同规格、不同结构的钢池，执行定额时不做调整。

（7）脱水仓安装定额包括脱水仓本体、管道及附件安装。

（8）渣缓冲罐安装定额包括渣罐清扫、安装、渗漏检查。

工程量计算规则

一、马丁式除渣机、螺旋输渣机、刮板捞渣机、带式排渣机、碎渣机、冷渣机安装根据工艺系统设计流程及设备出力，按照设计安装数量以“台”为计量单位。

二、刮板捞渣机、带式排渣机调整增加工程量分别以“段/10m”为计量单位。

三、斗式提升机安装根据工艺系统设计流程及提升高度，按照设计安装数量以“台”为计量单位。

四、渣仓安装根据设计布置及图示尺寸，按照成品重量以“t”为计量单位。不计算下料及加工制作损耗量。

五、渣井安装根据设计布置，按照设计安装数量以“座”为计量单位。

六、水力喷射器、箱式冲灰器安装根据工艺系统设计流程及设备出力，按照设计安装数量以“台”为计量单位。

七、砾石过滤器、灰渣沟插板门、浓缩机安装根据工艺系统设计流程及设备流量直径或操作直径，按照设计安装数量以“台”为计量单位。

八、浓缩机钢池安装定额包括下列内容，按照成品重量以“t”为计量单位。计算时包括附件重量。

1. 浓缩池（机）钢支架的组合、找正。

2. 浓缩机钢池分片组合、吊装、找正、焊接。

九、脱水仓安装根据设计布置及图示尺寸，按照成品重量以“t”为计量单位。计算时包括附件重量。

十、渣缓冲罐安装根据工艺系统设计流程及设备出力，按照设计安装数量以“台”为计量单位。

十一、负压风机、灰斗气化风机安装根据工艺系统设计流程及配套电动机功率，按照设计安装数量以“台”为计量单位。

十二、布袋收尘器、排气过滤器、加热器、仓泵、加湿搅拌器、干灰散装机、电动锁气器安装根据工艺系统设计流程及设备出力，按照设计安装数量以“台”为计量单位。

十三、气化板、灰斗、空气斜槽、闸板门、电动三通门安装根据工艺系统设计流程及设备规格，按照设计安装数量以“台、件、个、支”为计量单位。

一、机械除渣设备安装

1. 除　渣　机

工作内容： 基础检查、铲平，垫铁配制及安装；开箱、搬运、检查、安装等。　　**计量单位：** 台

编　号				2-6-1	2-6-2	2-6-3	2-6-4	2-6-5
项　目				马丁式除渣机		螺旋输渣机		
				出力（t/h）				
				≤6	≤10	≤6	≤10	≤20
		名　称	单位	消　耗　量				
人工	000203000	综合二类工	工日	23.019	31.970	17.611	27.094	33.850
材料	012300001	型钢（综合）	kg	21.070	29.264	16.120	24.800	29.600
	012901001	热轧薄钢板（综合）	kg	27.187	37.760	20.800	32.000	40.000
	012907002	镀锌钢板（综合）	kg	1.020	1.416	0.780	1.200	1.500
	013503001	紫铜板（综合）	kg	0.255	0.354	0.195	0.300	0.400
	020901004	聚氯乙烯薄膜	kg	2.039	2.832	1.560	2.400	3.000
	022701001	棉纱	kg	5.098	7.080	3.900	6.000	7.400
	022709006	羊毛毡 6～8	m^2	0.059	0.083	0.046	0.070	0.100
	031102005	铁砂布 0#～2#	张	5.098	7.080	3.900	6.000	7.000
	031301007	低碳钢焊条（综合）	kg	1.079	1.499	0.826	1.270	1.700
	130115006	酚醛调和漆	kg	3.908	5.428	2.990	4.600	5.850
	130505002	防锈漆 C53-1	kg	0.680	0.944	0.520	0.800	1.000
	130100003	手喷漆	kg	0.034	0.047	0.026	0.040	0.060
	143505003	金属清洗剂	kg	2.478	3.442	1.896	2.917	3.500
	140509006	油漆溶剂油	kg	0.297	0.413	0.228	0.350	0.470
	140303001	机油（综合）	kg	43.330	60.180	33.150	51.000	60.000
	140505001	铅油（厚漆）	kg	1.869	2.596	1.430	2.200	3.000
	143309002	黄甘油	kg	2.719	3.776	2.080	3.200	4.000
	142301001	红丹粉	kg	0.170	0.236	0.130	0.200	0.300
	143511001	稀释剂	kg	0.034	0.047	0.026	0.040	0.050
	142909001	氧气	m^3	6.797	9.440	5.200	8.000	9.600
	142907002	乙炔气	kg	2.614	3.631	2.000	3.077	3.692
	133503014	密封胶	kg	1.274	1.770	0.975	1.500	2.000
	023503008	无石棉纸	kg	5.437	7.552	4.160	6.400	8.000
	272501002	青壳纸 δ0.1～1.0	kg	0.255	0.354	0.195	0.300	0.400
	341101001	水	m^3	5.098	7.080	3.900	6.000	7.200
	850103006	其他材料费（占材料费）	%	2.000	2.000	2.000	2.000	2.000
机械	990304016	汽车式起重机 16t	台班	0.202	0.281	0.155	0.238	0.286
	990401035	载重汽车 10t	台班	0.202	0.281	0.155	0.238	0.286
	990503020	电动单筒慢速卷扬机 30kN	台班	0.712	0.989	0.545	0.838	0.952
	990901020	交流弧焊机 32kV·A	台班	0.655	0.910	0.501	0.771	0.905
	991003020	电动空气压缩机 0.6m^3/min	台班	0.073	0.101	0.056	0.086	0.095
	990919030	电焊条烘干箱 60×50×75cm^3	台班	0.066	0.091	0.050	0.077	0.091

2. 冷 渣 机

工作内容：基础检查验收、铲平、垫铁配制及安装，开箱、搬运、检查、安装。 **计量单位：**台

编号				2-6-6	2-6-7	2-6-8	2-6-9	2-6-10
项目				出力（t/h）				
				≤ 5	≤ 7	≤ 10	≤ 15	≤ 20
名称			单位	消耗量				
人工	000203000	综合二类工	工日	24.453	34.833	44.888	52.608	68.495
材料	012900002	钢板（综合）	kg	1.426	1.945	2.500	2.728	2.976
	031509005	垫铁	kg	42.656	58.194	74.800	81.607	89.033
	050109006	枕木 2500mm × 250mm × 200mm	根	0.456	0.622	0.800	0.873	0.952
	140113001	黄干油	kg	1.141	1.556	2.000	2.182	2.381
	140303001	机油（综合）	kg	2.281	3.112	4.000	4.364	4.761
	140307001	煤油	kg	11.405	15.560	20.000	21.820	23.806
	142909001	氧气	m^3	1.711	2.334	3.000	3.273	3.571
	142907002	乙炔气	kg	0.658	0.898	1.154	1.259	1.373
	020115006	耐油无石棉橡胶板中压	kg	1.426	1.945	2.500	2.728	2.976
	031507007	镀锌铁丝（综合）	kg	2.851	3.890	5.000	5.455	5.951
	031301009	低碳钢焊条 J427（综合）	kg	2.281	3.112	4.000	4.364	4.761
	850103006	其他材料费（占材料费）	%	2.000	2.000	2.000	2.000	2.000
机械	990305020	叉式起重机 5t	台班	0.500	—	—	—	—
	990919040	电焊条烘干箱 80 × 80 × 100cm^3	台班	—	—	0.160	—	—
	990904030	直流弧焊机 20kV · A	台班	0.500	0.750	1.000	1.250	1.500
	990304024	汽车式起重机 25t	台班	—	0.500	0.750	1.000	1.000
	990401035	载重汽车 10t	台班	—	0.500	0.750	1.000	1.250
	990403020	平板拖车组 20t	台班	—	—	—	0.500	0.500
	990919030	电焊条烘干箱 60 × 50 × 75cm^3	台班	0.050	0.075	0.100	0.125	0.150

3. 刮板捞渣机

工作内容：基础检查、铲平，垫铁配制及安装；开箱、搬运、检查、安装。 **计量单位：**见表

编号				2-6-11	2-6-12	2-6-13	2-6-14
项目				出力（t/h）			
				⩽6	⩽10	⩽20	输送长度
				输送长度			每增加 10m
				⩽15m	⩽20m	⩽30m	
单位				台			段
名称			单位	消耗量			
人工	000203000	综合二类工	工日	21.133	32.512	40.619	9.379
材料	012300001	型钢（综合）	kg	19.344	29.760	35.520	6.140
	012901001	热轧薄钢板（综合）	kg	24.960	38.400	48.000	—
	012907002	镀锌钢板（综合）	kg	0.936	1.440	1.800	—
	013503001	紫铜板（综合）	kg	0.234	0.360	0.480	0.040
	020901004	聚氯乙烯薄膜	kg	1.872	2.880	3.600	—
	022701001	棉纱	kg	4.680	7.200	8.880	0.802
	022709006	羊毛毡 6～8	m^2	0.055	0.084	0.120	—
	031102005	铁砂布 $0^{\#}$～$2^{\#}$	张	4.680	7.200	8.400	—
	031301007	低碳钢焊条（综合）	kg	0.991	1.524	2.040	—
	130115006	酚醛调和漆	kg	3.588	5.520	7.020	—
	130505002	防锈漆 C53-1	kg	0.624	0.960	1.200	—
	130100003	手喷漆	kg	0.031	0.048	0.072	—
	143505003	金属清洗剂	kg	2.275	3.500	4.200	—
	140509006	油漆溶剂油	kg	0.273	0.420	0.564	—
	140303001	机油（综合）	kg	39.780	61.200	72.000	—
	140505001	铅油（厚漆）	kg	1.716	2.640	3.600	—
	143309002	黄甘油	kg	2.496	3.840	4.800	—
	142301001	红丹粉	kg	0.156	0.240	0.360	—
	143511001	稀释剂	kg	0.031	0.048	0.060	—

续前

编号				2-6-11	2-6-12	2-6-13	2-6-14
项目				出力（t/h）			
				≤6	≤10	≤20	输送长度
				输送长度			每增加 10m
				≤15m	≤20m	≤30m	
单位				台			段
	名称		单位	消耗量			
材料	142909001	氧气	m^3	6.240	9.600	11.520	0.573
	142907002	乙炔气	kg	2.400	3.692	4.431	0.220
	133503014	密封胶	kg	1.170	1.800	2.400	—
	023503008	无石棉纸	kg	4.992	7.680	9.600	—
	272501002	青壳纸 δ0.1～1.0	kg	0.234	0.360	0.480	—
	341101001	水	m^3	4.680	7.200	8.640	—
	010501001	钢丝绳 ϕ14.1～15	kg	—	—	—	0.927
	012901011	热轧薄钢板 δ2.0～3.0	kg	—	—	—	0.802
	031301009	低碳钢焊条 J427（综合）	kg	—	—	—	1.654
	133503013	密封胶	L	—	—	—	0.094
	140901003	黄油钙基脂	kg	—	—	—	0.242
	143505004	清洗液 500mL	瓶	—	—	—	0.276
	850103006	其他材料费（占材料费）	%	2.000	2.000	2.000	2.000
机械	990304016	汽车式起重机 16t	台班	0.186	0.286	0.343	0.019
	990401035	载重汽车 10t	台班	0.186	0.286	0.343	0.153
	990503020	电动单筒慢速卷扬机 30kN	台班	0.654	1.006	1.143	0.104
	990901020	交流弧焊机 32kV · A	台班	0.602	0.926	1.086	—
	991003020	电动空气压缩机 0.6m³/min	台班	0.067	0.103	0.114	—
	990919030	电焊条烘干箱 60×50×75cm³	台班	0.060	0.093	0.109	0.022
	990304024	汽车式起重机 25t	台班	—	—	—	0.164
	990901010	交流弧焊机 21kV · A	台班	—	—	—	0.221
	991003010	电动空气压缩机 0.3m³/min	台班	—	—	—	0.008

4. 带式排渣机

工作内容：基础检查、铲平，垫铁配制及安装；开箱、搬运、检查、安装等。 **计量单位：**见表

编号				2-6-15	2-6-16	2-6-17	2-6-18
项目				出力（t/h）			
				4～8	6～10	8～20	输送长度
				输送长度			每增加 10m
				≤ 15m	≤ 20m	≤ 30m	
单位				台			段
名称			单位	消耗量			
人工	000203000	综合二类工	工日	20.841	24.517	37.722	10.420
材料	010501001	钢丝绳 ϕ14.1～15	kg	2.061	2.424	3.730	1.030
	012300001	型钢（综合）	kg	13.645	16.052	24.696	6.822
	012901011	热轧薄钢板 δ2.0～3.0	kg	1.782	2.097	3.226	0.891
	013503001	紫铜板（综合）	kg	0.089	0.105	0.161	0.045
	022701001	棉纱	kg	1.782	2.097	3.226	0.891
	031301009	低碳钢焊条 J427（综合）	kg	3.676	4.324	6.653	1.838
	133503013	密封胶	L	0.209	0.246	0.378	0.104
	140901003	黄油钙基脂	kg	0.537	0.632	0.973	0.269
	143505004	清洗液 500mL	瓶	0.613	0.721	1.109	0.306
	142909001	氧气	m^3	1.273	1.498	2.304	0.637
	142907002	乙炔气	kg	0.490	0.576	0.886	0.245
	850103006	其他材料费（占材料费）	%	2.000	2.000	2.000	2.000
机械	990304016	汽车式起重机 16t	台班	0.041	0.048	0.074	0.021
	990304024	汽车式起重机 25t	台班	0.329	0.387	0.595	0.164
	990401035	载重汽车 10t	台班	0.339	0.399	0.614	0.170
	990503020	电动单筒慢速卷扬机 30kN	台班	0.231	0.271	0.418	0.115
	990901010	交流弧焊机 21kV · A	台班	0.491	0.577	0.888	0.245
	991003010	电动空气压缩机 0.3m^3/min	台班	0.015	0.018	0.027	0.008
	990919030	电焊条烘干箱 60 × 50 × 75cm^3	台班	0.049	0.058	0.089	0.025

5. 碎　渣　机

工作内容：基础检查、铲平，垫铁配制及安装；开箱、搬运、检查、安装等。　　**计量单位：**台

编　号				2-6-19	2-6-20	2-6-21
项　目				出力（t/h）		
				≤ 6	≤ 10	≤ 20
名　称			单位	消　耗　量		
人工	000203000	综合二类工	工日	14.553	19.844	26.460
材料	012300001	型钢（综合）	kg	3.388	4.620	6.160
	012901001	热轧薄钢板（综合）	kg	25.850	35.250	47.000
	012907017	镀锌薄钢板 δ0.75	m^2	0.374	0.510	0.680
	013503001	紫铜板（综合）	kg	0.072	0.098	0.130
	020112005	无石棉橡胶板低中压 δ0.8～6	kg	1.265	1.725	2.300
	020901004	聚氯乙烯薄膜	kg	0.743	1.013	1.350
	022701001	棉纱	kg	1.485	2.025	2.700
	022709006	羊毛毡 6～8	m^2	0.011	0.015	0.020
	031102005	铁砂布 0#～2#	张	2.475	3.375	4.500
	031301007	低碳钢焊条（综合）	kg	0.633	0.863	1.150
	031509010	斜垫铁（综合）	kg	29.700	40.500	48.550
	130115006	酚醛调和漆	kg	8.800	12.000	16.000
	130505002	防锈漆 C53-1	kg	0.165	0.225	0.300
	130100003	手喷漆	kg	0.072	0.098	0.130
	130505007	酚醛防锈漆	kg	5.500	7.500	10.000
	143505003	金属清洗剂	kg	0.404	0.551	0.735
	140509006	油漆溶剂油	kg	2.475	3.375	4.500
	140303001	机油（综合）	kg	4.950	6.750	9.000
	140505001	铅油（厚漆）	kg	0.369	0.503	0.670
	143309002	黄甘油	kg	1.100	1.500	2.000
	142301001	红丹粉	kg	0.077	0.105	0.140
	142909001	氧气	m^3	3.344	4.560	6.080
	142907002	乙炔气	kg	1.286	1.754	2.338
	133503014	密封胶	kg	0.347	0.473	0.630
	341101001	水	m^3	5.225	7.125	9.500
	850103006	其他材料费（占材料费）	%	2.000	2.000	2.000
机械	990304016	汽车式起重机 16t	台班	0.105	0.143	0.190
	990401035	载重汽车 10t	台班	0.105	0.143	0.190
	990503020	电动单筒慢速卷扬机 30kN	台班	0.178	0.243	0.324
	990901020	交流弧焊机 32kV · A	台班	0.299	0.407	0.543
	991003020	电动空气压缩机 0.6m^3/min	台班	0.037	0.050	0.067
	990919030	电焊条烘干箱 60 × 50 × 75cm^3	台班	0.030	0.041	0.054

6. 斗式提升机

工作内容：基础检查、铲平，垫铁配制及安装；开箱、搬运、检查、安装等。 **计量单位：**台

编号				2-6-22	2-6-23	2-6-24
项目				提升高度（m）		
				≤15	≤24	>24
名称			单位	消耗量		
人工	000203000	综合二类工	工日	24.738	39.960	44.729
材料	010501001	钢丝绳 ϕ14.1～15	kg	14.040	22.680	27.950
	012300001	型钢（综合）	kg	10.140	16.380	18.200
	012903005	热轧中厚钢板 δ15 以外	kg	19.890	32.130	37.050
	013503001	紫铜板（综合）	kg	0.207	0.334	0.377
	013903001	紫铜棒 ϕ16～80	kg	0.386	0.624	0.709
	020115004	耐油无石棉橡胶板 δ1	kg	0.772	1.247	1.417
	031301009	低碳钢焊条 J427（综合）	kg	16.770	27.090	30.550
	050109005	枕木 2500mm × 200mm × 160mm	根	0.772	1.247	1.417
	140901003	黄油钙基脂	kg	2.059	3.326	3.777
	142909001	氧气	m^3	22.659	36.603	41.535
	142907002	乙炔气	kg	8.715	14.078	15.975
	850103006	其他材料费（占材料费）	%	2.000	2.000	2.000
机械	990304024	汽车式起重机 25t	台班	1.438	2.322	2.637
	990401035	载重汽车 10t	台班	0.892	1.440	1.641
	990503020	电动单筒慢速卷扬机 30kN	台班	0.810	1.308	1.486
	990901010	交流弧焊机 21kV·A	台班	3.472	5.609	6.325
	990919030	电焊条烘干箱 60 × 50 × 75cm³	台班	0.347	0.561	0.632

7. 渣仓、渣井

工作内容：基础检查、铲平，垫铁配制及安装；开箱、搬运、检查、安装等。 **计量单位：**见表

编号				2-6-25	2-6-26
项目				渣仓	渣井
单位				t	座
名称			单位	消耗量	
人工	000203000	综合二类工	工日	8.797	10.690
材料	012300001	型钢（综合）	kg	9.240	10.200
	022701003	棉纱头	kg	1.360	1.240
	031301009	低碳钢焊条 J427（综合）	kg	12.546	13.800
	142909001	氧气	m^3	7.400	11.000
	142907002	乙炔气	kg	2.846	4.231
	850103006	其他材料费（占材料费）	%	2.000	2.000
机械	990302040	履带式起重机 50t	台班	0.029	—
	990304024	汽车式起重机 25t	台班	0.200	0.430
	990401035	载重汽车 10t	台班	0.200	0.057
	990901010	交流弧焊机 21kV·A	台班	2.598	2.857
	990919030	电焊条烘干箱 60 × 50 × 75cm³	台班	0.260	0.286

二、气力除灰设备安装

1. 负 压 风 机

工作内容：基础检查、铲平，垫铁配制及安装；开箱、搬运、检查、安装等。　　　　**计量单位：**台

编号				2-6-27	2-6-28	2-6-29
项目				功率（kW）		
				≤ 15	≤ 30	≤ 50
		名称	单位	消耗量		
人工	000203000	综合二类工	工日	6.251	12.503	17.862
材料	012901010	热轧薄钢板 δ2.0～2.5	kg	0.400	0.550	0.880
	013503001	紫铜板（综合）	kg	0.055	0.055	0.110
	020112004	无石棉橡胶板低压 δ0.8～6	kg	0.550	0.770	1.100
	022701003	棉纱头	kg	1.650	2.200	3.500
	031301009	低碳钢焊条 J427（综合）	kg	0.385	0.517	0.625
	031509007	平垫铁（综合）	kg	2.300	2.800	3.400
	050109005	枕木 2500mm × 200mm × 160mm	根	0.220	0.220	0.250
	133503013	密封胶	L	0.220	0.380	0.550
	140901003	黄油钙基脂	kg	1.000	1.500	2.000
	143505004	清洗液 500mL	瓶	0.500	1.200	1.500
	142909001	氧气	m^3	0.880	0.880	0.880
	142907002	乙炔气	kg	0.338	0.338	0.338
	023503009	无石棉绳（综合）	kg	0.660	0.880	0.880
	850103006	其他材料费（占材料费）	%	2.000	2.000	2.000
机械	990305020	叉式起重机 5t	台班	0.105	—	—
	990901010	交流弧焊机 21kV · A	台班	0.067	0.090	0.099
	990919030	电焊条烘干箱 60 × 50 × 75cm³	台班	0.007	0.009	0.010
	990304024	汽车式起重机 25t	台班	—	0.060	0.100

2. 灰斗气化风机、气化板

工作内容：基础检查、铲平，垫铁配制及安装；开箱、搬运、检查、安装等。 **计量单位：**见表

编号				2-6-30	2-6-31	2-6-32	2-6-33
项目				灰斗气化风机			气化板
				功率（kW）			150mm × 300mm
				≤ 10	≤ 20	≤ 30	
单位				台			件
名称			单位	消耗量			
人工	000203000	综合二类工	工日	4.465	8.037	10.717	0.893
材料	012901010	热轧薄钢板 δ2.0～2.5	kg	0.330	0.700	0.900	—
	013503001	紫铜板（综合）	kg	0.022	0.033	0.055	—
	020112004	无石棉橡胶板低压 δ0.8～6	kg	0.440	0.550	0.660	0.300
	022701003	棉纱头	kg	0.900	1.300	2.200	0.100
	031301009	低碳钢焊条 J427（综合）	kg	0.190	0.370	0.450	0.150
	031509007	平垫铁（综合）	kg	1.680	2.500	2.500	—
	050109005	枕木 2500mm × 200mm × 160mm	根	0.110	0.110	0.220	—
	133503013	密封胶	L	0.220	0.500	0.700	—
	140901003	黄油钙基脂	kg	0.330	0.650	1.000	—
	143505004	清洗液 500mL	瓶	1.000	1.000	1.000	0.060
	142909001	氧气	m^3	0.880	0.970	1.140	0.180
	142907002	乙炔气	kg	0.338	0.373	0.438	0.069
	023503009	无石棉绳（综合）	kg	0.330	0.600	0.800	—
	850103006	其他材料费（占材料费）	%	2.000	2.000	2.000	2.000
机械	990304024	汽车式起重机 25t	台班	0.064	0.064	0.100	—
	990901010	交流弧焊机 21kV · A	台班	0.039	0.052	0.082	0.026
	990919030	电焊条烘干箱 60 × 50 × 75cm³	台班	0.004	0.005	0.008	0.003

3. 布袋收尘器、排气过滤器

工作内容：开箱、搬运、检查、安装等。 **计量单位：**台

编号				2-6-34	2-6-35	2-6-36	2-6-37	2-6-38
项目				布袋收尘器（m^2）			袋式排气过滤器（m^2）	
				≤ 30	≤ 50	≤ 100	≤ 10	≤ 20
		名称	单位	消耗量				
人工	000203000	综合二类工	工日	9.811	15.093	23.222	4.645	7.145
材料	012300001	型钢（综合）	kg	1.952	3.003	4.620	2.275	3.500
	012903004	热轧中厚钢板 δ15 以内	kg	12.675	19.500	30.000	11.700	18.000
	020115004	耐油无石棉橡胶板 δ1	kg	0.418	0.644	0.990	0.325	0.500
	022701003	棉纱头	kg	0.930	1.430	2.200	0.715	1.100
	031301009	低碳钢焊条 J427（综合）	kg	2.370	3.647	5.610	1.216	1.870
	050109005	枕木 2500mm × 200mm × 160mm	根	0.093	0.143	0.220	0.065	0.100
	133503013	密封胶	L	0.558	0.858	1.320	0.358	0.550
	140901003	黄油钙基脂	kg	0.465	0.715	1.100	0.130	0.200
	142909001	氧气	m^3	2.370	3.647	5.610	2.074	3.190
	142907002	乙炔气	kg	0.912	1.403	2.158	0.798	1.227
	023503013	无石棉扭绳（综合）	kg	2.324	3.575	5.500	1.430	2.200
	850103006	其他材料费（占材料费）	%	2.000	2.000	2.000	2.000	2.000
机械	990304024	汽车式起重机 25t	台班	0.241	0.371	0.571	0.248	0.381
	990401035	载重汽车 10t	台班	0.141	0.217	0.333	0.217	0.333
	990901010	交流弧焊机 21kV · A	台班	0.594	0.914	1.406	0.305	0.469
	991003050	电动空气压缩机 $6m^3/min$	台班	0.161	0.248	0.381	0.186	0.286
	990919030	电焊条烘干箱 60 × 50 × $75cm^3$	台班	0.059	0.091	0.141	0.031	0.047

4. 灰电加热器

工作内容：开箱、搬运、检查、安装等。 **计量单位：**台

编号				2-6-39	2-6-40	2-6-41
项目				灰电加热器（m^3/min）		
				≤ 3	≤ 5	≤ 10
		名称	单位	消耗量		
人工	000203000	综合二类工	工日	4.064	6.251	8.037
材料	012903005	热轧中厚钢板 δ15 以外	kg	6.175	9.500	12.500
	020115004	耐油无石棉橡胶板 δ1	kg	1.144	1.760	2.090
	022701003	棉纱头	kg	1.073	1.650	2.200
	031301009	低碳钢焊条 J427（综合）	kg	0.729	1.122	1.397
	050109005	枕木 2500mm × 200mm × 160mm	根	0.143	0.220	0.330
	143505004	清洗液 500mL	瓶	0.130	0.200	0.300
	142909001	氧气	m^3	1.859	2.860	3.520
	142907002	乙炔气	kg	0.715	1.100	1.354
	850103006	其他材料费（占材料费）	%	2.000	2.000	2.000
机械	990304024	汽车式起重机 25t	台班	0.057	0.060	0.125
	990901010	交流弧焊机 21kV · A	台班	0.198	0.305	0.380
	990919030	电焊条烘干箱 60 × 50 × $75cm^3$	台班	0.020	0.031	0.038

5. 仓泵、灰斗

工作内容： 开箱、搬运、检查、安装等。 **计量单位：** 见表

编号				2-6-42	2-6-43	2-6-44	2-6-45
项目				仓泵（m^3/h）			灰斗
				≤0.5	≤1	≤1.5	
单位				台			个
		名称	单位	消耗量			
人工	000203000	综合二类工	工日	17.380	18.871	22.413	18.936
材料	031507017	镀锌铁丝 ϕ2.5～4.0	kg	4.500	5.500	6.500	3.000
	031509007	平垫铁（综合）	kg	—	—	—	12.700
	020101005	橡胶板 δ5～10	kg	—	—	—	2.880
	022701001	棉纱	kg	—	—	—	2.500
	022703003	白布	kg	—	—	—	2.122
	022709005	羊毛毡 1～5	m^2	—	—	—	0.600
	031301007	低碳钢焊条（综合）	kg	14.000	16.000	20.000	2.000
	130115006	酚醛调和漆	kg	—	—	—	1.900
	140111001	松节油	kg	—	—	—	0.150
	143505003	金属清洗剂	kg	—	—	—	1.167
	140715001	汽轮机油	kg	—	—	—	2.500
	142301001	红丹粉	kg	—	—	—	0.200
	143555001	脱化剂	kg	—	—	—	1.000
	142909001	氧气	m^3	10.000	11.000	13.000	3.000
	142907002	乙炔气	kg	3.846	4.231	5.000	1.154
	133503014	密封胶	kg	—	—	—	3.000
	272501002	青壳纸 δ0.1～1.0	kg	—	—	—	0.200
	012300001	型钢（综合）	kg	5.000	5.000	6.000	—
	010100007	钢筋 ϕ10 以内	kg	2.000	2.000	3.000	—
	012900002	钢板（综合）	kg	5.000	5.000	6.000	—
	012907002	镀锌钢板（综合）	kg	4.800	5.200	6.000	—
	140505001	铅油（厚漆）	kg	1.000	1.100	1.500	—
	023503018	无石棉扭绳 ϕ3 烧失量 24%	kg	3.000	3.200	4.000	—
	850103006	其他材料费（占材料费）	%	2.000	2.000	2.000	2.000
机械	990302025	履带式起重机 25t	台班	0.360	0.360	0.450	—
	990302010	履带式起重机 10t	台班	—	—	—	0.124
	990308040	桥式起重机 30t	台班	—	—	—	0.476
	990401020	载重汽车 5t	台班	0.190	0.190	0.533	0.057
	990901020	交流弧焊机 32kV·A	台班	2.857	3.143	3.810	0.476
	991003050	电动空气压缩机 $6m^3/min$	台班	—	—	—	0.238
	990919030	电焊条烘干箱 $60\times50\times75cm^3$	台班	0.286	0.314	0.381	0.048

6. 加湿搅拌机

工作内容： 基础检查；开箱、搬运、检查、安装等。　　　　**计量单位：** 台

编　号				2-6-46	2-6-47	2-6-48
项　目				出力（m^3/h）		
				≤ 10	≤ 20	≤ 50
名　称			单位	消　耗　量		
人工	000203000	综合二类工	工日	10.943	16.836	25.900
材料	012300001	型钢（综合）	kg	3.591	5.525	8.500
	012900002	钢板（综合）	kg	1.437	2.210	3.400
	020101008	橡胶板 δ3	kg	1.056	1.625	2.500
	022703002	白布	m	1.437	2.210	3.400
	031301009	低碳钢焊条 J427（综合）	kg	1.099	1.690	2.600
	031509007	平垫铁（综合）	kg	1.014	1.560	2.400
	031509010	斜垫铁（综合）	kg	1.352	2.080	3.200
	143505003	金属清洗剂	kg	0.552	0.849	1.307
	142909001	氧气	m^3	0.507	0.780	1.200
	142907002	乙炔气	kg	0.195	0.300	0.462
	850103006	其他材料费（占材料费）	%	2.000	2.000	2.000
机械	990304016	汽车式起重机 16t	台班	0.161	0.248	0.381
	990304024	汽车式起重机 25t	台班	0.048	0.074	0.114
	990401035	载重汽车 10t	台班	0.161	0.248	0.381
	990503020	电动单筒慢速卷扬机 30kN	台班	0.483	0.743	1.143
	990901010	交流弧焊机 21kV · A	台班	0.249	0.383	0.590
	990919030	电焊条烘干箱 $60 \times 50 \times 75cm^3$	台班	0.025	0.038	0.059

7. 干灰散装机

工作内容： 开箱、搬运、检查、安装等。 **计量单位：** 台

编号				2-6-49	2-6-50	2-6-51
项目				出力（m^3/h）		
				≤10	≤20	≤50
名称			单位	消耗量		
人工	000203000	综合二类工	工日	7.548	11.610	17.862
材料	012300001	型钢（综合）	kg	14.788	22.750	35.000
	012900002	钢板（综合）	kg	0.845	1.300	2.000
	020101008	橡胶板 δ3	kg	1.859	2.860	4.400
	022703002	白布	m	1.056	1.625	2.500
	031301009	低碳钢焊条 J427（综合）	kg	2.366	3.640	5.600
	143505003	金属清洗剂	kg	0.395	0.607	0.933
	142909001	氧气	m^3	1.479	2.275	3.500
	142907002	乙炔气	kg	0.569	0.875	1.346
	850103006	其他材料费（占材料费）	%	2.000	2.000	2.000
机械	990304016	汽车式起重机 16t	台班	0.080	0.124	0.190
	990304024	汽车式起重机 25t	台班	0.032	0.050	0.076
	990401035	载重汽车 10t	台班	0.080	0.124	0.190
	990503020	电动单筒慢速卷扬机 30kN	台班	1.207	1.857	2.857
	990901010	交流弧焊机 21kV·A	台班	0.490	0.754	1.159
	990919030	电焊条烘干箱 60×50×75cm^3	台班	0.049	0.075	0.116

8. 空气斜槽

工作内容：开箱、搬运、检查、安装、调整。　　**计量单位：**台

编　号				2-6-52	2-6-53
项　目				斜槽规格	
				$B=250$mm	$B=400$mm
				$L=18.5$m	$L=26.5$m
		名　称	单位	消　耗　量	
人工	000203000	综合二类工	工日	8.937	16.538
材料	012900002	钢板（综合）	kg	1.110	1.570
	020112006	无石棉橡胶板中压 δ0.8～6	kg	1.210	1.960
	022701001	棉纱	kg	2.000	5.000
	031101004	砂轮片 ϕ200	片	0.400	0.850
	031101009	尼龙砂轮片 ϕ100	片	5.730	10.130
	031301007	低碳钢焊条（综合）	kg	29.660	66.720
	142909001	氧气	m^3	8.660	15.790
	142907002	乙炔气	kg	3.331	6.073
	161109003	X 射线胶片 80 × 300	张	2.000	4.000
	341101001	水	m^3	3.830	5.480
	850103006	其他材料费（占材料费）	%	2.000	2.000
机械	990304004	汽车式起重机 8t	台班	0.095	0.095
	990401030	载重汽车 8t	台班	0.095	0.219
	990813045	试压泵 60MPa	台班	0.048	0.067
	990901020	交流弧焊机 32kV · A	台班	4.581	8.124
	990919030	电焊条烘干箱 60 × 50 × 75cm^3	台班	0.458	0.812
	872128019	X 射线探伤机	台班	0.095	0.143

9. 电动灰斗门

计量单位：只

编　号				2-6-54	2-6-55	2-6-56	2-6-57	2-6-58	2-6-59
项　目				闸板门			电动三通门		
				规格（mm）					
				300 × 300	400 × 400	500 × 500	300 × 300	400 × 400	500 × 500
		名　称	单位	消　耗　量					
人工	000203000	综合二类工	工日	2.111	2.322	2.816	3.307	4.223	5.137
材料	020112006	无石棉橡胶板中压 δ0.8～6	kg	0.500	0.850	1.320	0.700	1.200	1.900
	031301007	低碳钢焊条（综合）	kg	0.210	0.300	0.420	0.280	0.380	0.550
	130115006	酚醛调和漆	kg	0.200	0.330	0.500	0.350	0.650	1.000
	143309002	黄甘油	kg	0.300	0.400	0.500	0.400	0.500	0.620
	850103006	其他材料费（占材料费）	%	2.000	2.000	2.000	2.000	2.000	2.000
机械	990305010	叉式起重机 3t	台班	0.010	0.010	0.019	0.019	0.019	0.029
	990901020	交流弧焊机 32kV · A	台班	0.057	0.076	0.105	0.076	0.095	0.133
	990919030	电焊条烘干箱 60 × 50 × 75cm^3	台班	0.006	0.008	0.011	0.008	0.010	0.013

10. 电动锁气器

工作内容：开箱、搬运、检查、安装、调整。 **计量单位：**台

编号				2-6-60	2-6-61	2-6-62	2-6-63
项目				电动锁气器（m^3/h）			
				≤6	≤15	≤20	≤25
名称			单位	消耗量			
人工	000203000	综合二类工	工日	2.379	3.659	4.081	4.350
材料	012300001	型钢（综合）	kg	0.572	0.880	0.980	1.070
	012901001	热轧薄钢板（综合）	kg	0.949	1.460	1.630	1.800
	031301007	低碳钢焊条（综合）	kg	1.658	2.550	2.770	3.030
	130115006	酚醛调和漆	kg	0.195	0.300	0.500	0.800
	140505001	铅油（厚漆）	kg	0.241	0.370	0.410	0.450
	143309002	黄甘油	kg	0.195	0.300	0.350	0.400
	142909001	氧气	m^3	1.716	2.640	2.930	3.220
	142907002	乙炔气	kg	0.660	1.015	1.127	1.238
	023503009	无石棉绳（综合）	kg	0.358	0.550	0.610	0.670
	850103006	其他材料费（占材料费）	%	2.000	2.000	2.000	2.000
机械	990305020	叉式起重机 5t	台班	0.019	0.029	0.029	0.038
	990503030	电动单筒慢速卷扬机 50kN	台班	0.186	0.286	0.314	0.343
	990901020	交流弧焊机 32kV·A	台班	0.477	0.733	0.810	0.895
	990919030	电焊条烘干箱 60×50×75cm^3	台班	0.048	0.073	0.081	0.090

三、补 充 项 目

1. 水力喷射器

工作内容：设备检查、组装、安装。　　计量单位：台

编号				2-6-64	2-6-65	2-6-66
项目				出力（t/h）		
				≤6	≤10	≤20
		名称	单位	消耗量		
人工	000203000	综合二类工	工日	6.619	8.273	11.375
材料	012903004	热轧中厚钢板 δ15 以内	kg	2.992	3.740	4.950
	020101008	橡胶板 δ3	kg	1.760	2.200	2.420
	022701003	棉纱头	kg	0.352	0.440	0.550
	031301008	低碳钢焊条 J422（综合）	kg	1.496	1.870	2.343
	130115007	酚醛调和漆 各色	kg	0.026	0.033	0.055
	340203007	聚四氟乙烯生料带（综合）	m	0.132	0.165	0.206
	140901003	黄油钙基脂	kg	0.352	0.440	0.550
	142909001	氧气	m^3	2.288	2.860	3.520
	142907002	乙炔气	kg	0.792	0.990	1.232
	012300001	型钢（综合）	kg	2.112	2.640	3.300
	850103006	其他材料费（占材料费）	%	2.000	2.000	2.000
机械	990304004	汽车式起重机 8t	台班	0.034	0.042	0.052
	990305010	叉式起重机 3t	台班	0.042	0.052	0.084
	990503020	电动单筒慢速卷扬机 30kN	台班	0.084	0.105	0.105
	990901010	交流弧焊机 21kV·A	台班	0.637	0.796	0.995

2. 箱式冲灰器

工作内容：基础检查；设备及附件安装。　　计量单位：台

编号				2-6-67	2-6-68	2-6-69
项目				出力（t/h）		
				≤6	≤10	≤20
		名称	单位	消耗量		
人工	000203000	综合二类工	工日	4.829	7.245	10.867
材料	012300001	型钢（综合）	kg	1.080	1.620	2.430
	012901001	热轧薄钢板（综合）	kg	1.800	2.700	4.050
	031301007	低碳钢焊条（综合）	kg	3.050	4.580	6.870
	130115006	酚醛调和漆	kg	1.500	2.000	3.000
	140505001	铅油（厚漆）	kg	0.450	0.675	1.013
	142909001	氧气	m^3	3.230	4.845	7.268
	142907002	乙炔气	kg	1.131	1.700	2.550
	150105002	石棉绳 φ6	kg	0.670	1.005	1.508
	850103006	其他材料费（占材料费）	%	2.000	2.000	2.000
机械	990503030	电动单筒慢速卷扬机 50kN	台班	0.343	0.514	0.771
	990901020	交流弧焊机 32kV·A	台班	0.905	1.357	2.036

3. 砾石过滤器

工作内容：设备检查、组装、安装、调整。 **计量单位：**台

编　　号				2-6-70	2-6-71	2-6-72
项　　目				直径（mm）		
				≤ 800	≤ 1000	≤ 1200
名　　称			单位	消　耗　量		
人工	000203000	综合二类工	工日	7.927	12.222	13.187
材料	031507013	镀锌铁丝 ϕ1.5～2.5	kg	0.420	1.125	1.260
	012901001	热轧薄钢板（综合）	kg	6.270	11.280	10.500
	020117003	耐酸橡胶板 δ3	kg	2.090	4.230	3.100
	020111006	石棉橡胶板低压 δ0.8～6	kg	0.240	0.330	0.470
	021303001	三色塑料带（综合）	kg	0.010	0.015	0.010
	022701001	棉纱	kg	0.520	0.705	0.700
	031102005	铁砂布 0#～2#	张	1.000	1.410	1.000
	031301007	低碳钢焊条（综合）	kg	0.890	1.455	1.330
	130115006	酚醛调和漆	kg	0.210	0.465	0.480
	133519003	橡胶石棉盘根编织 ϕ6～25（250℃）	kg	0.210	0.285	0.420
	143505003	金属清洗剂	kg	0.037	0.067	0.073
	140303001	机油（综合）	kg	0.100	0.135	0.100
	140505001	铅油（厚漆）	kg	0.210	0.285	0.210
	142909001	氧气	m^3	2.510	5.640	5.020
	142907002	乙炔气	kg	0.879	1.974	1.757
	850103006	其他材料费（占材料费）	%	2.000	2.000	2.000
机械	990304004	汽车式起重机 8t	台班	0.200	0.271	0.295
	990401020	载重汽车 5t	台班	0.200	0.271	0.295
	990503020	电动单筒慢速卷扬机 30kN	台班	0.495	0.671	0.495
	990813045	试压泵 60MPa	台班	0.152	0.200	0.248
	990901020	交流弧焊机 32kV · A	台班	0.467	1.271	0.952

4. 灰渣沟插板门

工作内容：检查、安装、调整。 **计量单位：**台

编　　号				2-6-73	2-6-74	2-6-75
项　　目				直径（mm 以内）		
				200	300	500
名　　称			单位	消　耗　量		
人工	000203000	综合二类工	工日	1.112	2.073	3.733
材料	020111008	石棉橡胶板中压 δ0.8～6	kg	0.270	0.380	0.684
	031301007	低碳钢焊条（综合）	kg	0.130	0.210	0.378
	130115006	酚醛调和漆	kg	0.110	0.180	0.324
	143309002	黄甘油	kg	0.180	0.270	0.486
	850103006	其他材料费（占材料费）	%	2.000	2.000	2.000
机械	990901020	交流弧焊机 32kV · A	台班	0.029	0.048	0.086
	990305010	叉式起重机 3t	台班	—	0.010	0.017

5. 浓 缩 机

工作内容：基础检查；设备检查、组装、安装、固定、调整。 **计量单位：**见表

编 号				2-6-76	2-6-77	2-6-78	2-6-79	2-6-80
项 目				浓缩池直径（m）				浓缩机钢池
				≤ 6	≤ 9	≤ 12	≤ 15	
单 位				台				t
名 称			单位	消 耗 量				
人工	000203000	综合二类工	工日	79.520	97.871	122.158	155.509	6.619
材料	012300001	型钢（综合）	kg	72.930	89.760	112.200	145.200	3.190
	012901026	热轧薄钢板 δ4.0	kg	80.100	103.600	121.200	160.800	2.640
	031101009	尼龙砂轮片 ϕ100	片	—	—	—	—	0.550
	130505009	酚醛防锈漆 各色	kg	—	—	—	—	7.590
	022701003	棉纱头	kg	4.290	5.280	6.600	9.900	0.825
	031301008	低碳钢焊条 J422（综合）	kg	42.800	54.600	64.900	88.700	4.532
	050109005	枕木 2500mm × 200mm × 160mm	根	0.215	0.264	0.330	0.550	0.022
	143505003	金属清洗剂	kg	1.335	1.643	2.053	3.337	0.077
	140509003	溶剂汽油 200#	kg	2.646	3.256	4.070	6.435	1.980
	142909001	氧气	m^3	31.200	38.100	47.500	62.500	3.630
	142907002	乙炔气	kg	10.700	13.580	16.870	22.600	1.287
	010301002	钢丝 ϕ0.1～0.5	kg	0.215	0.264	0.330	0.440	—
	010501001	钢丝绳 ϕ14.1～15	kg	2.145	2.640	3.300	5.500	—
	012907008	镀锌薄钢板 δ1～1.5	kg	1.073	1.320	1.650	2.750	—
	013503001	紫铜板（综合）	kg	0.072	0.088	0.110	0.330	—
	040915003	黑铅粉	kg	0.215	0.264	0.330	0.550	—
	020115004	耐油无石棉橡胶板 δ1	kg	0.215	0.264	0.330	0.440	—
	020901004	聚氯乙烯薄膜	kg	0.858	1.056	1.320	1.870	—
	022703001	白布	m^2	7.722	9.504	11.880	19.800	—
	031101003	砂轮片 ϕ150	片	1.073	1.320	1.650	3.300	—
	031509010	斜垫铁（综合）	kg	201.600	248.100	308.880	388.100	—
	130113002	醇酸磁漆	kg	1.073	1.320	1.650	3.300	—
	130505010	红丹防锈漆	kg	2.860	3.520	4.400	8.800	—
	140901003	黄油钙基脂	kg	2.860	3.520	4.400	7.700	—
	142301001	红丹粉	kg	0.215	0.264	0.330	0.550	—
	133503014	密封胶	kg	1.073	1.320	1.650	2.420	—
	130115007	酚醛调和漆 各色	kg	28.600	35.200	44.000	71.500	—
	850103006	其他材料费（占材料费）	%	2.000	2.000	2.000	2.000	2.000
机械	990304024	汽车式起重机 25t	台班	3.710	4.560	5.710	7.150	0.314
	990403020	平板拖车组 20t	台班	1.770	2.179	2.724	3.457	0.157
	990901010	交流弧焊机 21kV·A	台班	9.630	12.900	14.800	17.500	1.205

6. 脱水仓、缓冲罐

工作内容：基础检查、铲平，垫铁配制及安装；开箱、搬运、检查、安装等。 **计量单位：**见表

编号				2-6-81	2-6-82	2-6-83	2-6-84
项目				脱水仓	渣缓冲罐容积（m³）		
					≤5	≤10	≤15
单位				t	台		
名称			单位	消耗量			
人工	000203000	综合二类工	工日	7.672	3.385	5.076	7.615
材料	012300001	型钢（综合）	kg	8.800	—	—	—
	031301008	低碳钢焊条 J422（综合）	kg	6.442	1.870	1.870	2.805
	031101009	尼龙砂轮片 ϕ100	片	3.322	—	—	—
	050109005	枕木 2500mm × 200mm × 160mm	根	0.220	—	—	—
	143505004	清洗液 500mL	瓶	0.264	—	—	—
	142909001	氧气	m^3	3.476	1.760	1.760	2.640
	142907002	乙炔气	kg	1.217	0.616	0.616	0.924
	012901011	热轧薄钢板 δ2.0～3.0	kg	—	8.800	11.000	13.200
	020111006	石棉橡胶板低压 δ0.8～6	kg	—	3.300	3.300	4.400
	092705002	纱布	张	—	2.200	3.300	5.500
	850103006	其他材料费（占材料费）	%	2.000	2.000	2.000	2.000
机械	990302040	履带式起重机 50t	台班	0.040	—	—	—
	990304024	汽车式起重机 25t	台班	0.149	0.238	0.238	0.286
	990403020	平板拖车组 20t	台班	0.126	—	—	—
	990901010	交流弧焊机 21kV · A	台班	2.454	0.509	0.509	0.703
	990401035	载重汽车 10t	台班	—	0.143	0.238	0.286

第七章

发电厂水处理专用设备安装工程

说　　明

一、本章内容包括钢筋混凝土池内设备、水处理设备、水处理辅助设备、汽水取样设备、炉内水处理装置、铜管凝汽器镀膜装置、油处理设备等安装工程。

二、相关说明：

1. 设备安装定额中包括本体安装、填料装填、电动机安装、随设备供货的金属构件（如：平台、梯子、栏杆）安装、设备与管道安装后补漆、配合灌浆、配合防腐施工、就地一次仪表安装、设备水位计（表）及护罩安装。就地一次仪表的表计、表管、玻璃管、阀门以及各种填料（石英砂、磺化煤、无烟煤、活性炭、焦炭、树脂、瓷环、塑料环等）均按照设备成套供货考虑。

不包括下列工作内容，工程实际发生时，执行相应的定额。

（1）电动机的检查、接线及空载试转。

（2）支吊架、平台、扶梯、栏杆等金属结构配制、组装、安装与油漆及主材费。

（3）设备保温及油漆、基础灌浆，设备接口法兰以外管道安装及管道支吊架配制与安装。

（4）各种填料的化学稳定性试验、箱罐填料材料费。

2. 钢筋混凝土池内设备安装定额包括随设备供货安装在池体范围内的平台、梯子、栏杆、反应室、导流窗、集水槽、取样槽等、各种管道、管件、阀门的安装。不包括混凝土预制构件安装，池与池或池体外部平台、梯子、栏杆的安装，池体范围各部件及池壁的防腐和油漆。

（1）加速澄清池安装定额包括转动机械、刮泥机的安装与调整。

（2）水力循环澄清池、虹吸式滤池、重力无阀滤池安装定额包括喷嘴安装与调整。

3. 水处理设备安装包括澄清设备、过滤设备、电渗析器、软化器、衬胶离子交换器、除二氧化碳器、反渗透装置等安装，设备及随设备供应的管道、管件、阀门等安装及设备本体范围内平台、梯子、栏杆安装，滤板与滤帽（水嘴）的精选与安装、填料运搬与筛分及装填、衬里设备防腐层的检验、设备试运前灌水或水压试验。

（1）澄清设备安装定额包括澄清器本体组装焊接、空气分离器安装。定额不包括澄清器顶部小室的搭设。

（2）机械过滤设备安装定额是按照填石英砂垫层考虑的，定额综合考虑了不同型式的排水系统及不同的装填高度，执行定额时不做调整。

（3）电渗析器安装定额中不包括本体塑料（或衬里）管道、管件、阀门的安装，浓盐水泵、精密过滤器的安装；工程实际发生时，执行相应定额。

（4）软化器安装定额综合考虑了填料的不同装填高度，执行定额时不做调整。

（5）衬胶离子交换器安装包括阴阳离子交换器、体外再生罐、树脂贮存罐的安装。

①执行阴阳离子交换器安装定额，当树脂装填高度大于定额基准高度时，每增加 1m 定额乘以系数 1.30，增加不足 1m 时不予调整。

②安装体内再生的阴阳混合离子交换器时，执行相应定额乘以系数 1.10；采用体外再生的阴阳混合离子交换器时，无论是逆流再生还是浮床运行的设备，执行相应定额时均不做调整。

③安装带有空气擦洗装置的体外再生罐时，执行相应定额乘以系数 1.10。

（6）除二氧化碳器安装项目包括风机安装，不包括风道的制作与安装，平台、梯子、栏杆的制作与安装。执行除二氧化碳器安装项目，当填料装填高度大于定额基准高度时，每增加 1m 定额项目乘以系数 1.20，增加不足 1m 时不予调整。

（7）反渗透装置安装定额包括卷膜式、中空式反渗透装置的设备及附件安装；精密过滤器安装定额包括精密过滤器及附件安装。

4. 水处理辅助设备安装包括酸碱贮存罐、溶液箱、计量器、搅拌器、吸收器、树脂捕捉器、水箱等安装。

（1）酸碱贮存罐（槽）安装定额不包括罐（槽）体及附件内外壁防腐。

（2）喷射器安装定额适用于酸、碱、盐、石灰、凝聚剂、蒸汽、树脂输送等各种类型、材质、规格的喷射器装，定额中包括喷嘴的调整和支架的配制及安装。

（3）安装带有电动搅拌装置时，执行相应定额乘以 1.20 系数。

（4）吸收器、树脂捕捉器安装定额不包括管道安装。

（5）水箱安装定额是按照成品供货安装考虑的，不包括现场配制，工程实际发生时，应参照相应定额计算配制费。定额包括水箱本体安装、水箱支吊架安装、法兰及阀门安装、水位计安装等以及自动液位信号底座的开孔与安装。定额不包括水箱支吊架制作及油漆，自动液位信号装置的安装。

5. 汽水取样设备安装定额包括取样器内部清理与安装、取样架的配制与安装，但不包括取样架主材。

6. 炉内水处理装置、铜管凝汽器镀膜装置安装定额包括系统的药液制备、计量、输送和起重设备安装。

7. 油处理设备安装定额包括油箱内部清理、箱体及附件的安装、以及依附在箱体上各类平台与梯子及栏杆安装。定额不包括箱体及附件以外的其他设施装置的安装，依附在箱体上各类平台与梯子及栏杆的制作及油漆，油处理设备内部的除锈与防腐。

工程量计算规则

一、钢筋混凝土池内设备安装根据工艺系统设计流程及设备出力，按照设计安装数量以“台”为计量单位。

二、水处理设备安装根据工艺系统设计流程及设备出力，按照设计安装数量以“台”为计量单位。

三、水处理辅助设备安装根据工艺系统设计流程及设备出力，按照设计安装数量以“台”为计量单位。

四、汽水取样设备安装根据工艺系统设计流程布置，按照设计安装数量以“套”为计量单位。每一套均应包括取样器、冷却器、取样阀、连通管路。

五、炉内水处理装置安装根据工艺系统设计流程布置，按照设计安装数量以“套”为计量单位。每一套均应包括溶液箱（计量箱）、搅拌器、计量泵、配套附件。

六、铜管凝汽器镀膜装置安装，按照实际安装数量以“套”为计量单位。每一套均应包括溶液箱（计量箱）、搅拌器、计量泵、配套附件。

七、油处理设备安装根据工艺系统设计流程布置，按照设计安装数量以“台”为计量单位。

一、钢筋混凝土池内设备安装

工作内容：设备检查、安装；附件安装等。　　**计量单位：**台

编号				2-7-1	2-7-2	2-7-3	2-7-4	2-7-5	2-7-6
项目				机械加速澄清池			水力循环澄清池		
				出力（t/h）					
				80	120	200	40	60	120
名称			单位	消耗量					
人工	000203000	综合二类工	工日	52.821	61.630	68.678	11.122	13.598	22.565
材料	031507017	镀锌铁丝 ϕ2.5～4.0	kg	10.000	15.000	15.000	5.000	10.000	10.000
	012900002	钢板（综合）	kg	10.000	15.000	20.000	10.000	10.000	10.000
	020112004	无石棉橡胶板低压 δ0.8～6	kg	4.000	5.000	6.000	3.000	4.000	5.000
	340203003	四氟带	kg	0.010	0.010	0.010	0.010	0.010	0.010
	022703003	白布	kg	1.000	1.000	1.200	—	—	—
	022709006	羊毛毡 6～8	m^2	0.100	0.100	0.100	—	—	—
	031101009	尼龙砂轮片 ϕ100	片	4.000	4.000	6.000	1.000	1.000	1.000
	031102005	铁砂布 0#～2#	张	2.000	2.000	2.000	—	—	—
	031301007	低碳钢焊条（综合）	kg	40.000	48.000	48.000	3.500	5.500	8.500
	031541003	钢锯条	条	5.000	8.000	8.000	4.000	4.000	4.000
	031509010	斜垫铁（综合）	kg	10.220	10.560	11.890	—	—	—
	130115006	酚醛调和漆	kg	0.500	0.500	0.500	0.200	0.250	0.750
	143505003	金属清洗剂	kg	1.400	1.400	1.400	—	—	—
	140703001	齿轮油 20#	kg	4.000	4.000	5.000	—	—	—
	143309002	黄甘油	kg	0.800	0.800	1.000	—	—	—
	142909001	氧气	m^3	40.000	48.000	48.000	8.000	12.000	16.000
	142907002	乙炔气	kg	15.385	18.462	18.462	3.077	4.615	6.154
	272501002	青壳纸 δ0.1～1.0	kg	1.000	1.000	1.000	—	—	—
	340907001	毛刷	把	2.000	2.000	2.000	—	—	—
	341101001	水	m^3	68.000	102.000	170.000	45.000	70.000	116.000
	022907002	油麻丝	kg	—	—	—	2.400	3.000	5.400
	040100003	水泥 32.5	kg	—	—	—	12.000	14.000	26.000
	150113005	石棉替代品	kg	—	—	—	4.800	6.000	10.500
	850103006	其他材料费（占材料费）	%	2.000	2.000	2.000	2.000	2.000	2.000
机械	990304004	汽车式起重机 8t	台班	2.381	2.381	2.667	0.476	0.476	0.476
	990401020	载重汽车 5t	台班	0.952	0.952	0.952	0.476	0.476	0.476
	990901020	交流弧焊机 32kV·A	台班	9.524	11.429	11.429	1.905	2.857	3.810
	990919030	电焊条烘干箱 60×50×75cm³	台班	0.952	1.143	1.143	0.191	0.286	0.381

工作内容：设备检查、安装；附件安装等。 **计量单位：台**

编号				2-7-7	2-7-8	2-7-9
项目				虹吸式滤池		重力无阀滤池
				出力（t/h）		
				≤ 180	≤ 360	≤ 80
		名称	单位	消耗量		
人工	000203000	综合二类工	工日	121.578	187.043	42.773
材料	031507017	镀锌铁丝 ϕ2.5～4.0	kg	7.800	12.000	10.000
	012900002	钢板（综合）	kg	87.750	135.000	10.000
	020112004	无石棉橡胶板低压 δ0.8～6	kg	11.700	18.000	1.500
	340203003	四氟带	kg	0.013	0.020	0.020
	022907002	油麻丝	kg	29.250	45.000	—
	031101009	尼龙砂轮片 ϕ100	片	5.200	8.000	4.000
	031301007	低碳钢焊条（综合）	kg	41.600	64.000	18.000
	031541003	钢锯条	条	16.900	26.000	4.000
	040100003	水泥 32.5	kg	143.650	221.000	—
	130115006	酚醛调和漆	kg	0.325	0.500	0.250
	143505003	金属清洗剂	kg	1.213	1.867	0.467
	142909001	氧气	m^3	41.600	64.000	12.000
	142907002	乙炔气	kg	16.000	24.615	4.615
	150113005	石棉替代品	kg	62.400	96.000	—
	341101001	水	m^3	498.550	767.000	34.000
	850103006	其他材料费（占材料费）	%	2.000	2.000	2.000
机械	990304004	汽车式起重机 8t	台班	4.457	6.857	0.762
	990401020	载重汽车 5t	台班	2.030	3.124	1.429
	990901020	交流弧焊机 32kV · A	台班	9.905	15.238	3.524
	990919030	电焊条烘干箱 60 × 50 × 75cm^3	台班	0.991	1.524	0.352

二、水处理设备安装

1. 澄 清 设 备

工作内容：基础检查；开箱、搬运、检查、安装等。　　**计量单位：**台

编号				2-7-10	2-7-11	2-7-12	2-7-13	2-7-14
项目				澄清器		压力式混合器		
				出力（t/h）		直径（mm）		
				≤50	≤100	≤800	≤1000	≤1250
名称			单位	消耗量				
人工	000203000	综合二类工	工日	77.228	121.796	7.624	7.829	7.948
材料	031507017	镀锌铁丝 ϕ2.5～4.0	kg	50.000	80.000	3.000	4.000	4.000
	012900002	钢板（综合）	kg	40.000	60.000	8.000	10.000	10.000
	020112004	无石棉橡胶板低压 δ0.8～6	kg	2.000	3.000	—	—	—
	340203003	四氟带	kg	0.020	0.030	0.010	0.010	0.010
	022703003	白布	kg	0.100	0.140	0.500	0.500	0.500
	031101009	尼龙砂轮片 ϕ100	片	3.000	6.000	—	—	—
	031102005	铁砂布 0#～2#	张	10.000	14.000	—	—	—
	031301007	低碳钢焊条（综合）	kg	64.000	96.000	2.000	2.000	2.000
	031541003	钢锯条	条	6.000	8.000	4.000	4.000	4.000
	130115006	酚醛调和漆	kg	24.000	36.200	2.200	3.300	3.800
	140111001	松节油	kg	1.920	2.900	—	—	—
	143505003	金属清洗剂	kg	0.700	1.167	—	—	—
	142909001	氧气	m^3	64.000	96.000	2.000	2.000	2.000
	142907002	乙炔气	kg	24.615	36.923	0.769	0.769	0.769
	340907001	毛刷	把	2.000	2.000	—	—	—
	341101001	水	m^3	100.000	200.000	—	—	—
	020117003	耐酸橡胶板 δ3	kg	—	—	2.000	2.000	2.000
	850103006	其他材料费（占材料费）	%	2.000	2.000	2.000	2.000	2.000
机械	990304024	汽车式起重机 25t	台班	1.067	1.333	0.190	0.190	0.190
	990304036	汽车式起重机 40t	台班	4.762	7.143	—	—	—
	990401020	载重汽车 5t	台班	0.952	1.905	0.190	0.190	0.190
	990401030	载重汽车 8t	台班	0.990	1.238	—	—	—
	990901020	交流弧焊机 32kV·A	台班	22.857	34.286	0.476	0.476	0.476
	990919030	电焊条烘干箱 60×50×75cm^3	台班	2.286	3.429	0.048	0.048	0.048

工作内容：基础检查；开箱、搬运、检查、安装等。 计量单位：台

编号				2-7-15	2-7-16	2-7-17
项目				压力式混合器	重力式双阀滤池	重力式多阀滤池
				直径（mm）	出力（t/h）	
				≤ 1600	≤ 80	
名称			单位	消耗量		
人工	000203000	综合二类工	工日	10.127	41.583	58.212
材料	031507017	镀锌铁丝 ϕ2.5～4.0	kg	5.000	10.000	10.000
	012900002	钢板（综合）	kg	12.000	50.000	50.000
	020117003	耐酸橡胶板 δ3	kg	3.000	—	—
	340203003	四氟带	kg	0.010	0.010	0.010
	022703003	白布	kg	0.750	0.050	0.070
	031301007	低碳钢焊条（综合）	kg	2.000	24.000	24.000
	031541003	钢锯条	条	6.000	4.000	4.000
	130115006	酚醛调和漆	kg	5.200	12.200	17.500
	142909001	氧气	m^3	2.000	16.000	24.000
	142907002	乙炔气	kg	0.769	6.154	9.231
	020112004	无石棉橡胶板低压 δ0.8～6	kg	—	3.000	3.000
	031101009	尼龙砂轮片 ϕ100	片	—	4.000	4.000
	031102005	铁砂布 0#～2#	张	—	5.000	7.000
	140111001	松节油	kg	—	1.000	1.000
	143505003	金属清洗剂	kg	—	0.233	0.233
	341101001	水	m^3	—	42.000	50.000
	850103006	其他材料费（占材料费）	%	2.000	2.000	2.000
机械	990304004	汽车式起重机 8t	台班	0.286	0.476	—
	990401020	载重汽车 5t	台班	0.286	—	—
	990901020	交流弧焊机 32kV · A	台班	0.476	3.810	3.810
	990919030	电焊条烘干箱 60 × 50 × 75cm^3	台班	0.048	0.381	0.381
	990401030	载重汽车 8t	台班	—	0.476	—
	990304012	汽车式起重机 12t	台班	—	—	0.476
	990401035	载重汽车 10t	台班	—	—	0.476

2. 机械过滤设备

工作内容：基础检查；垫铁配制及安装；开箱、搬运、检查、安装等。 **计量单位：**台

编号				2-7-18	2-7-19	2-7-20	2-7-21
项目				单流式			
				直径（mm）			
				≤800	≤1000	≤1250	≤1600
		名称	单位	消耗量			
人工	000203000	综合二类工	工日	15.498	18.936	21.731	26.964
材料	031507017	镀锌铁丝 ϕ2.5～4.0	kg	3.360	4.480	4.720	6.170
	012900002	钢板（综合）	kg	8.000	10.000	10.000	12.000
	040915003	黑铅粉	kg	0.050	0.050	0.050	0.050
	020117003	耐酸橡胶板 δ3	kg	2.230	3.450	4.450	4.450
	340203003	四氟带	kg	0.010	0.010	0.010	0.010
	022701001	棉纱	kg	0.300	0.360	0.360	0.370
	022703003	白布	kg	0.300	0.360	0.360	0.370
	031102005	铁砂布 0#～2#	张	2.000	2.000	2.000	3.000
	031301007	低碳钢焊条（综合）	kg	2.000	2.000	3.000	3.000
	031541003	钢锯条	条	4.000	4.000	4.000	6.000
	130115006	酚醛调和漆	kg	2.000	2.800	3.200	4.200
	133519007	橡胶无石棉盘根编织 ϕ11～25（250℃）	kg	0.200	0.400	0.400	0.400
	140111001	松节油	kg	0.160	0.220	0.260	0.340
	143505003	金属清洗剂	kg	0.035	0.070	0.070	0.070
	140509002	溶剂汽油	kg	0.150	0.300	0.300	0.300
	140303001	机油（综合）	kg	0.100	0.100	0.100	0.100
	142301001	红丹粉	kg	0.050	0.050	0.050	0.050
	142909001	氧气	m^3	4.000	4.000	6.000	6.000
	142907002	乙炔气	kg	1.538	1.538	2.308	2.308
	850103006	其他材料费（占材料费）	%	2.000	2.000	2.000	2.000
机械	990304004	汽车式起重机 8t	台班	0.286	0.286	0.286	0.381
	990401020	载重汽车 5t	台班	0.381	0.476	0.571	0.762
	990813045	试压泵 60MPa	台班	0.143	0.238	0.238	0.238
	990901020	交流弧焊机 32kV·A	台班	0.952	0.952	1.429	1.429
	990919030	电焊条烘干箱 60×50×75cm³	台班	0.095	0.095	0.143	0.143

工作内容：基础检查；垫铁配制及安装；开箱、搬运、检查、安装等。　　　　**计量单位：**台

编　号				2-7-22	2-7-23	2-7-24	2-7-25
项　目				双流式			
				直径（mm）			
				≤800	≤1000	≤1250	≤1600
	名　称		单位	消　耗　量			
人工	000203000	综合二类工	工日	18.466	20.884	23.997	28.594
材料	031507017	镀锌铁丝 ϕ2.5～4.0	kg	3.400	4.560	4.720	6.170
	012900002	钢板（综合）	kg	8.000	10.000	10.000	12.000
	040915003	黑铅粉	kg	0.050	0.050	0.050	0.050
	020117003	耐酸橡胶板 δ3	kg	2.230	3.500	4.450	4.450
	340203003	四氟带	kg	0.010	0.010	0.010	0.020
	022701001	棉纱	kg	0.300	0.400	0.400	0.400
	022703003	白布	kg	0.300	0.400	0.400	0.400
	031102005	铁砂布 $0^{\#}$～$2^{\#}$	张	2.000	2.000	2.000	2.000
	031301007	低碳钢焊条（综合）	kg	3.000	3.000	4.000	4.000
	031541003	钢锯条	条	4.000	4.000	4.000	4.000
	130115006	酚醛调和漆	kg	2.000	2.800	3.200	4.200
	133519007	橡胶无石棉盘根编织 ϕ11～25（250℃）	kg	0.200	0.400	0.400	0.400
	140111001	松节油	kg	0.160	0.220	0.260	0.340
	143505003	金属清洗剂	kg	0.035	0.070	0.070	0.070
	140509002	溶剂汽油	kg	0.150	0.300	0.300	0.300
	140303001	机油（综合）	kg	0.100	0.100	0.100	0.100
	142301001	红丹粉	kg	0.050	0.050	0.050	0.050
	142909001	氧气	m^3	8.000	8.000	8.000	10.000
	142907002	乙炔气	kg	3.077	3.077	3.077	3.846
	040327001	凡尔砂	kg	0.020	0.020	0.020	0.020
	850103006	其他材料费（占材料费）	%	2.000	2.000	2.000	2.000
机械	990304004	汽车式起重机 8t	台班	0.286	0.286	0.286	0.381
	990401020	载重汽车 5t	台班	0.381	0.476	0.571	0.762
	990813045	试压泵 60MPa	台班	0.143	0.238	0.238	0.238
	990901020	交流弧焊机 32kV·A	台班	1.505	1.505	1.905	1.905
	990919030	电焊条烘干箱 $60\times50\times75cm^3$	台班	0.151	0.151	0.191	0.191

3. 电 渗 析 器

工作内容：开箱、搬运、检查、安装等。 **计量单位：**台

编号				2-7-26	2-7-27
项目				电渗析器	
				出力（t/h 以内）	
				2～9	10～30
名称			单位	消耗量	
人工	000203000	综合二类工	工日	9.002	12.777
材料	012900002	钢板（综合）	kg	8.000	8.000
	020901003	聚氯乙烯薄膜	m^2	0.500	0.500
	340203003	四氟带	kg	0.010	0.010
	022703003	白布	kg	0.750	0.750
	031301007	低碳钢焊条（综合）	kg	0.600	0.600
	130115006	酚醛调和漆	kg	0.250	0.300
	143149001	氯化钠	kg	40.000	40.000
	142909001	氧气	m^3	4.000	4.000
	142907002	乙炔气	kg	1.538	1.538
	850103006	其他材料费（占材料费）	%	2.000	2.000
机械	990304004	汽车式起重机 8t	台班	0.476	0.476
	990401020	载重汽车 5t	台班	0.476	0.476
	990901020	交流弧焊机 32kV · A	台班	0.476	0.476
	990919030	电焊条烘干箱 $60 \times 50 \times 75cm^3$	台班	0.048	0.048

4. 软　化　器

工作内容：基础检查；垫铁配制及安装；开箱、搬运、检查、安装等。　　　　计量单位：台

	编　号			2-7-28	2-7-29	2-7-30	2-7-31
	项　目			钠离子软化器			
				直径（mm）			
				≤ 800	≤ 1000	≤ 1250	≤ 1600
		名　称	单位	消　耗　量			
人工	000203000	综合二类工	工日	12.484	14.406	22.831	27.627
材料	031507017	镀锌铁丝 ϕ2.5～4.0	kg	3.240	4.480	4.500	6.500
	012900002	钢板（综合）	kg	8.000	10.000	10.000	12.000
	040915003	黑铅粉	kg	0.050	0.050	0.050	0.050
	020117003	耐酸橡胶板 δ3	kg	3.230	6.230	6.450	6.680
	340203003	四氟带	kg	0.010	0.010	0.010	0.010
	022701001	棉纱	kg	0.260	0.260	0.370	0.470
	022703003	白布	kg	0.260	0.260	0.370	0.470
	031102005	铁砂布 0#～2#	张	2.000	2.000	3.000	4.000
	031301007	低碳钢焊条（综合）	kg	2.000	3.000	3.000	4.000
	031541003	钢锯条	条	2.000	2.000	4.000	4.000
	130115006	酚醛调和漆	kg	2.200	3.000	3.800	5.200
	133519007	橡胶无石棉盘根编织 ϕ11～25（250℃）	kg	0.200	0.200	0.400	0.600
	140111001	松节油	kg	0.180	0.240	0.300	0.400
	143505003	金属清洗剂	kg	0.035	0.035	0.070	0.117
	140509002	溶剂汽油	kg	0.150	0.150	0.300	0.500
	140303001	机油（综合）	kg	0.100	0.100	0.150	0.200
	142301001	红丹粉	kg	0.050	0.050	0.050	0.050
	142909001	氧气	m^3	4.000	4.000	6.000	6.000
	142907002	乙炔气	kg	1.538	1.538	2.308	2.308
	040327001	凡尔砂	kg	0.010	0.010	0.020	0.020
	850103006	其他材料费（占材料费）	%	2.000	2.000	2.000	2.000
机械	990304004	汽车式起重机 8t	台班	0.286	0.286	0.286	0.381
	990401020	载重汽车 5t	台班	0.381	0.571	0.762	0.952
	990813045	试压泵 60MPa	台班	0.143	0.143	0.238	0.381
	990901020	交流弧焊机 32kV·A	台班	0.952	0.952	1.429	1.429
	990919030	电焊条烘干箱 60×50×75cm^3	台班	0.095	0.095	0.143	0.143

工作内容：基础检查；垫铁配制及安装；开箱、搬运、检查、安装等。 **计量单位：**台

编号				2-7-32	2-7-33	2-7-34	2-7-35
项目				钠离子软化器		食盐溶解过滤器	
				直径（mm）			
				≤ 1800	≤ 2000	≤ 426	≤ 670
		名称	单位	消耗量			
人工	000203000	综合二类工	工日	30.633	36.978	5.578	6.795
材料	031507017	镀锌铁丝 ϕ2.5～4.0	kg	6.920	8.370	1.000	1.000
	012900002	钢板（综合）	kg	12.000	15.000	5.000	6.000
	040915003	黑铅粉	kg	0.050	0.100	0.050	0.050
	020117003	耐酸橡胶板 δ3	kg	9.680	9.900	2.000	2.000
	020112004	无石棉橡胶板低压 δ0.8～6	kg	—	—	0.230	0.230
	340203003	四氟带	kg	0.010	0.020	0.010	0.010
	022701001	棉纱	kg	0.470	0.480	0.250	0.250
	022703003	白布	kg	0.470	0.480	0.250	0.250
	031102005	铁砂布 $0^{\#}$～$2^{\#}$	张	4.000	5.000	1.000	1.000
	031301007	低碳钢焊条（综合）	kg	4.000	5.000	1.000	1.000
	130115006	酚醛调和漆	kg	6.000	7.000	0.130	0.200
	133519007	橡胶无石棉盘根编织 ϕ11～25（250℃）	kg	0.600	0.750	0.200	0.200
	143505003	金属清洗剂	kg	0.117	0.117	0.035	0.035
	140509002	溶剂汽油	kg	0.500	0.500	0.150	0.150
	140303001	机油（综合）	kg	0.200	0.250	0.100	0.100
	142301001	红丹粉	kg	0.050	0.100	0.050	0.050
	142909001	氧气	m^3	6.000	6.000	3.000	3.000
	142907002	乙炔气	kg	2.308	2.308	1.154	1.154
	040327001	凡尔砂	kg	0.020	0.020	0.010	0.010
	031541003	钢锯条	条	4.000	4.000	—	—
	140111001	松节油	kg	0.480	0.560	—	—
	850103006	其他材料费（占材料费）	%	2.000	2.000	2.000	2.000
机械	990304004	汽车式起重机 8t	台班	0.381	0.381	0.190	0.190
	990401020	载重汽车 5t	台班	1.238	1.143	0.190	0.190
	990813045	试压泵 60MPa	台班	0.381	0.381	0.143	0.143
	990901020	交流弧焊机 32kV · A	台班	1.429	1.429	0.476	0.476
	990919030	电焊条烘干箱 $60 \times 50 \times 75cm^3$	台班	0.143	0.143	0.048	0.048
	990401030	载重汽车 8t	台班	—	0.381	—	—

5. 衬胶离子交换器

工作内容：基础检查；垫铁配制及安装；开箱、搬运、检查、安装等。　　**计量单位：**台

编　号				2-7-36	2-7-37	2-7-38
项　目				阴阳离子交换器 直径（mm）		
				≤ 800	≤ 1000	≤ 1250
				树脂高 1.6m		
		名　称	单位	消　耗　量		
人工	000203000	综合二类工	工日	13.365	14.771	18.863
材料	031507017	镀锌铁丝 ϕ2.5～4.0	kg	3.240	4.380	4.600
	012900002	钢板（综合）	kg	8.000	10.000	10.000
	020117003	耐酸橡胶板 δ3	kg	3.000	6.000	6.000
	340203003	四氟带	kg	0.010	0.010	0.010
	021915001	尼龙绳（综合）	kg	0.100	0.200	0.200
	022703003	白布	kg	0.200	0.200	0.200
	022901004	白麻绳 ϕ26	kg	6.000	6.000	6.000
	031102005	铁砂布 0#～2#	张	1.000	2.000	2.000
	031301007	低碳钢焊条（综合）	kg	2.500	3.000	3.000
	031301003	不锈钢焊条 A102 ϕ3.2	kg	0.200	0.200	0.200
	031301018	硬聚氯乙烯焊条 ϕ4	kg	0.200	0.200	0.200
	031541003	钢锯条	条	2.000	2.000	4.000
	130115006	酚醛调和漆	kg	2.000	2.800	3.600
	140111001	松节油	kg	0.160	0.220	0.290
	142909001	氧气	m^3	2.000	2.000	2.000
	142907002	乙炔气	kg	0.769	0.769	0.769
	850103006	其他材料费（占材料费）	%	2.000	2.000	2.000
机械	990304004	汽车式起重机 8t	台班	0.286	0.286	0.286
	990401020	载重汽车 5t	台班	0.381	0.381	0.571
	990813045	试压泵 60MPa	台班	0.238	0.238	0.381
	990901020	交流弧焊机 32kV · A	台班	0.952	0.952	0.952
	991003020	电动空气压缩机 0.6m^3/min	台班	2.114	2.114	2.114
	990919030	电焊条烘干箱 60 × 50 × 75cm^3	台班	0.095	0.095	0.095

工作内容：基础检查；垫铁配制及安装；开箱、搬运、检查、安装等。 **计量单位：**台

编号				2-7-39	2-7-40	2-7-41
项目				阴阳离子交换器		
				直径（mm）		
				≤1600	≤1800	≤2000
				树脂高 2m		
名称			单位	消耗量		
人工	000203000	综合二类工	工日	23.878	26.824	30.514
材料	031507017	镀锌铁丝 ϕ2.5～4.0	kg	6.200	6.500	7.860
	012900002	钢板（综合）	kg	12.000	12.000	15.000
	020117003	耐酸橡胶板 δ3	kg	6.000	9.000	9.000
	340203003	四氟带	kg	0.010	0.010	0.010
	021915001	尼龙绳（综合）	kg	0.300	0.300	0.400
	022703003	白布	kg	0.200	0.200	0.200
	022901004	白麻绳 ϕ26	kg	6.000	6.000	6.000
	031102005	铁砂布 $0^{\#}$～$2^{\#}$	张	3.000	3.000	3.000
	031301007	低碳钢焊条（综合）	kg	3.000	3.000	3.000
	031301003	不锈钢焊条 A102 ϕ3.2	kg	0.200	0.200	0.200
	031301018	硬聚氯乙烯焊条 ϕ4	kg	0.200	0.200	0.200
	031541003	钢锯条	条	4.000	4.000	4.000
	130115006	酚醛调和漆	kg	5.400	6.000	7.000
	140111001	松节油	kg	0.430	0.500	0.560
	142909001	氧气	m^3	2.000	2.000	2.000
	142907002	乙炔气	kg	0.769	0.769	0.769
	850103006	其他材料费（占材料费）	%	2.000	2.000	2.000
机械	990304004	汽车式起重机 8t	台班	0.381	0.381	0.381
	990401020	载重汽车 5t	台班	0.857	1.143	1.238
	990813045	试压泵 60MPa	台班	0.381	0.476	0.476
	990901020	交流弧焊机 32kV·A	台班	0.952	0.952	0.952
	991003020	电动空气压缩机 0.6m^3/min	台班	2.114	2.114	2.114
	990919030	电焊条烘干箱 60×50×75cm^3	台班	0.095	0.095	0.095
	990401030	载重汽车 8t	台班	—	—	0.381

工作内容：基础检查；垫铁配制及安装；开箱、搬运、检查、安装等。　　**计量单位：**台

编　号				2-7-42	2-7-43	2-7-44	2-7-45
项　目				体外再生罐			
				直径（mm）			
				≤800	≤1000	≤1250	≤1600
名　称			单位	消　耗　量			
人工	000203000	综合二类工	工日	12.552	13.285	15.948	18.823
材料	031507017	镀锌铁丝 ϕ2.5～4.0	kg	3.000	4.000	4.000	5.000
	012900002	钢板（综合）	kg	8.000	10.000	10.000	12.000
	020117003	耐酸橡胶板 δ3	kg	3.000	6.000	6.000	6.000
	340203003	四氟带	kg	0.010	0.010	0.010	0.010
	021915001	尼龙绳（综合）	kg	0.100	0.200	0.200	0.300
	022703003	白布	kg	0.100	0.100	0.100	0.100
	022901004	白麻绳 ϕ26	kg	6.000	6.000	6.000	6.000
	031102005	铁砂布 $0^{\#}$～$2^{\#}$	张	1.000	2.000	2.000	3.000
	031301007	低碳钢焊条（综合）	kg	3.000	3.000	3.000	3.000
	031301003	不锈钢焊条 A102 ϕ3.2	kg	0.200	0.200	0.200	0.200
	031301018	硬聚氯乙烯焊条 ϕ4	kg	0.200	0.200	0.200	0.200
	031541003	钢锯条	条	4.000	4.000	4.000	4.000
	130115006	酚醛调和漆	kg	2.200	3.100	3.900	5.700
	140111001	松节油	kg	0.200	0.230	0.320	0.500
	142909001	氧气	m^3	2.000	2.000	2.000	2.000
	142907002	乙炔气	kg	0.769	0.769	0.769	0.769
	850103006	其他材料费（占材料费）	%	2.000	2.000	2.000	2.000
机械	990304004	汽车式起重机 8t	台班	0.286	0.286	0.286	0.381
	990401020	载重汽车 5t	台班	0.286	0.381	0.381	0.571
	990813045	试压泵 60MPa	台班	0.238	0.238	0.238	0.381
	990901020	交流弧焊机 32kV·A	台班	0.952	0.952	0.952	0.952
	991003020	电动空气压缩机 0.6m^3/min	台班	2.114	2.114	2.114	2.114
	990919030	电焊条烘干箱 60×50×75cm^3	台班	0.095	0.095	0.095	0.095

工作内容： 基础检查；垫铁配制及安装；开箱、搬运、检查、安装等。 **计量单位：** 台

编号				2-7-46	2-7-47	2-7-48	2-7-49
项目				树脂贮存罐			
				直径（mm）			
				≤ 800	≤ 1000	≤ 1250	≤ 1600
名称			单位	消耗量			
人工	000203000	综合二类工	工日	8.611	9.160	11.446	14.272
材料	031507017	镀锌铁丝 ϕ2.5～4.0	kg	3.000	4.000	4.000	5.000
	012900002	钢板（综合）	kg	8.000	10.000	10.000	12.000
	020117003	耐酸橡胶板 δ3	kg	3.000	6.000	6.000	6.000
	340203003	四氟带	kg	0.010	0.010	0.010	0.010
	022703003	白布	kg	0.100	0.100	0.100	0.100
	022901004	白麻绳 ϕ26	kg	6.000	6.000	6.000	6.000
	031102005	铁砂布 0#～2#	张	1.000	1.000	2.000	3.000
	031301007	低碳钢焊条（综合）	kg	3.000	3.000	3.000	3.000
	031301003	不锈钢焊条 A102 ϕ3.2	kg	0.200	0.200	0.200	0.200
	031301018	硬聚氯乙烯焊条 ϕ4	kg	0.200	0.200	0.200	0.200
	031541003	钢锯条	条	3.000	3.000	3.000	3.000
	130115006	酚醛调和漆	kg	2.200	2.800	3.600	5.400
	140111001	松节油	kg	0.200	0.220	0.290	0.430
	142909001	氧气	m^3	2.000	2.000	2.000	2.000
	142907002	乙炔气	kg	0.769	0.769	0.769	0.769
	850103006	其他材料费（占材料费）	%	2.000	2.000	2.000	2.000
机械	990304004	汽车式起重机 8t	台班	0.286	0.286	0.286	0.381
	990401020	载重汽车 5t	台班	0.286	0.381	0.381	0.571
	990813045	试压泵 60MPa	台班	0.238	0.238	0.238	0.381
	990901020	交流弧焊机 32kV·A	台班	0.952	0.952	0.952	0.952
	991003020	电动空气压缩机 0.6m^3/min	台班	2.114	2.114	2.114	2.114
	990919030	电焊条烘干箱 60×50×75cm^3	台班	0.095	0.095	0.095	0.095

6. 除二氧化碳器

工作内容：基础检查；垫铁配制及安装；开箱、搬运、检查、安装等。　　**计量单位：**台

编号				2-7-50	2-7-51	2-7-52	2-7-53	2-7-54	2-7-55
项目				填料高 2m			填料高 2.5m		
				直径（mm）					
				≤ 630	≤ 800	≤ 1000	≤ 1250	≤ 1400	≤ 1600
名称			单位	消耗量					
人工	000203000	综合二类工	工日	9.696	11.491	13.486	16.810	18.214	20.161
材料	012300001	型钢（综合）	kg	6.000	6.000	6.000	10.000	10.000	10.000
	031507017	镀锌铁丝 ϕ2.5～4.0	kg	3.000	3.000	3.000	6.000	6.000	6.000
	012900002	钢板（综合）	kg	12.000	12.000	14.000	14.000	14.000	14.000
	020117003	耐酸橡胶板 δ3	kg	0.600	0.600	0.600	1.000	1.000	1.000
	022703003	白布	kg	1.500	1.500	1.500	2.100	2.100	2.100
	022709006	羊毛毡 6～8	m^2	0.010	0.010	0.020	0.020	0.030	0.030
	031102005	铁砂布 0#～2#	张	1.000	1.000	2.000	3.000	3.000	3.000
	031301007	低碳钢焊条（综合）	kg	1.000	1.000	1.000	2.000	2.000	2.000
	031301003	不锈钢焊条 A102 ϕ3.2	kg	0.200	0.200	0.200	0.200	0.200	0.200
	031509010	斜垫铁（综合）	kg	6.420	6.420	6.420	6.420	7.230	7.230
	130115006	酚醛调和漆	kg	1.700	2.200	2.800	3.800	4.400	5.000
	140111001	松节油	kg	0.140	0.180	0.220	0.300	0.350	0.400
	143505003	金属清洗剂	kg	0.117	0.117	0.117	0.233	0.233	0.233
	140509002	溶剂汽油	kg	0.500	0.500	0.500	1.000	1.000	1.000
	143309002	黄甘油	kg	0.100	0.100	0.100	0.200	0.200	0.200
	142909001	氧气	m^3	2.000	2.000	2.000	4.000	4.000	4.000
	142907002	乙炔气	kg	0.769	0.769	0.769	1.538	1.538	1.538
	340907001	毛刷	把	1.000	1.000	1.000	1.000	1.000	1.000
	341101001	水	m^3	1.200	2.000	3.200	5.000	6.300	8.800
	850103006	其他材料费（占材料费）	%	2.000	2.000	2.000	2.000	2.000	2.000
机械	990304004	汽车式起重机 8t	台班	0.248	0.248	0.248	0.248	0.248	0.248
	990304016	汽车式起重机 16t	台班	0.190	0.190	0.190	0.286	0.286	0.286
	990401020	载重汽车 5t	台班	0.210	0.286	0.381	0.571	0.667	0.857
	990901020	交流弧焊机 32kV·A	台班	0.476	0.476	0.476	0.952	0.952	0.952
	990919030	电焊条烘干箱 60 × 50 × 75cm^3	台班	0.048	0.048	0.048	0.095	0.095	0.095

7. 反渗透装置

工作内容：基础检查；垫铁配制及安装；开箱、搬运、检查、安装等。 **计量单位：**台

编号				2-7-56	2-7-57	2-7-58	2-7-59
项目				卷膜式		中空式	
				出力（t/h）			
				≤30	≤60	≤50	≤100
名称			单位	消耗量			
人工	000203000	综合二类工	工日	9.128	12.168	10.451	20.239
材料	031509010	斜垫铁（综合）	kg	4.820	7.230	7.230	7.230
	031507013	镀锌铁丝 $\phi1.5\sim2.5$	kg	1.320	1.520	1.520	1.900
	012900002	钢板（综合）	kg	13.500	18.000	27.000	36.000
	020117003	耐酸橡胶板 $\delta3$	kg	1.000	1.000	2.000	2.000
	022703003	白布	kg	0.793	0.793	0.793	0.793
	031301007	低碳钢焊条（综合）	kg	1.700	1.700	3.400	3.400
	031301003	不锈钢焊条 A102 $\phi3.2$	kg	0.750	0.750	1.400	1.400
	031301018	硬聚氯乙烯焊条 $\phi4$	kg	0.350	0.350	0.700	0.700
	143309001	甘油	kg	4.000	5.000	4.000	5.000
	143505006	洗衣粉	kg	4.000	5.000	2.000	3.000
	142909001	氧气	m^3	2.400	2.400	4.800	4.800
	142907002	乙炔气	kg	0.923	0.923	1.846	1.846
	850103006	其他材料费（占材料费）	%	2.000	2.000	2.000	2.000
机械	990304012	汽车式起重机 12t	台班	0.952	0.952	0.952	0.952
	990401030	载重汽车 8t	台班	0.476	0.476	0.952	0.952
	990813045	试压泵 60MPa	台班	0.476	0.476	0.476	0.476
	990901020	交流弧焊机 32kV·A	台班	0.448	0.448	0.905	0.905
	990919030	电焊条烘干箱 $60\times50\times75cm^3$	台班	0.045	0.045	0.091	0.091

工作内容：基础检查；垫铁配制及安装；开箱、搬运、检查、安装等。　　　　**计量单位：**台

编　号				2-7-60	2-7-61	2-7-62
项　目				精密过滤器		
				直径（mm）		
				≤400	≤600	≤800
名　称			单位	消　耗　量		
人工	000203000	综合二类工	工日	10.076	11.499	13.554
材料	031507013	镀锌铁丝 ϕ1.5～2.5	kg	0.760	1.140	1.140
	031509007	平垫铁（综合）	kg	5.400	7.200	7.200
	031509010	斜垫铁（综合）	kg	1.000	1.500	2.000
	020117003	耐酸橡胶板 δ3	kg	2.000	2.000	2.500
	022703003	白布	kg	0.793	0.793	0.793
	031102005	铁砂布 $0^{\#}$～$2^{\#}$	张	2.000	2.000	2.000
	031301007	低碳钢焊条（综合）	kg	1.700	2.550	2.550
	031301003	不锈钢焊条 A102 ϕ3.2	kg	0.800	1.400	1.900
	130115006	酚醛调和漆	kg	1.400	1.800	2.000
	140509006	油漆溶剂油	kg	0.110	0.140	0.160
	142909001	氧气	m^3	3.200	4.800	6.400
	142907002	乙炔气	kg	1.231	1.846	2.462
	850103006	其他材料费（占材料费）	%	2.000	2.000	2.000
机械	990304004	汽车式起重机 8t	台班	0.381	0.381	0.381
	990401020	载重汽车 5t	台班	0.381	0.381	0.381
	990813045	试压泵 60MPa	台班	0.476	0.476	0.476
	990901020	交流弧焊机 32kV·A	台班	0.448	0.905	0.905
	990919030	电焊条烘干箱 $60 \times 50 \times 75cm^3$	台班	0.045	0.091	0.091

三、水处理辅助设备安装

1. 酸碱贮存罐

工作内容：基础检查、铲平，垫铁配制及安装；开箱、搬运、检查、安装等。 **计量单位：**台

编号				2-7-63	2-7-64	2-7-65	2-7-66
项目				容积（m^3）			
				≤8	≤16	≤20	≤40
名称			单位	消耗量			
人工	000203000	综合二类工	工日	5.730	8.246	9.466	10.729
材料	031507017	镀锌铁丝 $\phi2.5\sim4.0$	kg	3.000	5.000	8.000	8.000
	012900002	钢板（综合）	kg	10.000	12.000	16.000	16.000
	020117003	耐酸橡胶板 $\delta3$	kg	2.000	2.000	4.000	6.000
	022703003	白布	kg	0.500	0.500	0.500	0.500
	031301007	低碳钢焊条（综合）	kg	1.000	1.000	1.000	1.000
	130115006	酚醛调和漆	kg	0.250	0.250	0.250	0.500
	142909001	氧气	m^3	2.000	2.000	2.000	2.000
	142907002	乙炔气	kg	0.769	0.769	0.769	0.769
	850103006	其他材料费（占材料费）	%	2.000	2.000	2.000	2.000
机械	990304024	汽车式起重机 25t	台班	0.260	0.320	0.500	0.600
	990401030	载重汽车 8t	台班	0.286	0.286	0.381	—
	990901020	交流弧焊机 32kV·A	台班	0.476	0.476	0.476	0.476
	990919030	电焊条烘干箱 $60\times50\times75cm^3$	台班	0.048	0.048	0.048	0.048
	990401035	载重汽车 10t	台班	—	—	—	0.381

2. 溶液箱（计量箱）计量器

工作内容：开箱、搬运、检查、安装等。　　　　**计量单位**：台

编　号				2-7-67	2-7-68	2-7-69
项　目				容积（m^3）		
				⩽0.5	⩽1.5	⩽3
		名　称	单位	消　耗　量		
人工	000203000	综合二类工	工日	2.557	3.338	4.292
材料	031507017	镀锌铁丝 ϕ2.5～4.0	kg	3.000	4.000	6.000
	012900002	钢板（综合）	kg	5.000	7.000	9.000
	020117003	耐酸橡胶板 δ3	kg	1.000	1.000	2.000
	022703003	白布	kg	0.500	0.500	0.500
	031102005	铁砂布 0#～2#	张	1.000	1.000	1.000
	031301007	低碳钢焊条（综合）	kg	1.000	1.000	1.000
	130115006	酚醛调和漆	kg	1.800	1.800	2.000
	140111001	松节油	kg	0.100	0.100	0.100
	142909001	氧气	m^3	2.000	2.000	2.000
	142907002	乙炔气	kg	0.769	0.769	0.769
	850103006	其他材料费（占材料费）	%	2.000	2.000	2.000
机械	990304004	汽车式起重机 8t	台班	0.230	0.230	0.230
	990401020	载重汽车 5t	台班	0.190	0.190	0.190
	990901020	交流弧焊机 32kV·A	台班	0.476	0.476	0.476
	990919030	电焊条烘干箱 60×50×75cm³	台班	0.048	0.048	0.048

工作内容：开箱、搬运、检查、安装等。　　　　**计量单位**：台

编　号				2-7-70	2-7-71	2-7-72
项　目				胶囊计量器		喷射器
				直径（mm）		
				⩽300	⩽670	
		名　称	单位	消　耗　量		
人工	000203000	综合二类工	工日	1.161	1.786	3.775
材料	031507007	镀锌铁丝（综合）	kg	0.910	1.400	—
	012903004	热轧中厚钢板 δ15 以内	kg	4.876	7.500	—
	020101008	橡胶板 δ3	kg	1.300	2.000	—
	031301021	钢焊条 J507（综合）	kg	0.553	0.850	—
	142909001	氧气	m^3	0.845	1.300	3.000
	142907002	乙炔气	kg	0.325	0.500	1.154
	012300001	型钢（综合）	kg	—	—	8.000
	012900002	钢板（综合）	kg	—	—	10.000
	020117003	耐酸橡胶板 δ3	kg	—	—	1.000
	022703003	白布	kg	—	—	0.250
	031101009	尼龙砂轮片 ϕ100	片	—	—	1.000
	031301007	低碳钢焊条（综合）	kg	—	—	1.500
	850103006	其他材料费（占材料费）	%	2.000	2.000	2.000
机械	990304024	汽车式起重机 25t	台班	0.037	0.057	—
	990401035	载重汽车 10t	台班	0.037	0.057	—
	990901020	交流弧焊机 32kV·A	台班	0.114	0.176	0.476
	990919030	电焊条烘干箱 60×50×75cm³	台班	0.011	0.018	0.048

3. 搅 拌 器

工作内容： 基础检查；开箱、搬运、检查、安装等。　　**计量单位：** 台

编号				2-7-73	2-7-74
项目				容积（m^3）	
				≤3	≤8
名称			单位	消耗量	
人工	000203000	综合二类工	工日	3.953	6.742
材料	031507017	镀锌铁丝 ϕ2.5～4.0	kg	1.000	2.000
	012900002	钢板（综合）	kg	8.000	11.000
	340203003	四氟带	kg	0.010	0.010
	022703003	白布	kg	0.500	0.500
	031102005	铁砂布 0#～2#	张	1.000	1.000
	031301007	低碳钢焊条（综合）	kg	1.000	1.000
	130115006	酚醛调和漆	kg	1.800	2.600
	140111001	松节油	kg	0.100	0.160
	143505003	金属清洗剂	kg	0.187	0.187
	143309002	黄甘油	kg	0.200	0.200
	142909001	氧气	m^3	3.000	3.000
	142907002	乙炔气	kg	1.154	1.154
	850103006	其他材料费（占材料费）	%	2.000	2.000
机械	990304004	汽车式起重机 8t	台班	0.476	0.476
	990401020	载重汽车 5t	台班	0.476	0.476
	990901020	交流弧焊机 32kV·A	台班	0.476	0.476
	990919030	电焊条烘干箱 60×50×75cm³	台班	0.048	0.048

4. 吸　收　器

工作内容： 基础检查；开箱、搬运、检查、安装等。　　　　**计量单位：** 台

编　号				2-7-75	2-7-76	2-7-77
项　目				泡沫吸收器	吸收器	
				直径（mm）		
				≤ 600	≤ 266	≤ 362
		名　称	单位	消　耗　量		
人工	000203000	综合二类工	工日	8.545	1.703	1.703
材料	031507017	镀锌铁丝 ϕ2.5～4.0	kg	4.000	—	—
	012900002	钢板（综合）	kg	13.000	—	—
	020117003	耐酸橡胶板 δ3	kg	2.000	3.400	4.000
	340203003	四氟带	kg	0.010	—	—
	022703003	白布	kg	0.200	—	—
	031102005	铁砂布 0#～2#	张	1.000	—	—
	031301007	低碳钢焊条（综合）	kg	2.000	—	—
	130115006	酚醛调和漆	kg	1.200	0.150	0.150
	140111001	松节油	kg	0.100	—	—
	142909001	氧气	m^3	2.000	—	—
	142907002	乙炔气	kg	0.769	—	—
	850103006	其他材料费（占材料费）	%	2.000	2.000	2.000
机械	990304004	汽车式起重机 8t	台班	0.476	—	—
	990401020	载重汽车 5t	台班	0.286	—	—
	990901020	交流弧焊机 32kV · A	台班	0.952	—	—
	990919030	电焊条烘干箱 60 × 50 × 75cm³	台班	0.095	—	—

5. 树脂捕捉器

工作内容： 开箱、搬运、检查、安装、调整。　　　　**计量单位：** 台

编　号				2-7-78	2-7-79	2-7-80
项　目				直径（mm）		
				≤ 133	≤ 219	≤ 273
		名　称	单位	消　耗　量		
人工	000203000	综合二类工	工日	2.120	2.716	2.900
材料	012300001	型钢（综合）	kg	4.500	5.000	5.500
	031507017	镀锌铁丝 ϕ2.5～4.0	kg	0.900	1.000	1.100
	012900002	钢板（综合）	kg	3.600	4.000	4.400
	020117003	耐酸橡胶板 δ3	kg	3.600	4.000	4.400
	022703003	白布	kg	0.090	0.100	0.110
	031301007	低碳钢焊条（综合）	kg	0.900	1.000	1.100
	130115006	酚醛调和漆	kg	0.135	0.150	0.165
	142909001	氧气	m^3	1.800	2.000	2.200
	142907002	乙炔气	kg	0.692	0.769	0.846
	850103006	其他材料费（占材料费）	%	2.000	2.000	2.000
机械	990901020	交流弧焊机 32kV · A	台班	0.428	0.476	0.524
	990919030	电焊条烘干箱 60 × 50 × 75cm³	台班	0.043	0.048	0.052

6. 水　　箱

工作内容：基础检查、铲平，垫铁配制及安装；开箱、搬运、检查、安装等。　　　　**计量单位：**台

编　　号				2-7-81	2-7-82	2-7-83	2-7-84
项　　目				容积（m^3）			
				10	20	30	40
名　　称			单位	消　耗　量			
人工	000203000	综合二类工	工日	6.709	9.140	12.247	17.049
材料	031507017	镀锌铁丝 ϕ2.5～4.0	kg	3.000	5.000	6.000	8.000
	012900002	钢板（综合）	kg	5.000	7.000	9.000	12.000
	020112004	无石棉橡胶板低压 δ0.8～6	kg	3.000	3.000	3.000	5.000
	340203003	四氟带	kg	0.010	0.010	0.010	0.010
	022703003	白布	kg	0.100	0.100	0.100	0.100
	031102005	铁砂布 0#～2#	张	3.000	4.000	5.000	7.000
	031301007	低碳钢焊条（综合）	kg	3.000	5.000	6.000	8.000
	031541003	钢锯条	条	3.000	3.000	3.000	3.000
	130115006	酚醛调和漆	kg	5.800	8.800	11.800	16.000
	140111001	松节油	kg	0.460	0.700	0.940	1.280
	142909001	氧气	m^3	3.000	6.000	12.000	15.000
	142907002	乙炔气	kg	1.154	2.308	4.615	5.769
	341101001	水	m^3	12.000	24.000	36.000	60.000
	850103006	其他材料费（占材料费）	%	2.000	2.000	2.000	2.000
机械	990304024	汽车式起重机 25t	台班	0.380	0.380	0.476	0.648
	990403010	平板拖车组 10t	台班	0.190	0.190	0.286	0.286
	990901020	交流弧焊机 32kV·A	台班	0.476	0.952	1.429	1.905
	990919030	电焊条烘干箱 60×50×75cm^3	台班	0.048	0.095	0.143	0.191

四、汽水取样设备安装

工作内容：开箱、搬运、检查、安装等。 **计量单位：**套

编 号				2-7-85
项 目				成套取样装置
名 称			单位	消 耗 量
人工	000203000	综合二类工	工日	8.549
材料	031507007	镀锌铁丝（综合）	kg	1.000
	012903004	热轧中厚钢板 δ15 以内	kg	5.000
	022901001	麻绳（综合）	kg	2.440
	031301021	钢焊条 J507（综合）	kg	2.980
	031301001	不锈钢焊条（综合）	kg	1.000
	133519016	油浸无石棉铜丝盘根编织 ϕ3（450℃）	kg	0.300
	142909001	氧气	m^3	3.800
	142907002	乙炔气	kg	1.462
	170101011	焊接钢管 *DN*50	kg	10.000
	172709006	塑料软管 De10	m	7.800
	850103006	其他材料费（占材料费）	%	2.000
机械	990306035	自升式塔式起重机 2500kN · m	台班	0.238
	990401035	载重汽车 10t	台班	0.286
	990901020	交流弧焊机 32kV · A	台班	1.129
	990919030	电焊条烘干箱 60 × 50 × 75cm^3	台班	0.113

五、炉内水处理装置安装

工作内容：开箱、搬运、检查、安装等。 **计量单位：**套

编号				2-7-86	2-7-87	2-7-88
项目				溶液箱		
				容积（m^3）		
				≤1×2	≤2×1	≤4×0.6
名称			单位	消耗量		
人工	000203000	综合二类工	工日	26.722	40.775	61.801
材料	012300001	型钢（综合）	kg	15.000	15.000	20.000
	031509007	平垫铁（综合）	kg	6.200	7.210	9.220
	020117003	耐酸橡胶板 δ3	kg	1.500	1.500	2.000
	340203010	聚四氟乙烯生料带 26mm×20m×0.1mm	m	4.500	4.500	9.000
	203309002	聚四氟乙烯垫	kg	0.003	0.003	0.009
	031301007	低碳钢焊条（综合）	kg	3.000	2.500	6.300
	031301003	不锈钢焊条 A102 ϕ3.2	kg	1.000	0.500	2.000
	130115006	酚醛调和漆	kg	0.500	0.500	0.500
	133519001	聚四氟乙烯盘根	kg	0.300	0.300	0.900
	142909001	氧气	m^3	3.000	3.000	6.000
	142907002	乙炔气	kg	1.154	1.154	2.308
	850103006	其他材料费（占材料费）	%	2.000	2.000	2.000
机械	990304024	汽车式起重机 25t	台班	0.420	0.420	0.420
	990401020	载重汽车 5t	台班	0.476	0.476	0.476
	990901020	交流弧焊机 32kV·A	台班	1.143	0.952	3.162
	990919030	电焊条烘干箱 60×50×75cm^3	台班	0.114	0.095	0.316

六、铜管凝汽器镀膜装置安装

工作内容：开箱、搬运、检查、安装等。　　**计量单位：**套

编号				2-7-89	2-7-90	2-7-91
项目				溶液箱		
				容积（m^3）		
				≤2×4	≤2×2.5	≤2×1.6
名称			单位	消耗量		
人工	000203000	综合二类工	工日	28.209	25.640	24.411
材料	012300001	型钢（综合）	kg	20.000	15.000	15.000
	031509007	平垫铁（综合）	kg	9.220	6.210	4.200
	020117003	耐酸橡胶板 δ3	kg	2.000	1.500	1.500
	031301007	低碳钢焊条（综合）	kg	6.500	4.000	3.000
	031301003	不锈钢焊条 A102 ϕ3.2	kg	1.000	1.000	1.000
	130115006	酚醛调和漆	kg	0.500	0.250	0.250
	142909001	氧气	m^3	6.000	4.000	4.000
	142907002	乙炔气	kg	2.308	1.538	1.538
	850103006	其他材料费（占材料费）	%	2.000	2.000	2.000
机械	990304024	汽车式起重机 25t	台班	0.420	0.420	0.400
	990401020	载重汽车 5t	台班	0.476	0.476	0.476
	990901020	交流弧焊机 32kV·A	台班	3.162	1.143	1.143
	990919030	电焊条烘干箱 60×50×75cm^3	台班	0.316	0.114	0.114

七、油处理设备安装

工作内容： 基础检查；垫铁配制及安装；开箱、搬运、检查、安装等。 **计量单位：** 台

编号				2-7-92	2-7-93	2-7-94	2-7-95
项目				露天油箱			中间油箱
				容积（m^3）			
				≤ 10	≤ 20	≤ 30	≤ 2
名称			单位	消耗量			
人工	000203000	综合二类工	工日	8.266	10.154	11.571	2.736
材料	031507017	镀锌铁丝 ϕ2.5～4.0	kg	5.000	5.000	6.000	1.000
	012900002	钢板（综合）	kg	6.000	8.000	10.000	6.000
	020115005	耐油无石棉橡胶板 δ2	kg	3.000	3.000	3.000	1.500
	340203003	四氟带	kg	0.010	0.020	0.020	0.010
	022701001	棉纱	kg	1.500	2.000	2.500	0.500
	022703003	白布	kg	2.000	3.000	3.000	0.500
	031101009	尼龙砂轮片 ϕ100	片	1.000	2.000	2.000	1.000
	031102005	铁砂布 0#～2#	张	6.000	9.000	12.000	1.000
	031301007	低碳钢焊条（综合）	kg	2.000	2.000	2.000	2.000
	031541003	钢锯条	条	3.000	3.000	3.000	2.000
	130115006	酚醛调和漆	kg	6.500	10.000	12.700	1.300
	142909001	氧气	m^3	3.000	3.000	3.000	2.000
	142907002	乙炔气	kg	1.154	1.154	1.154	0.769
	850103006	其他材料费（占材料费）	%	2.000	2.000	2.000	2.000
机械	990304024	汽车式起重机 25t	台班	0.320	0.320	0.380	0.190
	990401030	载重汽车 8t	台班	0.190	0.190	0.286	—
	990904030	直流弧焊机 20kV · A	台班	0.476	0.476	0.476	0.476
	990919030	电焊条烘干箱 60 × 50 × 75cm^3	台班	0.048	0.048	0.048	0.048
	990401020	载重汽车 5t	台班	—	—	—	0.190

第八章

脱硫、脱硝设备安装工程

说 明

一、本章内容包括发电与供热项目工程中脱硫装置、脱硫辅助设备、脱硝装置、脱硝辅助设备等安装工程。

二、相关说明：

1. 脱硫设备安装。

（1）设备安装定额中，包括随设备本体配套的设备螺栓框架、地脚螺栓、底座、支架、平台、防护罩、减振器、管道、阀门等安装与单体调试以及配合设备基础灌浆等。

（2）定额中不包括下列工作内容，工程实际发生时，执行相应的定额。

①设备平台、扶梯、栏杆、基础预埋框架、地脚螺栓、支架、底座、防护罩、减振器等配制。

②设备间非厂供连接管道与冷却水等管道以及管道支架的安装。

③设备的保温、防腐与耐磨内衬。

④设备金属表面除锈、油漆。

⑤设备基础灌浆。

（3）吸收塔、贮仓制作安装包括本体及附件的配制、组装、安装工作内容。配制包括对原材料检查、下料、坡口、打磨、单件焊接等工作内容。

（4）吸收塔内部装置安装包括支撑件等钢结构以及塔内除雾器、喷淋层、喷嘴、导流板、滤网的安装和内部连接管道的安装、人孔门的研磨与封闭等内容。吸收塔内部装置全部按照设备供货考虑。定额以入塔烟气对应的锅炉容量和三层喷淋装置为 1 套，当设计的喷淋装置层数不同时，每增减一层，相应定额增减 20%。

（5）脱硫附属机械及辅助设备安装包括设备配套电动机安装，不包括电动机检查接线及空转调试。

（6）烟气换热器（GGH）安装包括 GGH 本体、传动装置、密封装置、检测装置、传热元件、进出口短管及连接法兰、油循环系统、干燥装置、冲洗装置等安装。

（7）外置式除雾器本体制作安装包括除雾器入口法兰至除雾器出口法兰止金属结构的制作，除雾器壳体、内部金属结构加固、支撑等下料、配制、组合、安装，与壳体连接的接管座、人孔门、平台扶梯金属结构等制作与安装。

（8）外置式除雾器内部件安装包括外置式除雾器入口法兰至出口法兰间，壳体内全部设备及结构（含非金属的部件）的安装，除雾器内部件、冲洗系统、水槽的组合与安装以及随设备供货的管道、阀门、管件、金属结构等安装。

（9）真空皮带脱水机安装包括机架、料斗、橡胶滤带、真空装置、进料装置、调偏装置、驱动装置、洗涤装置、排液装置、信号装置及本机的连接管路等安装。

（10）石膏仓卸料装置安装包括筒仓排放装置、平面滑动板、液压系统、传动系统等组合安装。

2. 脱硝设备安装。

（1）设备安装定额中，包括随设备本体配套的管道、仪表与阀门安装与单体调试以及配合设备基础灌浆等。

（2）定额中不包括下列工作内容，工程实际发生时，执行相应的安装定额。

设备间管道及支吊架的配制、安装。随设备供货的平台、梯子、栏杆安装。设备、管道的保温和油漆。设备基础灌浆。

（3）脱硝反应器本体制作安装包括壳体制作与安装，包括反应器内金属梁、烟气整流装置、密封装置、隔板、滤网、人孔门、接管座等组合安装及标识牌安装。

（4）催化剂模块安装包括催化剂装运、就位，反应器内催化剂定位及密封等。

（5）氨气—热空气混合器、稀释风机安装包括设备本体的安装及随设备供应的混合器、加热器、烟道连接管道、阀门和附件等安装。

（6）脱硝区域钢结构、平台扶梯、烟道、风机等安装执行本册其他章节相应定额。

（7）起吊设施、管道及支吊架的安装执行其他安装册相应定额。

（8）氨区设备安装是以液氨为脱硝介质编制的，其他脱硝介质的设备安装根据出力与状态，参照相应的液氨设备安装定额执行。

（9）氨区废水泵和管道及支吊架的安装执行其他安装册相应定额。

3. 老厂进行环保设施改建、扩建时，脱硫与脱硝设备安装执行本章定额乘以系数 1.15。

4. 本章定额综合考虑了不同的设备出力、不同的布置方式、不同的设备型号编制的，执行定额时不做调整。

工程量计算规则

一、根据脱硫、脱硝工艺布置系统图，按照定额项目中规定的计量单位计算工程量。

二、脱硫设备安装：

1. 吸收塔本体、贮仓根据图示尺寸，按照本体及附件的成品重量以“t”为计量单位，不计算吸收塔内部装置、焊条、油漆重量。制作与安装用的垫铁、加工操作平台、临时措施型钢等不计算工程量。

2. 一炉一塔布置的脱硫系统，吸收塔内部装置根据单台锅炉额定蒸发量，按照吸收塔座数以“套”为计量单位；多炉一塔布置的脱硫系统，吸收塔内部装置根据入塔烟气总量，折算成锅炉额定蒸发量所对应的吸收塔座数以“套”为计量单位。当多台锅炉总容量大于220t/h配置一座吸收塔时，按照锅炉容量220t/h进行折算，不足锅炉容量220t/h时，按照锅炉容量150t/h进行折算，不足锅炉容量150t/h时，按照锅炉容量150t/h计算一套。

3. 脱硫辅机设备不分设备出力，按照辅机设备台数计算工程量。

4. 烟气换热器（GGH）以冷烟入口至热烟出口间装置为一套计算工程量。

5. 外置式除雾器内部件以外置式除雾器入口法兰至出口法兰间装置为一套计算工程量。

三、脱硝设备安装：

1. 脱硝反应器本体制作安装根据图示尺寸，按照成品重量计算工程量，不计算焊条、油漆重量。制作安装用的垫铁、加工操作平台、临时措施型钢等不计算工程量。

2. 催化剂模块根据系统布置的图示尺寸，按照实际安装催化剂模块的外轮廓体积计算工程量，不扣除模块间间隙所占体积。

3. 脱硝辅机设备不分设备出力，按照辅机设备台数计算工程量。

一、脱硫设备安装

1. 吸收塔、贮仓制作与安装

工作内容： 基础检查、中心线校核；设备基础框架、地脚螺栓、支架安装；下料、配制、分片组对、焊接；场内运搬、清点、分类复核、检查、水压试验等。 **计量单位：** t

编号				2-8-1	2-8-2	2-8-3
项目				吸收塔	石灰石粉仓	石膏贮仓
名称			单位	消耗量		
人工	000203000	综合二类工	工日	12.088	17.461	18.856
材料	012300002	型钢（综合）	kg	（1111.772）	（1090.187）	（1093.899）
	031507007	镀锌铁丝（综合）	kg	0.332	0.562	0.664
	012903002	中厚钢板（综合）	kg	1.708	0.932	2.158
	031301009	低碳钢焊条 J427（综合）	kg	33.130	24.721	33.425
	031101004	砂轮片 ϕ200	片	1.993	2.388	2.825
	050109005	枕木 2500mm × 200mm × 160mm	根	0.034	0.028	0.037
	130507025	环氧富锌漆	kg	7.665	5.947	7.034
	142909001	氧气	m^3	5.315	3.369	4.496
	142907002	乙炔气	kg	2.044	1.296	1.729
	161109001	软胶片 80 × 300	张	3.070	2.510	2.510
	031301021	钢焊条 J507（综合）	kg	—	8.384	—
	850103006	其他材料费（占材料费）	%	2.000	2.000	2.000
机械	990302040	履带式起重机 50t	台班	0.132	0.130	0.116
	990304024	汽车式起重机 25t	台班	0.312	0.245	0.303
	990302075	履带式起重机 150t	台班	0.052	0.039	0.045
	990403020	平板拖车组 20t	台班	0.023	0.019	—
	990403010	平板拖车组 10t	台班	0.047	0.039	—
	990734010	卷板机 20 × 2000mm	台班	0.246	0.203	0.242
	990732030	剪板机 20 × 2000mm	台班	0.158	0.144	0.171
	990901010	交流弧焊机 21kV · A	台班	5.259	6.205	5.306
	990919030	电焊条烘干箱 60 × 50 × 75cm^3	台班	0.526	0.621	0.531
	872128001	探伤机	台班	0.234	0.191	0.188
	872128019	X 射线探伤机	台班	0.099	—	—
	990401020	载重汽车 5t	台班	—	—	0.002

2. 吸收塔内部装置

工作内容：清理、检查、组装、安装、调整。 **计量单位：**套

编号				2-8-4	2-8-5
项目				锅炉蒸发量（t/h）	
				≤150	<220
名称			单位	消耗量	
人工	000203000	综合二类工	工日	300.686	428.664
材料	012300001	型钢（综合）	kg	217.000	385.000
	012903004	热轧中厚钢板 δ15 以内	kg	70.000	120.000
	020101005	橡胶板 δ5～10	kg	103.000	220.000
	022703003	白布	kg	3.150	5.400
	031301021	钢焊条 J507（综合）	kg	49.600	87.300
	031101009	尼龙砂轮片 φ100	片	217.000	306.000
	031301001	不锈钢焊条（综合）	kg	15.750	27.000
	142909001	氧气	m^3	25.200	43.200
	142907002	乙炔气	kg	9.692	16.615
	144103002	氯丁橡胶粘接剂	kg	3.850	6.600
	341101001	水	m^3	78.750	135.000
	031109001	角磨片 φ25	片	138.000	207.000
	850103006	其他材料费（占材料费）	%	2.000	2.000
机械	990302035	履带式起重机 40t	台班	0.500	0.857
	990401045	载重汽车 15t	台班	1.333	2.286
	990503030	电动单筒慢速卷扬机 50kN	台班	13.333	22.857
	990901020	交流弧焊机 32kV·A	台班	17.000	29.143
	991003050	电动空气压缩机 $6m^3/min$	台班	6.333	10.857
	991201010	轴流通风机 7.5kW	台班	7.000	12.000
	991204010	鼓风机 $8m^3/min$	台班	1.333	2.286
	990919030	电焊条烘干箱 $60 \times 50 \times 75cm^3$	台班	1.700	2.914

3. 脱硫辅机设备

工作内容： 基础检查、中心线校核；垫铁配制；设备检查、运搬、清点、分类复核、安装、检查、水压试验、单体调试。

计量单位： 见表

编号				2-8-6	2-8-7	2-8-8	2-8-9
项目				增压风机	烟气换热器（GGH）	浆液循环泵	离心式烟气冷却泵
单位				台	套	台	
名称			单位	消耗量			
人工	000203000	综合二类工	工日	31.559	125.629	31.212	12.460
材料	012300001	型钢（综合）	kg	4.600	87.600	—	1.076
	012903005	热轧中厚钢板 δ15 以外	kg	28.600	49.700	—	—
	013503001	紫铜板（综合）	kg	0.155	—	—	0.072
	022701003	棉纱头	kg	1.530	8.850	1.685	1.031
	022703002	白布	m	0.495	4.950	—	0.261
	022709006	羊毛毡 6～8	m^2	0.124	0.756	—	—
	092705002	纱布	张	5.400	28.600	5.616	2.610
	031301021	钢焊条 J507（综合）	kg	6.660	14.800	0.648	—
	031509010	斜垫铁（综合）	kg	51.600	—	13.446	1.827
	140901003	黄油钙基脂	kg	1.085	7.650	0.856	0.707
	142909001	氧气	m^3	11.773	90.828	5.054	1.098
	142907002	乙炔气	kg	4.528	34.934	1.944	0.422
	023503013	无石棉扭绳（综合）	kg	6.750	7.200	—	—
	341101001	水	m^3	3.600	—	—	—
	013903001	紫铜棒 ϕ16～80	kg	—	4.950	—	—
	020112005	无石棉橡胶板 低中压 δ0.8～6	kg	—	2.025	—	0.729
	020901004	聚氯乙烯薄膜	kg	—	3.870	—	—
	031101009	尼龙砂轮片 ϕ100	片	—	22.100	—	—
	050109005	枕木 2500mm × 200mm × 160mm	根	—	7.200	0.028	0.009
	133503013	密封胶	L	—	1.620	—	—
	170201061	无缝钢管 D51～70 × 4.7～7	kg	—	30.150	—	—
	311921002	滤油纸 300 × 300	张	—	125.000	—	—
	031109001	角磨片 ϕ25	片	—	40.950	—	—
	031507007	镀锌铁丝（综合）	kg	—	—	0.449	0.275
	012907009	镀锌薄钢板 δ2～2.5	kg	—	—	0.749	—
	031509007	平垫铁（综合）	kg	—	—	8.288	0.909
	143505003	金属清洗剂	kg	—	—	0.787	0.292
	010901008	圆钢 ϕ10～14	kg	—	—	—	0.671
	012903004	热轧中厚钢板 δ15 以内	kg	—	—	—	0.671

续前

编号				2-8-6	2-8-7	2-8-8	2-8-9
项目				增压风机	烟气换热器（GGH）	浆液循环泵	离心式烟气冷却泵
单位				台	套	台	
		名称	单位	消耗量			
材料	031301009	低碳钢焊条 J427（综合）	kg	—	—	—	0.923
	133519010	油浸无石棉盘根 编织 ϕ6～10（250℃）	kg	—	—	—	0.342
	850103006	其他材料费（占材料费）	%	2.000	2.000	2.000	2.000
机械	990302040	履带式起重机 50t	台班	0.287	4.114	—	—
	990401045	载重汽车 15t	台班	0.306	—	—	—
	990901020	交流弧焊机 32kV·A	台班	1.057	5.870	0.206	—
	990919030	电焊条烘干箱 $60\times50\times75cm^3$	台班	0.106	0.587	0.021	0.025
	990304024	汽车式起重机 25t	台班	—	1.029	—	—
	990403020	平板拖车组 20t	台班	—	1.886	—	—
	991003070	电动空气压缩机 $10m^3/min$	台班	—	0.900	—	—
	991275010	滤油机 LX100	台班	—	1.543	—	—
	990302035	履带式起重机 40t	台班	—	—	0.178	—
	990305010	叉式起重机 3t	台班	—	—	0.223	—
	990401030	载重汽车 8t	台班	—	—	0.223	—
	990305020	叉式起重机 5t	台班	—	—	—	0.048
	990306035	自升式塔式起重机 2500kN·m	台班	—	—	—	0.024
	990401020	载重汽车 5t	台班	—	—	—	0.016
	990901010	交流弧焊机 21kV·A	台班	—	—	—	0.251

工作内容：基础检查、中心线校核；垫铁配制；设备检查、运搬、清点、分类复核、安装、检查、水压试验、单体调试。

计量单位：见表

编号				2-8-10	2-8-11	2-8-12
项目				外置式除雾器本体制作安装	外置式除雾器内部件安装	氧化风机
单位				t	套	台
		名称	单位	消耗量		
人工	000203000	综合二类工	工日	17.416	85.203	21.300
材料	012300002	型钢（综合）	kg	（1091.000）	（74.250）	—
	031507007	镀锌铁丝（综合）	kg	0.408	0.432	—
	031301009	低碳钢焊条 J427（综合）	kg	25.792	1.287	—
	031101004	砂轮片 ϕ200	片	1.061	—	—
	050109005	枕木 2500mm × 200mm × 160mm	根	0.160	0.014	—
	130507025	环氧富锌漆	kg	6.120	—	—
	142909001	氧气	m^3	3.400	8.825	4.849
	142907002	乙炔气	kg	1.308	3.394	1.865

续前

编号				2-8-10	2-8-11	2-8-12
项目				外置式除雾器本体制作安装	外置式除雾器内部件安装	氧化风机
单位				t	套	台
名称			单位	消耗量		
材料	010901008	圆钢 ϕ10～14	kg	—	1.054	—
	012903004	热轧中厚钢板 δ15 以内	kg	—	21.150	—
	020101005	橡胶板 δ5～10	kg	—	41.850	—
	022703003	白布	kg	—	0.900	—
	031301021	钢焊条 J507（综合）	kg	—	21.600	1.537
	031101009	尼龙砂轮片 ϕ100	片	—	93.600	—
	031301001	不锈钢焊条（综合）	kg	—	4.500	—
	144103002	氯丁橡胶粘接剂	kg	—	1.179	—
	341101001	水	m^3	—	22.500	2.916
	031109001	角磨片 ϕ25	片	—	47.700	—
	012903005	热轧中厚钢板 δ15 以外	kg	—	—	19.440
	013503001	紫铜板（综合）	kg	—	—	0.072
	022701003	棉纱头	kg	—	—	0.724
	022703002	白布	m	—	—	0.162
	092705002	纱布	张	—	—	1.447
	031509010	斜垫铁（综合）	kg	—	—	30.240
	143505003	金属清洗剂	kg	—	—	0.507
	140901003	黄油钙基脂	kg	—	—	0.724
	023503013	无石棉扭绳（综合）	kg	—	—	0.544
机械	990302040	履带式起重机 50t	台班	0.076	—	—
	990304024	汽车式起重机 25t	台班	0.190	—	0.220
	990302075	履带式起重机 150t	台班	0.019	0.030	—
	990401020	载重汽车 5t	台班	0.005	0.025	—
	990403030	平板拖车组 40t	台班	0.036	—	—
	990901010	交流弧焊机 21kV·A	台班	5.340	3.788	—
	990919030	电焊条烘干箱 $60 \times 50 \times 75cm^3$	台班	0.534	0.527	0.149
	990302035	履带式起重机 40t	台班	—	0.550	—
	990401045	载重汽车 15t	台班	—	0.432	—
	990901020	交流弧焊机 32kV·A	台班	—	1.486	1.486
	991003050	电动空气压缩机 $6m^3/min$	台班	—	1.800	—
	991201010	轴流通风机 7.5kW	台班	—	2.016	—
	991204010	鼓风机 $8m^3/min$	台班	—	0.380	—
	990401035	载重汽车 10t	台班	—	—	0.171

工作内容：基础检查、中心线校核；垫铁配制；设备检查、运搬、清点、分类复核、安装、检查、水压试验、单体调试。

计量单位：台

		编　　号		2-8-13	2-8-14	2-8-15	2-8-16
		项　　目		石灰石湿磨	石灰石干磨	真空皮带脱水机	旋流器
		名　　称	单位	消　耗　量			
人工	000203000	综合二类工	工日	153.045	151.436	93.241	13.262
材料	022709007	羊毛毡 12～15	m^2	—	1.140	—	—
	031505026	铜丝布 16 目	m^2	—	0.054	—	—
	011307001	不锈钢扁钢（综合）	kg	—	—	0.023	—
	020112004	无石棉橡胶板 低压 δ0.8～6	kg	—	—	0.716	—
	133519006	橡胶无石棉盘根 编织 ϕ6～25（250℃）	kg	—	—	0.063	—
	012300001	型钢（综合）	kg	24.120	12.600	5.400	1.800
	031507007	镀锌铁丝（综合）	kg	3.600	3.240	3.470	0.540
	031301009	低碳钢焊条 J427（综合）	kg	7.009	11.600	6.930	—
	050109005	枕木 2500mm × 200mm × 160mm	根	1.724	0.260	0.090	0.225
	142909001	氧气	m^3	7.800	32.459	16.350	4.410
	142907002	乙炔气	kg	3.000	12.484	6.288	1.696
	012903004	热轧中厚钢板 δ15 以内	kg	2.912	5.832	18.000	—
	022703003	白布	kg	0.054	0.065	—	—
	031301021	钢焊条 J507（综合）	kg	7.502	4.248	6.970	3.780
	031101009	尼龙砂轮片 ϕ100	片	—	—	4.500	—
	031301001	不锈钢焊条（综合）	kg	—	—	0.018	—
	144103002	氯丁橡胶粘接剂	kg	0.356	0.396	0.491	—
	341101001	水	m^3	0.583	0.864	3.680	—
	031109001	角磨片 ϕ25	片	0.162	—	—	—
	012903005	热轧中厚钢板 δ15 以外	kg	204.840	38.880	51.750	—
	013503001	紫铜板（综合）	kg	0.497	0.220	0.203	—
	022701003	棉纱头	kg	7.920	6.480	4.500	—
	022703002	白布	m	0.875	1.080	—	—
	092705002	纱布	张	23.760	17.280	23.400	—
	031509010	斜垫铁（综合）	kg	123.480	135.000	81.900	—
	143505003	金属清洗剂	kg	3.360	1.715	1.995	0.105
	140901003	黄油钙基脂	kg	5.760	4.680	3.461	—
	023503013	无石棉扭绳（综合）	kg	1.865	6.552	1.175	2.880
	010100007	钢筋 ϕ10 以内	kg	10.370	17.350	8.820	21.600
	010301002	钢丝 ϕ0.1～0.5	kg	0.151	0.043	0.122	—
	012901015	热轧薄钢板 δ3.5～4.0	kg	13.390	32.580	11.390	27.900
	012907007	镀锌薄钢板 δ0.7～0.9	kg	0.216	1.499	0.806	0.450
	013903001	紫铜棒 ϕ16～80	kg	0.810	0.212	—	—
	020101008	橡胶板 δ3	kg	0.648	1.497	—	—
	020112005	无石棉橡胶板 低中压 δ0.8～6	kg	0.158	0.753	0.275	—

续前

编号				2-8-13	2-8-14	2-8-15	2-8-16
项目				石灰石湿磨	石灰石干磨	真空皮带脱水机	旋流器
名称			单位	消耗量			
材料	020115004	耐油无石棉橡胶板 δ1	kg	1.130	1.796	—	—
	020901004	聚氯乙烯薄膜	kg	1.094	0.487	0.360	—
	022709006	羊毛毡 6～8	m^2	0.464	—	—	—
	022901001	麻绳（综合）	kg	1.332	0.356	—	—
	031509007	平垫铁（综合）	kg	1.314	0.788	1.026	—
	040301001	中砂	m^3	0.176	0.094	—	—
	133503013	密封胶	L	0.020	0.196	0.392	—
	023503009	无石棉绳（综合）	kg	0.356	0.144	—	—
	311921002	滤油纸 300×300	张	57.000	—	—	—
机械	990305010	叉式起重机 3t	台班	—	0.019	—	—
	990403020	平板拖车组 20t	台班	—	0.433	—	—
	990813045	试压泵 60MPa	台班	—	—	0.231	—
	990401040	载重汽车 12t	台班	—	—	—	0.086
	990302040	履带式起重机 50t	台班	0.900	—	—	—
	990304024	汽车式起重机 25t	台班	0.861	2.400	0.857	—
	990901010	交流弧焊机 21kV·A	台班	2.637	2.376	2.713	—
	990919030	电焊条烘干箱 60×50×75cm^3	台班	0.412	0.386	0.665	0.078
	990302035	履带式起重机 40t	台班	—	—	0.200	0.343
	990901020	交流弧焊机 32kV·A	台班	1.486	1.486	3.934	0.783
	991003050	电动空气压缩机 6m^3/min	台班	—	—	0.048	—
	991201010	轴流通风机 7.5kW	台班	—	—	1.668	—
	991204010	鼓风机 8m^3/min	台班	—	—	0.703	—
	990401035	载重汽车 10t	台班	0.861	1.029	0.471	—
	990305020	叉式起重机 5t	台班	0.171	0.108	0.108	—
	991003070	电动空气压缩机 10m^3/min	台班	0.270	0.686	—	—
	991275010	滤油机 LX100	台班	2.428	—	—	—

工作内容：基础检查、中心线校核；垫铁配制；设备检查、运搬、清点、分类复核、安装、检查、水压试验、单体调试。

计量单位：台

编号				2-8-17	2-8-18	2-8-19
项目				石灰浆搅拌器	石膏仓卸料装置	离心脱水机
名称			单位	消耗量		
人工	000203000	综合二类工	工日	11.253	26.525	31.350
材料	011307001	不锈钢扁钢（综合）	kg	—	—	0.005
	020112004	无石棉橡胶板 低压 δ0.8～6	kg	—	—	0.194
	133519006	橡胶无石棉盘根 编织 φ6～25（250℃）	kg	—	—	0.018
	012300001	型钢（综合）	kg	—	0.225	1.575
	031507007	镀锌铁丝（综合）	kg	0.360	0.047	0.936

续前

编号				2-8-17	2-8-18	2-8-19
项目				石灰浆搅拌器	石膏仓卸料装置	离心脱水机
名称			单位	消耗量		
材料	031301009	低碳钢焊条 J427（综合）	kg	—	0.139	1.890
	050109005	枕木 2500mm × 200mm × 160mm	根	—	0.001	0.027
	142909001	氧气	m^3	1.350	2.385	8.406
	142907002	乙炔气	kg	0.519	0.917	3.233
	012903004	热轧中厚钢板 δ15 以内	kg	5.400	—	18.450
	022703003	白布	kg	0.800	1.912	—
	031301021	钢焊条 J507（综合）	kg	0.450	0.662	4.185
	031101009	尼龙砂轮片 ϕ100	片	—	—	1.202
	144103002	氯丁橡胶粘接剂	kg	—	—	0.135
	341101001	水	m^3	—	—	2.115
	013503001	紫铜板（综合）	kg	—	—	0.054
	022701003	棉纱头	kg	0.540	0.386	1.175
	092705002	纱布	张	0.900	10.800	6.300
	031509010	斜垫铁（综合）	kg	—	—	22.050
	143505003	金属清洗剂	kg	0.105	1.785	0.545
	140901003	黄油钙基脂	kg	—	1.890	0.936
	023503013	无石棉扭绳（综合）	kg	—	3.938	0.320
	012901015	热轧薄钢板 δ3.5～4.0	kg	—	9.450	3.060
	012907007	镀锌薄钢板 δ0.7～0.9	kg	—	—	0.216
	013903001	紫铜棒 ϕ16～80	kg	—	0.315	—
	020112005	无石棉橡胶板 低中压 δ0.8～6	kg	—	—	0.072
	020901004	聚氯乙烯薄膜	kg	—	—	0.099
	031509007	平垫铁（综合）	kg	—	—	0.279
	133503013	密封胶	L	—	—	0.108
机械	990813045	试压泵 60MPa	台班	—	—	0.069
	990304004	汽车式起重机 8t	台班	0.214	—	—
	990401030	载重汽车 8t	台班	0.214	—	—
	990302040	履带式起重机 50t	台班	—	0.700	—
	990304024	汽车式起重机 25t	台班	—	—	0.257
	990901010	交流弧焊机 21kV · A	台班	—	0.060	1.281
	990919030	电焊条烘干箱 60 × 50 × 75cm^3	台班	0.012	0.027	0.246
	990302035	履带式起重机 40t	台班	—	—	0.070
	990901020	交流弧焊机 32kV · A	台班	0.123	0.210	1.179
	991003050	电动空气压缩机 6m^3/min	台班	—	—	0.013
	991201010	轴流通风机 7.5kW	台班	—	—	0.502
	991204010	鼓风机 8m^3/min	台班	—	—	0.210
	990401035	载重汽车 10t	台班	—	—	0.108
	990305020	叉式起重机 5t	台班	—	—	0.030
	990401020	载重汽车 5t	台班	—	1.200	—

二、脱硝设备安装

工作内容： 基础检查,中心线校核；垫铁配制；设备检查、搬运、安装、检查、分部试运、单体调试。

计量单位： 见表

				2-8-20	2-8-21	2-8-22	2-8-23	2-8-24
编号				2-8-20	2-8-21	2-8-22	2-8-23	2-8-24
项目				脱硝反应器本体制作与安装	催化剂模块	稀释风机	氨气—热空气混合器	液氨卸料压缩机组
单位				t	m^3	台		
		名称	单位	消耗量				
人工	000203000	综合二类工	工日	18.274	1.072	3.416	2.813	12.861
材料	031507007	镀锌铁丝（综合）	kg	0.459	0.207	0.900	0.855	0.360
	022701003	棉纱头	kg	—	0.120	—	—	0.653
	022703003	白布	kg	—	—	—	—	3.929
	031301021	钢焊条 J507（综合）	kg	30.359	—	1.148	1.035	0.266
	031509007	平垫铁（综合）	kg	—	—	—	—	3.483
	031509010	斜垫铁（综合）	kg	—	—	—	—	6.480
	143505003	金属清洗剂	kg	0.101	—	—	—	0.483
	140901003	黄油钙基脂	kg	—	—	—	—	0.491
	142909001	氧气	m^3	2.522	0.069	0.585	0.585	0.225
	142907002	乙炔气	kg	0.970	0.027	0.225	0.225	0.087
	012300001	型钢（综合）	kg	8.249	0.680	1.710	1.440	—
	012903002	中厚钢板（综合）	kg	1.433	0.110	—	—	—
	031101004	砂轮片 ϕ200	片	1.719	0.055	—	—	—
	050109005	枕木 2500mm × 200mm × 160mm	根	0.029	—	—	—	—
	130507025	环氧富锌漆	kg	6.350	—	—	—	—
	031301009	低碳钢焊条 J427（综合）	kg	—	0.118	—	—	—
	012903004	热轧中厚钢板 δ15 以内	kg	—	—	3.825	3.600	—
	021915002	尼龙绳 ϕ0.5～1	kg	—	—	1.800	—	—
	022901001	麻绳（综合）	kg	—	—	0.054	—	—
	031301001	不锈钢焊条（综合）	kg	—	—	0.054	0.765	—
	133519002	橡胶盘根 低压	kg	—	—	1.350	0.990	—
	850103006	其他材料费（占材料费）	%	2.000	2.000	2.000	2.000	2.000
机械	990302040	履带式起重机 50t	台班	0.100	—	1.569	—	—
	990304024	汽车式起重机 25t	台班	0.252	0.019	—	—	—
	990302075	履带式起重机 150t	台班	0.019	—	0.857	0.857	—
	990403020	平板拖车组 20t	台班	0.039	—	0.150	0.065	—
	990901010	交流弧焊机 21kV · A	台班	6.914	0.016	0.150	0.086	—
	991003070	电动空气压缩机 $10m^3$/min	台班	—	0.048	—	—	—
	991204020	鼓风机 $18m^3$/min	台班	—	0.038	0.305	0.388	—
	990305020	叉式起重机 5t	台班	—	—	—	—	0.112
	990401020	载重汽车 5t	台班	0.369	0.014	—	—	0.129
	990901020	交流弧焊机 32kV · A	台班	—	—	—	—	0.067
	990919030	电焊条烘干箱 60 × 50 × $75cm^3$	台班	0.691	0.002	0.015	0.009	0.007

第九章

炉墙保温与砌筑、耐磨衬砌工程

说　明

一、本章内容包括敷管式及膜式水冷壁炉墙砌筑、框架式炉墙砌筑、局部耐火材料砌筑、炉墙填料填塞、抹面与密封涂料、炉墙热态测试、炉墙砌筑脚手架及平台搭拆、耐磨衬砌等安装工程。

二、相关说明：

1. 本章炉墙砌筑定额适用于 < 220t/h 轻型炉墙砌筑工程；重型炉墙砌筑、设备与管道保温绝热及油漆工 程执行相应定额。

2. 炉墙砌筑定额包括局部油漆防腐、穿墙管表面涂刷沥青、膨胀缝设置、L 型钩钉焊接、铁丝网下料、吊钩安装，钢筋加工点焊及绑扎。定额不包括炉墙金属密封件安装、炉墙金属护板（波型板）支承连接件安装、脚手架搭拆。

3. 耐火塑料定额适用于汽包底部及空气预热器伸缩节等施工部位；燃烧带敷设定额适用于炉膛高温区带钩钉的水冷壁管表面敷设；保温混凝土定额适用于炉墙节点的零星部位。

4. 炉墙填料填塞定额包括材料搬运、填塞料部位清理、按照压缩比或配比填塞、搅拌、修理。定额不包括填塞部位钢板密封焊接、脚手架搭拆。

5. 炉墙抹面及密封涂料定额包括材料搬运，钢筋加工、焊接、绑扎、钢丝网安装与涂刷沥青以及按照配比配料、表面修理、试块制作。定额不包括脚手架搭拆。

6. 炉墙保温护壳安装定额包括咬口成型、钉口成型紧固；金属支撑件安装定额包括托砖架、支承件、连接件、压条、钢板等安装、焊接。定额不包括托砖架、支承件、连接件、压条等制作加工以及脚手架搭拆。

7. 炉墙砌筑脚手架搭拆定额适用于锅炉炉墙保温与砌筑所需全部脚手架的搭拆。定额按照锅炉容量编制，对不同炉型已作了综合考虑，执行定额时不作换算。本定额不适用于锅炉炉膛内的满膛脚手架、锅炉附属设备和锅炉本体有关保温施工的脚手架搭拆。

8. 耐磨衬砌定额适用于热力设备、管道内或外衬砌耐磨材料工程。定额包括材料搬运、调制胶泥、清洗板块、下料、养护。定额不包括铺设钢板网或钢丝网，工程设计需要时，执行相应定额另行计算。

9. 平板罩壳安装、设备隔声罩壳安装按成品供货考虑，仅适用于汽轮机和燃气轮机，其它设备采用时可参照执行。

10. 平板罩壳安装按平板考虑的，若采用压型波纹板时，定额项目乘以 1.05 系数。

11. 设备隔声罩壳安装按双面平板考虑的，若采用单（双）面压型波纹板时，定额项目分别乘以 1.03（1.05）系数；当板波形高度小于 10mm 时按平板计算。

工程量计算规则

一、炉墙砌筑、局部耐火材料砌筑、炉墙填料填塞根据设计选用材质，按照设计图示尺寸的成品体积以“m^3”为计量单位。计算工程量时不扣除宽度＜25mm 膨胀缝、单个面积＜$0.02m^2$ 孔洞、炉门喇叭口斜度、墙根交叉处的小斜坡所占体积。

二、炉墙耐火层、保温层工程量计算规则。

1. 敷管式及膜式水冷壁炉墙工程量计算体积工程量计算式：

$$V = F \times \delta l$$

$$\delta l = S \times \delta - \pi d/8$$

式中：V——混凝土工程量体积（m^3）；

F——与水冷壁管接触部分的耐火（或保温）混凝土的外部表面积（m^2）；

l——混凝土层计算厚度（m）；

δ——混凝土层设计厚度（m）；

S——受热面管道节距（m）；

d——受热面管道外径（m）。

2. 管道穿墙处耐火混凝土（填料）工程量计算体积工程量计算式：

$$V = a \times b \times h - n \times \pi d^2/4 \times h$$

式中：V——耐火混凝土（填料）体积（m^3）；

a——耐火混凝土（填料）宽度（m）；

b——耐火混凝土（填料）长度（m）；

h——耐火混凝土（填料）厚度（m）；

d——穿墙管外径（m）；

n——穿墙管数量（根）。

3. 炉墙砌筑与保温制品或敷设矿物棉、泡沫石棉板工程量计算体积工程量计算式：

$$V = F \times \delta$$

式中：V——工程量体积（m^3）；

F——敷设面积（m^2）；

δ——辐射层厚度（m）。

4. 计算炉墙砌筑与保温层厚度时，按照设计成品厚度计算工程量，不考虑材料的压实系数。计算炉墙砌筑与保温材料量时，应根据选用材料的性质，结合设计成品厚度计算。

三、抹面、密封涂料根据炉墙结构形式，按照设计图示尺寸的展开面积以“m^2”为计量单位。计算工程量时不扣除宽度小于 25mm 膨胀缝、单个面积小于 $0.02m^2$ 孔洞、管道相交时预留间距、滑动支架处预留的膨胀间隙等所占面积。罩壳、突出立面或平面的部分按照展开面积计算工程量，转角、交角、交叉等重复部分及局部加强、加厚部分不增加工程量。

四、炉墙保温护壳和设备保温消声罩壳根据材质，按照设计图示尺寸的实铺面积以“m^2”为计量单位计算工程量。计算工程量时不扣除宽度小于 5mm 膨胀缝、单个面积小于 $0.1m^2$ 孔洞、管道相交时预留间距、滑动支架处预留的膨胀间隙等所占面积。罩壳、突出立面或平面的部分按照表面积计算工程量，不计算转角、交角、交叉、咬合、收边、接头、施工下料损耗量等。

五、金属支撑件和罩壳支撑件安装根据设计布置及图示尺寸，按照成品重量以“t”为计量单位。不计算下料及加工制作损耗量，计算支撑件安装重量的范围包括：托砖架、瓦斯管、钢板、支承件、连接件、压条等。

六、耐磨衬砌根据材料种类，按照设计图示尺寸实铺面积以“m^2”为计量单位。扣除单个面积 $0.1m^2$ 以上孔洞、凸出耐磨面的物体所占面积。凸出耐磨面的部件需要做耐磨时，应按照其展开面积计算，并入耐磨工程量内。

一、敷管式、膜式炉墙砌筑

1. 混凝土砌筑

工作内容： 材料搬运、放线下料、平台铺设；配料、搅拌、浇灌、捣打、表面处理、养生及试块制作；模板制作、安装及拆除等。

计量单位： m^3

编号				2-9-1	2-9-2	2-9-3	2-9-4	2-9-5
项目				磷酸盐混凝土	耐火混凝土	保温混凝土		
				炉底	直斜墙及包墙	敷管式直斜墙及包墙	膜式水冷壁炉墙厚（mm）	
							≤ 80	≤ 180
名称			单位	消耗量				
人工	000203000	综合二类工	工日	15.185	10.214	3.179	6.128	3.787
材料	802712001	磷酸盐混凝土	m^3	（1.100）	—	—	—	—
	802701001	耐火混凝土	m^3	—	（1.060）	—	—	—
	802707001	保温混凝土	m^3	—	—	（1.060）	（1.060）	（1.060）
	012300001	型钢（综合）	kg	6.501	—	—	—	—
	031507013	镀锌铁丝 ϕ1.5～2.5	kg	5.591	—	—	—	—
	020101005	橡胶板 δ5～10	kg	0.948	—	—	—	—
	031501013	圆钉 30～45	kg	0.095	0.663	0.284	0.663	0.114
	031301007	低碳钢焊条（综合）	kg	1.895	2.559	—	1.895	0.474
	031505008	镀锌钢丝网 ϕ3.6 × 40 × 40	m^2	1.421	34.873	—	30.514	6.065
	050301004	木板（综合）	m^3	0.019	0.038	0.019	0.038	0.009
	050500004	胶合板 δ6	m^2	1.895	1.895	—	—	—
	010100006	钢筋 ϕ10 以内	t	—	0.038	0.038	0.019	0.019
	850103006	其他材料费（占材料费）	%	2.000	2.000	2.000	2.000	2.000
机械	990406010	机动翻斗车 1t	台班	0.721	0.063	0.027	0.027	0.027
	990601020	涡浆式混凝土搅拌机 350L	台班	0.271	0.279	0.180	0.180	0.180
	990901010	交流弧焊机 21kV · A	台班	1.353	1.343	—	1.072	0.217
	991201010	轴流通风机 7.5kW	台班	0.451	—	—	—	—
	990919030	电焊条烘干箱 60 × 50 × 75cm^3	台班	0.135	0.134	—	0.107	0.022
	990506010	单笼施工电梯 1t 75m	台班	—	0.045	0.036	0.036	0.036

2. 保温制品砌筑

工作内容：表面清扫、除垢及局部油漆防腐；材料搬运、铺砌、接缝、固定等。　　**计量单位**：m^3

编号				2-9-6	2-9-7
项目				矿、岩棉超细棉缝合毡	矿棉、岩棉、泡沫石棉半硬板
		名称	单位	消耗量	
人工	000203000	综合二类工	工日	1.491	1.352
材料	150301009	岩棉板毡	m^3	（1.030）	（1.030）
	031507013	镀锌铁丝 $\phi1.5\sim2.5$	kg	6.444	6.444
	031505005	镀锌钢丝网 $\phi1.6\times20\times20$	m^2	6.444	6.444
	850103006	其他材料费（占材料费）	%	2.000	2.000
机械	990401020	载重汽车 5t	台班	0.009	0.009

二、框架式炉墙砌筑

工作内容：表面清扫、除垢及局部油漆防腐；钢筋加工、点焊或绑扎；配料、搅拌、浇灌，捣打、表面处理等。　　**计量单位**：m^3

编号				2-9-8	2-9-9	2-9-10
项目				耐火混凝土	保温混凝土	保温制品
				直斜墙		
		名称	单位	消耗量		
人工	000203000	综合二类工	工日	8.725	2.797	0.939
材料	802701001	耐火混凝土	m^3	（1.040）	—	—
	802707001	保温混凝土	m^3	—	（1.060）	—
	150000002	保温制品	m^3	—	—	（1.060）
	010907002	不锈钢圆钢 $\phi6$	kg	53.636	—	—
	031507013	镀锌铁丝 $\phi1.5\sim2.5$	kg	0.606	—	8.244
	031501013	圆钉 30～45	kg	0.588	0.284	—
	031301002	不锈钢焊条 A102 $\phi2.5$	kg	6.444	—	—
	040100003	水泥 32.5	kg	18.953	—	—
	040301001	中砂	m^3	0.047	—	—
	050301004	木板（综合）	m^3	0.038	0.019	—
	050500004	胶合板 $\delta6$	m^2	1.895	0.569	—
	133301001	石油沥青油毡	m^2	13.741	—	—
	010100006	钢筋 $\phi10$ 以内	t	—	0.045	0.011
	031301007	低碳钢焊条（综合）	kg	—	0.474	0.123
	850103006	其他材料费（占材料费）	%	2.000	2.000	2.000
机械	990406010	机动翻斗车 1t	台班	0.063	0.027	0.027
	990506010	单笼施工电梯 1t 75m	台班	0.027	0.036	0.036
	990601020	涡浆式混凝土搅拌机 350L	台班	0.271	0.180	—
	990904030	直流弧焊机 20kV·A	台班	1.379	—	—
	990919030	电焊条烘干箱 $60\times50\times75cm^3$	台班	0.138	0.072	0.054
	990901010	交流弧焊机 21kV·A	台班	—	0.721	0.540

三、局部耐火材料砌筑

1. 炉 顶 砌 筑

工作内容： 表面清扫、除垢及局部油漆防腐；钢筋加工、点焊或绑扎；配料、搅拌、浇灌，捣打、表面处理等。

计量单位： m^3

编号				2-9-11	2-9-12	2-9-13
项目				耐火混凝土		
				敷管式	膜式	框架式
名称			单位	消耗量		
人工	000203000	综合二类工	工日	12.318	10.840	12.086
材料	802701001	耐火混凝土	m^3	（1.060）	（1.060）	（1.060）
	010100006	钢筋 ϕ10 以内	t	0.003	0.003	—
	031501013	圆钉 30～45	kg	0.379	0.334	0.379
	031301007	低碳钢焊条（综合）	kg	0.474	0.417	—
	031505008	镀锌钢丝网 $\phi3.6\times40\times40$	m^2	31.272	27.519	—
	050301004	木板（综合）	m^3	0.028	0.025	0.142
	050500004	胶合板 δ6	m^2	1.895	1.668	2.843
	010907002	不锈钢圆钢 ϕ6	kg	—	—	46.718
	031507013	镀锌铁丝 ϕ1.5～2.5	kg	—	—	0.663
	031301002	不锈钢焊条 A102 ϕ2.5	kg	—	—	0.474
	040301001	中砂	m^3	—	—	0.047
	133301001	石油沥青油毡	m^2	—	—	13.741
	850103006	其他材料费（占材料费）	%	2.000	2.000	2.000
机械	990406010	机动翻斗车 1t	台班	0.063	0.056	0.063
	990506010	单笼施工电梯 1t 75m	台班	0.271	0.238	0.135
	990601020	涡浆式混凝土搅拌机 350L	台班	0.271	0.238	—
	990901010	交流弧焊机 21kV · A	台班	1.353	1.190	—
	990919030	电焊条烘干箱 $60\times50\times75cm^3$	台班	0.135	0.119	0.057
	990601010	涡浆式混凝土搅拌机 250L	台班	—	—	0.235
	990904030	直流弧焊机 20kV · A	台班	—	—	0.568

工作内容：表面清扫、除垢及局部油漆防腐；钢筋加工、点焊或绑扎；配料、搅拌、浇灌，捣打、表面处理等。

计量单位：m³

编　号				2-9-14	2-9-15	2-9-16
项　目				保温混凝土		
				敷管式	膜式	框架式
名　称			单位	消　耗　量		
人工	000203000	综合二类工	工日	3.280	2.885	2.096
材料	802707001	保温混凝土	m³	（1.060）	（1.060）	（1.060）
	031501013	圆钉 30～45	kg	0.284	0.250	0.284
	050301004	木板（综合）	m³	0.019	0.017	0.019
	850103006	其他材料费（占材料费）	%	2.000	2.000	2.000
机械	990406010	机动翻斗车 1t	台班	0.027	0.024	0.018
	990506010	单笼施工电梯 1t 75m	台班	0.271	0.238	0.090
	990601020	涡浆式混凝土搅拌机 350L	台班	0.271	0.238	—
	990601010	涡浆式混凝土搅拌机 250L	台班	—	—	0.117

2. 炉墙中局部浇筑耐火混凝土

工作内容：表面清扫、除垢及局部油漆防腐；钢筋加工、点焊或绑扎；配料、搅拌、浇灌，捣打、表面处理等。

计量单位：m³

编　号				2-9-17	2-9-18	2-9-19	2-9-20
项　目				耐火混凝土	耐火塑料	保温混凝土	燃烧带敷设
名　称			单位	消　耗　量			
人工	000203000	综合二类工	工日	10.408	24.423	4.626	15.209
材料	802701001	耐火混凝土	m³	（1.060）	—	—	—
	155909001	耐火塑料	m³	—	（1.060）	—	（1.060）
	802707001	保温混凝土	m³	—	—	（1.060）	—
	010907002	不锈钢圆钢 ϕ6	kg	30.324	32.598	—	—
	031507013	镀锌铁丝 ϕ1.5～2.5	kg	0.758	0.663	—	—
	031501013	圆钉 30～45	kg	0.379	0.379	—	0.095
	031301002	不锈钢焊条 A102 ϕ2.5	kg	1.421	1.421	—	—
	050301006	木板 δ25	m³	0.142	—	—	—
	050500004	胶合板 δ6	m²	0.948	0.569	—	—
	133301001	石油沥青油毡	m²	6.633	7.581	—	—
	050301004	木板（综合）	m³	—	0.142	—	0.190
	850103006	其他材料费（占材料费）	%	2.000	2.000	2.000	2.000
机械	990406010	机动翻斗车 1t	台班	0.063	0.063	0.027	0.063
	990506010	单笼施工电梯 1t 75m	台班	0.180	0.180	0.271	0.180
	990601020	涡浆式混凝土搅拌机 350L	台班	0.225	0.225	0.180	0.225
	990904030	直流弧焊机 20kV · A	台班	0.271	0.271	—	—
	990919030	电焊条烘干箱 60×50×75cm³	台班	0.027	0.027	—	—

四、炉墙填料填塞

工作内容：材料搬运、填塞料部位清理；填塞、搅拌、修理等。 **计量单位：**m³

编号				2-9-21	2-9-22
项目				高硅氧纤维	纤维毡类制品
名称			单位	消耗量	
人工	000203000	综合二类工	工日	6.441	2.040
材料	152307001	高硅氧纤维	kg	（202.000）	—
	152307004	纤维毡类制品	m³	—	（1.060）
	850103006	其他材料费（占材料费）	%	2.000	2.000
机械	990406010	机动翻斗车 1t	台班	0.009	0.009
	990506010	单笼施工电梯 1t 75m	台班	0.090	0.090

五、抹面、密封涂料

工作内容：材料搬运、绑扎、涂刷沥青；配料、搅拌、抹面、压光、表面修理及试块制作等。 **计量单位：**m²

编号				2-9-23	2-9-24	2-9-25
项目				敷管式炉墙抹面	敷管式炉墙密封涂料	膜式炉墙抹面
名称			单位	消耗量		
人工	000203000	综合二类工	工日	0.103	0.335	0.094
材料	130103015	抹面材料	m³	（0.027）	—	（0.023）
	130527001	密封涂料	m³	—	（0.021）	—
	010900002	圆钢（综合）	kg	0.379	0.303	0.322
	031301007	低碳钢焊条（综合）	kg	0.019	0.019	0.016
	031505005	镀锌钢丝网 $\phi1.6 \times 20 \times 20$	m²	0.995	0.995	0.846
	850103006	其他材料费（占材料费）	%	2.000	2.000	2.000
机械	990406010	机动翻斗车 1t	台班	0.001	0.001	0.001
	990506010	单笼施工电梯 1t 75m	台班	0.004	0.001	0.003
	990601010	涡浆式混凝土搅拌机 250L	台班	0.010	0.009	0.009
	990901010	交流弧焊机 21kV·A	台班	0.027	0.049	0.023
	990919030	电焊条烘干箱 $60 \times 50 \times 75cm^3$	台班	0.003	0.005	0.002

工作内容：材料搬运、绑扎、涂刷沥青；配料、搅拌、抹面、压光、表面修理及试块制作等。

计量单位：m^2

编号				2-9-26	2-9-27	2-9-28
项目				膜式炉墙密封涂料	框架式炉墙抹面	框架式炉顶密封涂料
名称			单位	消耗量		
人工	000203000	综合二类工	工日	0.283	0.073	0.233
材料	130103015	抹面材料	m^3	—	(0.021)	—
	130527001	密封涂料	m^3	(0.018)	—	(0.015)
	010900002	圆钢(综合)	kg	0.258	—	0.212
	031301007	低碳钢焊条(综合)	kg	0.016	—	0.013
	031505005	镀锌钢丝网 $\phi1.6\times20\times20$	m^2	0.846	—	0.697
	850103006	其他材料费(占材料费)	%	2.000	2.000	2.000
机械	990406010	机动翻斗车 1t	台班	0.001	0.001	0.001
	990506010	单笼施工电梯 1t 75m	台班	0.001	0.001	0.001
	990601010	涡浆式混凝土搅拌机 250L	台班	0.008	0.009	0.007
	990901010	交流弧焊机 21kV·A	台班	0.043	—	0.035
	990919030	电焊条烘干箱 $60\times50\times75cm^3$	台班	0.004	—	0.004

六、炉墙保温护壳及金属支撑件安装

1. 炉墙保温护壳及金属支撑件

工作内容：实测、划线、放样、下料、扳边、圈圆、滚线、咬口成型；钉口成型紧固；支承件、连接件、压条等焊接。

计量单位：见表

编号				2-9-29	2-9-30	2-9-31
项目				平板钉口安装	波纹板安装	金属支撑件安装
单位				m^2		t
名称			单位	消耗量		
人工	000203000	综合二类工	工日	0.057	0.052	18.610
材料	012907013	镀锌薄钢板 δ0.5	m^2	（1.108）	—	—
	091105004	压型彩钢板 δ0.5	m^2	—	（1.080）	—
	012315005	镀锌型钢（综合）	t	—	—	（1.040）
	030103037	自攻螺钉（综合）	100个	0.014	0.005	—
	133503002	防水密封胶	支	0.012	0.012	—
	031101006	砂轮片 ϕ400	片	—	0.024	—
	022709008	羊毛毡垫圈	个	—	8.623	—
	031301003	不锈钢焊条 A102 ϕ3.2	kg	—	—	10.069
	031101009	尼龙砂轮片 ϕ100	片	—	—	1.303
	031101007	砂轮切割片 ϕ400	片	—	—	1.303
	850103006	其他材料费（占材料费）	%	2.000	2.000	2.000
机械	990401015	载重汽车 4t	台班	0.007	0.007	0.142
	990506010	单笼施工电梯 1t 75m	台班	0.005	0.005	0.592
	990738010	扳边机 2×1500mm	台班	0.005	—	—
	990901020	交流弧焊机 32kV·A	台班	—	—	2.662
	990797010	台式砂轮机	台班	—	—	0.473
	990919030	电焊条烘干箱 60×50×75cm^3	台班	—	—	0.266

2. 设备保温消声罩壳及金属支撑件

工作内容：实测、划线、放样、下料、扳边、圈圆、滚线；钉口成型紧固；支承件、连接件、压条等焊接。

计量单位：见表

编号				2-9-32	2-9-33	2-9-34
项目				平板罩壳制作、安装	设备隔声罩壳安装	罩壳支撑件安装
单位				m^2		t
名称			单位	消耗量		
人工	000203000	综合二类工	工日	0.057	0.112	20.320
材料	012907023	镀锌薄钢板 $\delta1.5$	m^2	（1.108）	（2.180）	—
	160301002	隔音板	m^2	—	（1.080）	—
	012315005	镀锌型钢（综合）	t	—	—	（1.040）
	012300002	型钢（综合）	kg	—	—	（1050.000）
	030103037	自攻螺钉（综合）	100个	0.014	0.045	—
	031101009	尼龙砂轮片 $\phi100$	片	1.038	2.013	15.303
	133503002	防水密封胶	支	0.124	0.142	—
	031101006	砂轮片 $\phi400$	片	—	0.023	—
	031101007	砂轮切割片 $\phi400$	片	—	0.677	1.303
	022709008	羊毛毡垫圈	个	—	8.623	—
	031301007	低碳钢焊条（综合）	kg	—	—	15.433
	850103006	其他材料费（占材料费）	%	2.000	2.000	2.000
机械	990401015	载重汽车 4t	台班	0.007	0.007	0.142
	990302025	履带式起重机 25t	台班	0.005	0.005	0.592
	990900010	电焊机（综合）	台班	0.045	0.031	2.662
	990797010	台式砂轮机	台班	0.134	0.402	0.473
	990738010	扳边机 2×1500mm	台班	0.005	—	—
	990401020	载重汽车 5t	台班	0.001	0.003	0.027

七、炉墙砌筑脚手架及平台搭拆

工作内容： 材料运搬、架子搭设、铺板、搭设栏杆、围板；脚手架拆除、材料回收、场地清理。

计量单位：台

编号				2-9-35	2-9-36	2-9-37	2-9-38
项目				锅炉蒸发量（t/h）			
				≤50	≤75	≤150	<220
名称			单位	消耗量			
人工	000203000	综合二类工	工日	55.990	62.210	69.123	76.804
材料	031507007	镀锌铁丝（综合）	kg	75.990	84.433	93.815	104.239
	350303001	脚手架钢管	kg	163.447	181.609	201.787	224.208
	350319001	木脚手板	m^3	8.082	8.981	9.978	11.087
	850103006	其他材料费（占材料费）	%	2.000	2.000	2.000	2.000
机械	990401035	载重汽车 10t	台班	0.257	0.285	0.316	0.351
	990503030	电动单筒慢速卷扬机 50kN	台班	3.417	3.797	4.219	4.687
	990506010	单笼施工电梯 1t 75m	台班	8.544	9.493	10.548	11.720

注：脚手架钢管包括扣件。

八、耐磨衬砌

工作内容：材料搬运、底面打磨清理、内部找平；镶砌板块加工、镶砌、打孔塞焊、勾缝、焊接、打磨等。

计量单位：见表

编　号				2-9-39	2-9-40	2-9-41
项　目				衬铸石板	衬不锈钢	衬微晶板
单　位				m^2	t	m^2
名　称			单位	消　耗　量		
人工	000203000	综合二类工	工日	0.429	55.011	0.285
材料	081107001	铸石板 180×110×30	m^2	（1.100）	—	—
	012913004	不锈钢板 δ8 以内	kg	—	（1080.000）	—
	081301001	微晶板	m^2	—	—	（1.030）
	341101001	水	m^3	0.047	—	—
	801501001	水玻璃胶泥 1：0.15：1.2：1.1	m^3	0.008	—	—
	340101002	钨棒	kg	—	0.053	—
	031301001	不锈钢焊条（综合）	kg	—	40.748	—
	031303017	不锈钢焊丝（综合）	kg	—	2.094	—
	142913002	氮气	m^3	—	30.191	—
	801503010	环氧树脂胶泥 1：0.1：0.08：2	m^3	—	—	0.007
	850103006	其他材料费（占材料费）	%	2.000	2.000	2.000
机械	990401020	载重汽车 5t	台班	—	0.310	0.026
	990734015	卷板机 20×2500mm	台班	—	0.250	—
	990732030	剪板机 20×2000mm	台班	—	0.081	—
	990912010	氩弧焊机 500A	台班	—	1.715	—
	990743010	等离子切割机 400A	台班	—	0.368	—
	990914010	等离子弧焊机 300A	台班	—	6.153	—
	991003050	电动空气压缩机 $6m^3/min$	台班	—	0.266	—

第十章

工业与民用锅炉安装工程

说 明

一、本章内容包括工业与民用锅炉本体设备、烟气净化设备、水处理设备、换热器、输煤设备、除渣设备等安装工程。

二、相关说明：

1. 本章包括校管与放样的组装平台、起吊加固铁件、水压试验临时管路、专用工具等周转性材料，按照摊销量计入材料费。

2. 本章包括的工作内容除各节、项已经说明者外，其共性工作内容包括如下：

（1）施工准备，施工地点范围内的设备、材料、成品、半成品、工具器具的搬运。

（2）设备开箱清点、检查、编号。

（3）基础验收、划线、铲除麻面。

（4）设备安装。

（5）水压试验、烘炉、煮炉。

（6）安全门调整。

（7）本体设备焊口无损探伤。

（8）调试、试运。

（9）移动临时水源、电源。

（10）配合质量检查、验收；。

（11）超高作业增加的工作内容。

3. 本章不包括电动机检查接线等电气类工作、设备基础灌浆、炉墙砌筑、保温及油漆、给水设备与鼓（引）风机安装、烟囱及烟道与风道制作安装、除尘设备安装以及锅炉电气、自动控制、遥控配风、热工、仪表的校验、调整、安装等项目。工程实际发生时，执行相应项目。

（1）锅炉本体设备安装定额中，包括锅炉单体调试以及与锅炉附属及辅助设备一起进行的系统调试和整套调试；包括锅炉及附属与辅助设备整体试运。

（2）定额中锅炉试运所消耗的水、电、燃料用量是综合考虑的，工程实际用量与定额不同时，不做调整。

（3）锅炉安装定额中包括随锅炉本体供货的平台、栏杆、梯子、附件等安装。如需要现场配制平台、栏杆、梯子、附件等，可执行有关定额。

4. 锅炉本体设备安装包括燃煤锅炉、燃油锅炉本体设备安装。

（1）常压、立式锅炉安装适用于生产热水或蒸汽的各种常压、立式生活锅炉，不分结构形式均执行本定额。定额包括炉本体及炉本体范围内的安全阀、压力表、温度计、水位计、给水阀、蒸汽阀、排污阀等附件安装。不包括炉本体一次门以外管道安装、各种泵类与箱类安装。工程实际发生时，执行相应定额。

（2）快装成套燃煤锅炉安装适用于除锅炉辅助机械单件供货外，炉本体在生产厂家组装且砌筑、保温油漆等工序全部完成后，整体供应到现场的锅炉安装。整体锅炉包括炉本体及本体管道、主汽阀门、热水阀门、安全门、给水阀门、排污阀门、水位警报、水位计、温度计、压力表以及相配套的螺旋除灰渣机等附件。定额包括整体锅炉、上煤装置、除灰渣装置、体外省煤器等设备安装以及随锅炉生产厂家配套供货的烟道与风道系统和非标构件、配件的安装。定额不包括锅炉本体一次门以外的管道安装及其保温油漆工程，整体锅炉以外非锅炉生产厂家供应的设备和非标构件制作和安装。

（3）组装燃煤锅炉安装适用于生产厂家将锅炉本体分为上下两大件组装后出厂的蒸汽、热水燃煤锅炉安装。锅炉本体上下组件包括炉本体、本体管道、主汽阀门、热水阀门、安全门、给水阀门、排污阀门、水位警报、水位计、温度计、压力表以及相配套的附件。定额包括锅炉本体上下两大件组装与安装、上煤装置、除灰渣装置、调速箱、体外省煤器等设备安装以及随锅炉生产厂家配套供货的烟道与风道系统和非标构件、配件的安装。定额不包括锅炉本体一次门以外的管道安装及其保温油漆工程，锅炉上下两大件以外非锅炉生产厂家供应的设备和非标构件制作和安装，锅炉本体组件接口部分耐火砖砌筑、门拱砌筑、保温油漆工程。

①定额只限于锅炉本体组件分为两大件时的安装。

②锅炉本体下部组件包括链条炉排、底座等。如为散件供货需要在现场组合安装时，按照相应定额乘以系数 1.20。

③炉后体外省煤器如为散件供货，需要在现场接口研磨、上弯头、组合、水压试验后安装时，应按照相应定额乘以系数 1.06。

（4）散装燃煤锅炉安装适用于通用供热锅炉安装。定额包括锅炉本体钢架、汽包、水冷壁、过热器、省煤器、空气预热器、本体管路、吹灰装置、各种门孔构件、平台、扶梯、栏杆、炉排等安装以及锅炉水压试验、烘炉、煮炉等。定额不包括炉墙砌筑、保温和油漆，锅炉辅助与附属设备、炉本体一次门以外管道与管件及阀门安装，非锅炉生产厂家随炉供货的平台、扶梯、栏杆、护板等金属构件安装，工程实际发生时，执行相应定额。

（5）整装燃油（气）锅炉安装适用于蒸发量在 0.5～20t/h 各类整装燃油（气）锅炉本体安装。整装燃油（气）锅炉包括炉本体、本体管道、阀门、管件、仪表及水位计等附件，整装燃油（气）锅炉、随炉本体配套供应的油（气）系统（含油或气、燃油泵、燃油箱、压气器、燃气罐、燃烧器、调速器等）、平台、扶梯、栏杆、电控箱等安装。定额不包括炉墙砌筑、保温和油漆，非锅炉生产厂家随炉供货的平台、扶梯、栏杆、护板等金属构件安装，整装燃油（气）炉本体一次门以外的油管道、气管道、水管道、管件、阀门安装以及保温、油漆、水压试验，整装炉的上水系统（给水泵和管路、注水器及管路）安装；工程实际发生时，执行相应定额。

（6）散装燃油（气）锅炉安装适用于蒸发量在 6～20t/h 各类散装燃油（气）锅炉（分部件供应）的本体安装。定额包括散装燃油（气）锅炉本体钢架、汽包、水冷系统、过热系统、省煤器及管路系统、本体内的水汽管道、各种钢结构、除灰装置、平台梯子栏杆、外护板、燃烧装置等安装。定额不包括炉墙砌筑、保温和油漆，散装燃油（气）锅炉的泵类、油箱、水箱类的安装，非锅炉生产厂家随炉供货的平台、扶梯、栏杆、护板等金属构件安装，散装燃油（气）炉本体一次门以外的油管道、气管道、水管道、管件、阀门安装以及保温、油漆、水压试验，整装炉的上水系统（给水泵和管路、注水器及管路）安装。工程实际发生时，执行相应定额。

（7）本章不适用于燃用特殊或特种油质（气质）的锅炉安装。定额中烘炉、煮炉是按照燃油考虑的，当采用燃气时，应扣除定额中所含燃油用量，与建设单位协商另行计算燃气费用。

5. 烟气净化设备安装包括单筒干式、多筒干式、多管干式旋风除尘器安装，适用 ≤ 20t/h 工业与民用锅炉配套的专用辅助设备安装工程。定额中包括设备本体、分离器、导烟管、顶盖、排灰筒及支座的组合与安装。定额不包括旋风子蜗壳制作、内衬镶砌，工程实际发生时，执行相应定额。

6. 锅炉水处理设备安装包括设备及随设备供应的管道、管件、阀门等安装，设备本体范围内的平台、梯子、栏杆安装；包括填料的运搬、筛分、装填；包括衬里设备防腐层检验、设备试运灌水或水压试验，随设备供应的盐液、缸罐、电子控制仪表等配套设备安装。定额不包括设备及管道的保温、油漆、设备灌浆、地脚螺栓配制、设备进出口第一片法兰以外的管道安装；工程实际发生时，执行相关定额。

7. 换热器安装包括设备及随设备供应的管道、管件、阀门、温度计、压力表等安装和水压试验。定额不包括设备及管道的保温、油漆、设备灌浆、地脚螺栓配制、设备进出口第一片法兰以外的管道安装。工程实际发生时，执行相应定额。

8. 输煤设备安装包括翻斗上煤机、碎煤机安装，适用 ≤ 20t/h 工业与民用锅炉配套的专用辅助设备安装工程。

（1）翻斗上煤机安装定额包括传动装置立柱及支架平台安装、卷扬装置翻斗的组合与安装。

（2）碎煤机安装定额包括机架底座、活动齿轮、润滑系统、随设备供应的梯子与平台及栏杆等安装以及液压管路酸洗、安装。

（3）定额不包括设备框架、支架配制及油漆，电动机检查接线。

9. 除渣设备安装包括螺旋除渣机、刮板除渣机、链条除渣机安装，适用 ≤ 20t/h 工业与民用锅炉配套的专用辅助设备安装工程，设备清洗、组装、机壳或机槽安装、渣机头部与尾部安装、传动装置及拉链安装。定额不包括设备支架、配件的配制及油漆，电动机检查接线；工程实际发生时，执行相关定额。

工程量计算规则

一、常压、立式、快装成套、组装的燃煤锅炉和整装燃油（气）锅炉根据锅炉蒸发量或供热量，按照设计安装整套数量以“台”为计量单位。

二、散装燃煤、燃油（气）锅炉根据锅炉蒸发量或供热量，按照设计图示尺寸的成品重量以“t”为计量单位。不计算焊条、下料及加工制作损耗量、设备包装材料、临时加固铁构件重量。计算随本体设备供货的本体管路与附属设备及附件重量，超出锅炉本体管路范围的管道，其重量按照管道定额规定计算，并执行管道定额计算安装费。锅炉重量的计算范围包括以下几个部分。

1. 钢架部分：包括钢架、燃烧室、省煤器及空气预热器的立柱与横梁。

2. 汽包部分：汽包、联箱及其支承座等。

3. 水冷壁部分：包括水冷壁管、对流管、降水管、上升管、管道支吊架、水冷壁固定装置、挂钩及拉钩等。

4. 过热器部分：包括过热器管及汽包至过热器的饱和蒸汽管、管钩、底座、支吊架等。

5. 省煤器部分：包括省煤器、锷片管、弯头、表计、进出水联箱、省煤器至汽包进水管、吹灰器、吹灰管路等。

6. 空气预热器部分：包括整体管式空气预热器、框架、风罩、折烟罩、热风管等。

7. 链式炉排部分：包括两侧墙板、前后移动轴、上下滑轨、传动链条、煤闸门、挡火器、减速箱、电动机等。

8. 本体管路部分：包括由生产厂家随本体供货的吹灰管、定期和连续排污管、压力表和水位表管、放水管以及管路配件（水位计、压力表、各类阀门）、支吊架等。

9. 平台、梯子部分：包括锅炉本体和省煤器的平台、梯子、栏杆、支架等。

10. 附件部分：包括各种烟道门、检查门、炉门、看火孔、灰渣斗、铸铁隔火板、炉顶搁条、密封装置、小构件等。

三、烟气净化、水处理、换热、输煤、除渣设备根据设备性能与出力，按照设计安装整套数量以“台”为计量单位。

一、锅炉本体设备安装

1. 常压、立式锅炉

工作内容：基础检查、中心线校核；垫铁配制；设备检查、运搬、清点、分类复核、安装、检查、水压试验、调试、试运。

计量单位：台

编　号				2-10-1	2-10-2	2-10-3	2-10-4
项　目				蒸发量（t/h）			
				0.1	0.2	0.3	0.5
				供热量（MW）			
				0.07	0.14	0.21	0.35
		名　称	单位	消　耗　量			
人工	000203000	综合二类工	工日	10.863	14.240	18.438	24.427
材料	341105003	烟煤	t	（0.320）	（0.360）	（0.400）	（0.450）
	341103002	电	kW · h	（60.000）	（88.000）	（118.000）	（176.000）
	012300001	型钢（综合）	kg	19.680	21.870	24.300	27.000
	031507017	镀锌铁丝 ϕ2.5～4.0	kg	4.000	4.000	4.500	4.500
	022701001	棉纱	kg	1.350	1.450	1.620	1.800
	031301007	低碳钢焊条（综合）	kg	1.310	1.450	1.620	1.800
	031509010	斜垫铁（综合）	kg	4.400	4.400	4.400	4.400
	031561004	索具螺旋扣 M16 × 250	套	4.000	4.000	7.000	7.000
	050109006	枕木 2500mm × 250mm × 200mm	根	0.650	0.720	0.810	0.900
	143505003	金属清洗剂	kg	0.306	0.339	0.378	0.420
	140509002	溶剂汽油	kg	1.310	1.450	1.620	1.800
	140303001	机油（综合）	kg	0.650	0.720	0.810	0.900
	143309002	黄甘油	kg	0.650	0.720	0.810	0.900
	143133001	磷酸三钠	kg	10.490	11.660	12.960	14.400
	143159001	氢氧化钠（烧碱）	kg	10.490	11.660	12.960	14.400
	142909001	氧气	m³	2.750	3.080	3.400	3.780
	142907002	乙炔气	kg	1.058	1.185	1.308	1.454
	023503015	无石棉扭绳 ϕ11～25	kg	1.310	1.450	1.620	1.800
	341111001	木柴	kg	6.500	7.200	8.100	9.000
	341101001	水	m³	4.000	6.000	8.000	12.000
	850103006	其他材料费（占材料费）	%	2.000	2.000	2.000	2.000
机械	990304004	汽车式起重机 8t	台班	1.324	1.467	1.619	1.876
	990503020	电动单筒慢速卷扬机 30kN	台班	0.505	0.562	0.686	0.810
	990813020	试压泵 6MPa	台班	1.048	1.238	1.381	1.714
	990901020	交流弧焊机 32kV · A	台班	0.305	0.343	0.381	0.429
	990919030	电焊条烘干箱 60 × 50 × 75cm³	台班	0.031	0.034	0.038	0.043

工作内容：基础检查、中心线校核；垫铁配制；设备检查、运搬、清点、分类复核、安装、检查、水压试验、调试、试运。

计量单位：台

编号				2-10-5	2-10-6	2-10-7
项目				蒸发量（t/h）		
				1	1.5	2
				供热量（MW）		
				0.7	1.05	1.4
名称			单位	消耗量		
人工	000203000	综合二类工	工日	30.944	39.210	51.000
材料	341105003	烟煤	t	（0.500）	（0.550）	（0.600）
	341103002	电	kW·h	（220.000）	（308.000）	（380.000）
	012300001	型钢（综合）	kg	30.000	33.400	37.100
	031507017	镀锌铁丝 ϕ2.5～4.0	kg	5.800	7.000	7.000
	022701001	棉纱	kg	2.000	2.220	2.470
	031301007	低碳钢焊条（综合）	kg	2.000	2.230	2.490
	031509010	斜垫铁（综合）	kg	4.400	6.000	6.000
	031561004	索具螺旋扣 M16×250	套	7.000	7.000	7.000
	050109006	枕木 2500mm×250mm×200mm	根	1.000	1.110	1.230
	143505003	金属清洗剂	kg	0.467	0.518	0.577
	140509002	溶剂汽油	kg	2.000	2.220	2.470
	140303001	机油（综合）	kg	1.000	1.110	1.230
	143309002	黄甘油	kg	1.000	1.110	1.230
	143133001	磷酸三钠	kg	16.000	17.760	19.700
	143159001	氢氧化钠（烧碱）	kg	16.000	17.760	19.700
	142909001	氧气	m^3	4.250	4.750	5.330
	142907002	乙炔气	kg	1.635	1.827	2.050
	023503015	无石棉扭绳 ϕ11～25	kg	2.000	2.200	2.500
	341111001	木柴	kg	10.000	11.100	12.300
	341101001	水	m^3	15.000	21.000	26.000
	850103006	其他材料费（占材料费）	%	2.000	2.000	2.000
机械	990304004	汽车式起重机 8t	台班	1.905	—	—
	990503020	电动单筒慢速卷扬机 30kN	台班	1.181	1.857	2.762
	990813020	试压泵 6MPa	台班	1.800	1.981	2.181
	990901020	交流弧焊机 32kV·A	台班	0.476	0.600	0.752
	990919030	电焊条烘干箱 60×50×75cm^3	台班	0.048	0.060	0.075
	990304016	汽车式起重机 16t	台班	—	2.095	2.286

2. 快装成套燃煤锅炉

工作内容：基础检查、中心线校核；垫铁配制；设备检查、运搬、清点、分类复核、安装、检查、水压试验、调试、试运。

计量单位：台

	编号			2-10-8	2-10-9	2-10-10	2-10-11
	项目			蒸发量1t/h、供热量0.7MW	蒸发量2t/h、供热量1.4MW	蒸发量4t/h、供热量2.8MW	蒸发量6t/h、供热量4.2MW
		名称	单位	消耗量			
人工	000203000	综合二类工	工日	113.393	145.185	181.612	230.625
材料	341105003	烟煤	t	(14.720)	(18.400)	(23.000)	(28.750)
	341103002	电	kW·h	(360.000)	(1400.000)	(1850.000)	(2900.000)
	031507017	镀锌铁丝 ϕ2.5～4.0	kg	5.800	7.250	9.060	11.330
	012900002	钢板（综合）	kg	42.400	68.000	100.000	140.000
	020112002	无石棉橡胶板 δ3～6	kg	1.280	1.600	2.000	2.500
	022701001	棉纱	kg	2.680	3.360	4.200	5.250
	031102005	铁砂布 $0^{\#}$～$2^{\#}$	张	19.200	24.000	30.000	37.500
	031301007	低碳钢焊条（综合）	kg	22.400	28.000	35.000	44.000
	031509010	斜垫铁（综合）	kg	19.800	25.400	27.200	39.500
	031561004	索具螺旋扣 M16×250	套	2.560	3.200	4.000	5.000
	050109006	枕木 2500mm×250mm×200mm	根	3.200	4.000	5.000	6.250
	143505003	金属清洗剂	kg	1.792	2.240	2.800	3.500
	140509002	溶剂汽油	kg	4.480	5.600	7.000	8.750
	140303001	机油（综合）	kg	6.400	8.000	10.000	12.500
	143309002	黄甘油	kg	3.200	4.000	5.000	6.250
	143133001	磷酸三钠	kg	29.440	36.800	46.000	57.500
	143159001	氢氧化钠（烧碱）	kg	29.440	36.800	46.000	57.500
	142909001	氧气	m^3	11.330	14.180	17.730	22.000
	142907002	乙炔气	kg	4.358	5.454	6.819	8.462
	023503015	无石棉扭绳 ϕ11～25	kg	14.080	17.600	22.000	27.500
	341111001	木柴	kg	416.000	520.000	650.000	812.500
	341101001	水	m^3	18.000	29.000	48.000	88.000
	850103006	其他材料费（占材料费）	%	2.000	2.000	2.000	2.000
机械	990304036	汽车式起重机 40t	台班	1.333	1.724	2.219	2.410
	990503020	电动单筒慢速卷扬机 30kN	台班	4.267	5.333	6.667	8.333
	990503030	电动单筒慢速卷扬机 50kN	台班	2.143	2.762	3.524	4.286
	990813020	试压泵 6MPa	台班	1.829	2.286	2.857	3.571
	990901020	交流弧焊机 32kV·A	台班	5.714	7.619	9.524	11.429
	990919030	电焊条烘干箱 60×50×75cm^3	台班	0.571	0.762	0.952	1.143

工作内容：基础检查、中心线校核；垫铁配制；设备检查、运搬、清点、分类复核、安装、检查、水压试验、调试、试运。

计量单位：台

编号				2-10-12	2-10-13	2-10-14
项目				蒸发量 8t/h、供热量 5.6MW	蒸发量 10t/h、供热量 7MW	蒸发量 20t/h、供热量 14MW
名称			单位	消耗量		
人工	000203000	综合二类工	工日	276.750	345.937	426.656
材料	341105003	烟煤	t	（34.500）	（43.125）	（53.188）
	341103002	电	kW·h	（3480.000）	（4350.000）	（5365.000）
	031507017	镀锌铁丝 ϕ2.5～4.0	kg	13.596	16.995	20.961
	012900002	钢板（综合）	kg	168.000	210.000	259.000
	020112002	无石棉橡胶板 δ3～6	kg	3.000	3.750	4.625
	022701001	棉纱	kg	6.300	7.875	9.713
	031102005	铁砂布 0#～2#	张	45.000	56.250	69.375
	031301007	低碳钢焊条（综合）	kg	52.800	66.000	81.400
	031509010	斜垫铁（综合）	kg	48.600	58.250	72.175
	031561004	索具螺旋扣 M16×250	套	6.000	7.500	9.250
	050109006	枕木 2500mm×250mm×200mm	根	7.500	9.375	11.563
	143505003	金属清洗剂	kg	4.200	5.250	6.475
	140509002	溶剂汽油	kg	10.500	13.125	16.188
	140303001	机油（综合）	kg	15.000	18.750	23.125
	143309002	黄甘油	kg	7.500	9.375	11.563
	143133001	磷酸三钠	kg	69.000	86.250	106.375
	143159001	氢氧化钠（烧碱）	kg	69.000	86.250	106.375
	142909001	氧气	m^3	26.400	33.000	40.700
	142907002	乙炔气	kg	10.154	12.692	15.654
	023503015	无石棉扭绳 ϕ11～25	kg	33.000	41.250	50.875
	341111001	木柴	kg	975.000	1218.750	1503.125
	341101001	水	m^3	105.600	132.000	162.800
	850103006	其他材料费（占材料费）	%	2.000	2.000	2.000
机械	990304036	汽车式起重机 40t	台班	2.892	3.615	4.459
	990503020	电动单筒慢速卷扬机 30kN	台班	10.000	12.500	15.416
	990503030	电动单筒慢速卷扬机 50kN	台班	5.143	6.429	7.929
	990813020	试压泵 6MPa	台班	4.285	5.357	6.606
	990901020	交流弧焊机 32kV·A	台班	13.715	17.144	21.144
	990919030	电焊条烘干箱 60×50×75cm^3	台班	1.371	1.714	2.114

3. 组装燃煤锅炉

工作内容：基础检查、中心线校核；垫铁配制；设备检查、运搬、清点、分类复核、安装、检查、水压试验、调试、试运。　　**计量单位：**台

编号				2-10-15	2-10-16	2-10-17
项目				蒸发量 6t/h、供热量 4.2MW	蒸发量 10t/h、供热量 7MW	蒸发量 20t/h、供热量 14MW
	名称		单位	消耗量		
人工	000203000	综合二类工	工日	331.393	381.810	477.153
材料	341105003	烟煤	t	（45.000）	（47.000）	（59.000）
	341103002	电	kW · h	（2800.000）	（5400.000）	（10800.000）
	031507017	镀锌铁丝 ϕ2.5～4.0	kg	14.400	23.000	29.000
	012900002	钢板（综合）	kg	140.000	188.000	209.000
	340101003	铈钨棒	g	2.184	2.856	3.360
	020112002	无石棉橡胶板 δ3～6	kg	2.800	4.200	6.600
	022701001	棉纱	kg	5.000	7.000	8.000
	031102005	铁砂布 0#～2#	张	38.000	55.000	84.000
	031301007	低碳钢焊条（综合）	kg	45.800	68.600	82.000
	031303012	氩弧焊丝	kg	0.390	0.510	0.600
	031541003	钢锯条	条	30.000	50.000	85.000
	031509010	斜垫铁（综合）	kg	39.560	62.500	122.300
	031561006	索具螺旋扣 M20 × 300	套	4.000	8.000	8.000
	031561004	索具螺旋扣 M16 × 250	套	4.000	4.000	4.000
	050109006	枕木 2500mm × 250mm × 200mm	根	7.800	11.100	14.600
	143505003	金属清洗剂	kg	4.200	6.301	9.334
	140509002	溶剂汽油	kg	11.000	20.000	30.000
	140303001	机油（综合）	kg	12.500	18.000	24.000
	143309002	黄甘油	kg	6.250	8.500	11.000
	143133001	磷酸三钠	kg	58.000	65.000	72.000
	143159001	氢氧化钠（烧碱）	kg	58.000	65.000	72.000
	142911001	氩气	m^3	1.092	1.428	1.680
	142909001	氧气	m^3	47.500	117.500	147.500
	142907002	乙炔气	kg	18.269	45.192	56.731
	023503015	无石棉扭绳 ϕ11～25	kg	37.500	58.000	75.500
	341111001	木柴	kg	990.000	1100.000	1400.000
	341101001	水	m^3	84.000	116.000	194.000
	850103006	其他材料费（占材料费）	%	2.000	2.000	2.000
机械	990304004	汽车式起重机 8t	台班	5.952	8.000	10.000
	990304036	汽车式起重机 40t	台班	2.771	—	—
	990503020	电动单筒慢速卷扬机 30kN	台班	8.095	8.952	10.476
	990503030	电动单筒慢速卷扬机 50kN	台班	2.762	4.286	4.286
	990813020	试压泵 6MPa	台班	3.810	4.762	5.714
	990901020	交流弧焊机 32kV · A	台班	23.810	29.524	36.190
	990912010	氩弧焊机 500A	台班	0.762	0.990	1.333
	990919030	电焊条烘干箱 60 × 50 × 75cm^3	台班	2.381	2.952	3.619
	990304040	汽车式起重机 50t	台班	—	2.981	3.086

4. 散装燃煤锅炉

工作内容： 基础检查、中心线校核；垫铁配制；设备检查、运搬、清点、分类复核、安装、检查、水压试验、调试、试运。

计量单位： t

编号				2-10-18	2-10-19	2-10-20	2-10-21
项目				蒸发量（t/h）			
				6	10	20	35
名称			单位	消耗量			
人工	000203000	综合二类工	工日	17.551	16.690	15.983	15.344
材料	341105003	烟煤	t	（2.400）	（2.000）	（1.800）	（1.700）
	341103002	电	kW · h	（137.000）	（121.000）	（110.000）	（100.000）
	012300001	型钢（综合）	kg	6.200	5.100	4.500	4.320
	010100006	钢筋 ϕ10 以内	t	0.002	0.001	0.001	0.001
	031507017	镀锌铁丝 ϕ2.5～4.0	kg	1.500	1.400	1.300	1.248
	012900002	钢板（综合）	kg	5.000	4.000	3.500	3.360
	015301003	铅板 80 × 300 × 3	kg	0.050	0.033	0.025	0.024
	015303001	青铅（综合）	kg	1.000	1.000	1.000	0.960
	040915003	黑铅粉	kg	0.070	0.060	0.050	0.048
	340101003	铈钨棒	g	1.400	0.784	0.448	0.431
	020112002	无石棉橡胶板 δ3～6	kg	0.250	0.240	0.230	0.221
	340203003	四氟带	kg	0.030	0.020	0.010	0.010
	021901006	塑料暗袋 80 × 300	副	0.090	0.070	0.050	0.048
	022701001	棉纱	kg	0.270	0.260	0.200	0.192
	022703003	白布	kg	0.382	0.363	0.344	0.330
	031101009	尼龙砂轮片 ϕ100	片	1.800	1.350	1.010	0.970
	031102005	铁砂布 $0^{\#}$～$2^{\#}$	张	1.800	1.700	1.550	1.488
	031301007	低碳钢焊条（综合）	kg	3.200	2.850	2.600	2.496
	031303012	氩弧焊丝	kg	0.250	0.140	0.080	0.077
	031541003	钢锯条	条	2.200	2.100	2.000	1.920
	031509007	平垫铁（综合）	kg	0.900	0.890	0.860	0.826
	031509010	斜垫铁（综合）	kg	0.900	0.890	0.860	0.826
	031561004	索具螺旋扣 M16 × 250	套	0.190	0.180	0.150	0.144

续前

编号				2-10-18	2-10-19	2-10-20	2-10-21
项目				蒸发量（t/h）			
				6	10	20	35
名称			单位	消耗量			
材料	050109006	枕木 2500mm × 250mm × 200mm	根	0.070	0.060	0.050	0.048
	130303001	白油漆	kg	0.020	0.010	0.010	0.010
	140111001	松节油	kg	0.120	0.110	0.100	0.096
	143505003	金属清洗剂	kg	0.112	0.105	0.093	0.089
	140509002	溶剂汽油	kg	0.650	0.600	0.500	0.480
	140303001	机油（综合）	kg	0.820	0.810	0.800	0.768
	140505001	铅油（厚漆）	kg	0.520	0.510	0.500	0.480
	143309002	黄甘油	kg	0.220	0.210	0.200	0.192
	143109001	冰醋酸 98%	mL	3.230	2.430	1.800	1.728
	143123001	硅酸钠（水玻璃）	kg	0.520	0.500	0.480	0.461
	143133001	磷酸三钠	kg	1.800	1.750	1.700	1.650
	143135001	硫代硫酸钠	g	31.050	23.290	17.250	16.560
	143139001	硫酸铝钾	g	1.940	1.460	1.080	1.037
	143125001	甲氨基酚硫酸盐	g	0.190	0.140	0.110	0.106
	143113001	硼酸	g	0.970	0.730	0.540	0.518
	143159001	氢氧化钠（烧碱）	kg	1.800	1.750	1.700	1.650
	143171002	无水碳酸钠	g	4.140	3.110	2.300	2.208
	143171003	无水亚硫酸钠	g	8.150	6.110	4.530	4.349
	143187001	溴化钾	g	0.350	0.260	0.190	0.182
	143319001	对苯二酚	g	0.760	0.570	0.420	0.403
	142911001	氩气	m^3	0.700	0.392	0.224	0.216
	142909001	氧气	m^3	1.900	1.850	1.630	1.565
	142907002	乙炔气	kg	0.731	0.712	0.627	0.602
	144303023	压敏胶粘带	m	1.040	0.780	0.580	0.557
	023503014	无石棉扭绳 ϕ10～13	kg	0.450	0.300	0.250	0.240
	023503021	无石棉泥	kg	3.500	2.000	1.500	1.440

续前

编号				2-10-18	2-10-19	2-10-20	2-10-21
项目				蒸发量（t/h）			
				6	10	20	35
名称			单位	消耗量			
材料	161109001	软胶片 80×300	张	1.800	1.350	1.000	0.960
	301327002	增感屏 80×300	副	0.090	0.070	0.050	0.048
	170100011	钢管 $D32\times2.5$	kg	0.350	0.300	0.300	0.288
	860125001	像质计	个	0.090	0.070	0.050	0.048
	553307001	贴片磁铁	副	0.030	0.030	0.020	0.019
	340905001	英文字母铅码	套	0.060	0.040	0.030	0.029
	341111001	木柴	kg	170.000	160.000	150.000	144.000
	341101001	水	m^3	3.020	2.520	2.010	1.930
	341109001	焦炭	kg	18.000	13.000	10.000	9.600
	124505001	号码铅字	套	0.060	0.040	0.030	0.029
	031101007	砂轮切割片 $\phi400$	片	0.848	0.800	0.543	0.521
	850103006	其他材料费（占材料费）	%	2.000	2.000	2.000	1.920
机械	990304004	汽车式起重机 8t	台班	0.190	0.095	0.076	0.073
	990304016	汽车式起重机 16t	台班	0.152	0.143	0.095	0.091
	990503020	电动单筒慢速卷扬机 30kN	台班	0.857	0.648	0.486	0.467
	990503030	电动单筒慢速卷扬机 50kN	台班	0.476	0.362	0.276	0.265
	990813020	试压泵 6MPa	台班	0.305	0.286	0.238	0.228
	990901040	交流弧焊机 42kV·A	台班	0.571	0.429	0.381	0.366
	990904030	直流弧焊机 20kV·A	台班	0.381	0.381	0.381	0.366
	990912010	氩弧焊机 500A	台班	0.162	0.114	0.086	0.083
	991003020	电动空气压缩机 $0.6m^3/min$	台班	0.095	0.086	0.076	0.073
	990919030	电焊条烘干箱 $60\times50\times75cm^3$	台班	0.038	0.038	0.038	0.037
	991216010	X 射线胶片脱水烘干机 ZTH-340	台班	0.019	0.010	0.010	0.010
	990794010	电动胀管机	台班	1.019	0.962	0.648	0.622
	872128019	X 射线探伤机	台班	0.229	0.171	0.133	0.128

5. 整装燃油（气）锅炉

工作内容：基础检查、中心线校核；垫铁配制；设备检查、运搬、清点、分类复核、安装、检查、水压试验、调试、试运。

计量单位：台

		编号		2-10-22	2-10-23	2-10-24
		项目		蒸发量（t/h）		
				0.7	1	2
		名称	单位	消耗量		
人工	000203000	综合二类工	工日	60.935	71.532	93.058
材料	140115001	轻油	t	（3.000）	（3.200）	（6.300）
	341103002	电	kW·h	（200.000）	（300.000）	（800.000）
	031507017	镀锌铁丝 ϕ2.5～4.0	kg	1.000	2.000	3.000
	020112001	无石棉橡胶板 δ0.8～3	kg	0.500	0.500	1.000
	022701001	棉纱	kg	4.000	4.000	4.000
	031102005	铁砂布 0#～2#	张	10.000	10.000	15.000
	031301007	低碳钢焊条（综合）	kg	6.000	8.000	12.000
	031541003	钢锯条	条	20.000	20.000	20.000
	031509007	平垫铁（综合）	kg	12.220	12.220	12.220
	050109006	枕木 2500mm × 250mm × 200mm	根	0.500	1.000	1.000
	130115006	酚醛调和漆	kg	0.500	1.500	2.000
	143505003	金属清洗剂	kg	0.583	0.817	1.167
	140509002	溶剂汽油	kg	7.000	7.500	9.000
	140303001	机油（综合）	kg	2.000	2.500	3.000
	140505001	铅油（厚漆）	kg	0.500	1.000	1.000
	143309002	黄甘油	kg	1.000	1.000	1.000
	143133001	磷酸三钠	kg	15.000	15.000	28.000
	143159001	氢氧化钠（烧碱）	kg	15.000	15.000	28.000
	142909001	氧气	m^3	6.530	6.530	9.780
	142907002	乙炔气	kg	2.512	2.512	3.762
	023503014	无石棉扭绳 ϕ10～13	kg	0.500	0.500	0.500
	170301006	镀锌钢管 *DN*25	m	25.000	25.000	25.000
	341101001	水	m^3	14.000	16.000	25.000
	850103006	其他材料费（占材料费）	%	2.000	2.000	2.000
机械	990304004	汽车式起重机 8t	台班	0.952	0.952	0.952
	990503020	电动单筒慢速卷扬机 30kN	台班	2.857	3.810	—
	990304016	汽车式起重机 16t	台班	0.952	0.952	—
	990304032	汽车式起重机 32t	台班	—	—	0.952
	990401025	载重汽车 6t	台班	0.952	0.952	0.952
	990503030	电动单筒慢速卷扬机 50kN	台班	—	—	3.810
	990813020	试压泵 6MPa	台班	2.500	2.639	3.170
	990901020	交流弧焊机 32kV·A	台班	1.905	3.048	3.810
	990919030	电焊条烘干箱 60 × 50 × 75cm³	台班	0.191	0.305	0.381

工作内容： 基础检查、中心线校核；垫铁配制；设备检查、运搬、清点、分类复核、安装、检查、水压试验、调试、试运。

计量单位：台

编号				2-10-25	2-10-26	2-10-27
项目				蒸发量（t/h）		
				3	4	6
名称			单位	消耗量		
人工	000203000	综合二类工	工日	107.299	120.545	164.457
材料	140115001	轻油	t	（9.500）	（13.000）	（19.500）
	341103002	电	kW · h	（1200.000）	（1600.000）	（2200.000）
	031507017	镀锌铁丝 ϕ2.5～4.0	kg	4.000	5.000	6.000
	020112001	无石棉橡胶板 δ0.8～3	kg	1.000	1.000	1.000
	022701001	棉纱	kg	6.000	6.000	7.000
	022703003	白布	kg	0.176	0.176	0.176
	031102005	铁砂布 $0^{\#}$～$2^{\#}$	张	20.000	20.000	35.000
	031301007	低碳钢焊条（综合）	kg	14.000	16.000	18.000
	031541003	钢锯条	条	20.000	20.000	30.000
	031509007	平垫铁（综合）	kg	12.220	12.220	12.220
	050109006	枕木 2500mm × 250mm × 200mm	根	1.000	1.500	1.500
	130115006	酚醛调和漆	kg	2.000	2.000	2.500
	143505003	金属清洗剂	kg	1.167	1.167	1.400
	140509002	溶剂汽油	kg	9.000	9.000	9.000
	140303001	机油（综合）	kg	4.000	4.500	5.000
	140505001	铅油（厚漆）	kg	1.000	1.500	1.800
	143309002	黄甘油	kg	1.000	1.500	1.500
	143133001	磷酸三钠	kg	35.000	46.000	56.000
	143159001	氢氧化钠（烧碱）	kg	35.000	46.000	56.000
	142909001	氧气	m^3	9.780	13.030	21.750
	142907002	乙炔气	kg	3.762	5.012	8.365
	023503014	无石棉扭绳 ϕ10～13	kg	0.500	0.500	0.500
	170301006	镀锌钢管 *DN*25	m	25.000	25.000	25.000
	341101001	水	m^3	30.000	42.000	84.000
	850103006	其他材料费（占材料费）	%	2.000	2.000	2.000
机械	990304032	汽车式起重机 32t	台班	0.952	0.952	0.952
	990304036	汽车式起重机 40t	台班	—	—	0.952
	990401025	载重汽车 6t	台班	0.952	0.952	1.429
	990503030	电动单筒慢速卷扬机 50kN	台班	3.810	4.762	6.667
	990813020	试压泵 6MPa	台班	3.810	4.572	3.810
	990901020	交流弧焊机 32kV · A	台班	4.762	5.714	6.667
	990919030	电焊条烘干箱 60 × 50 × 75cm^3	台班	0.476	0.571	0.667
	990304016	汽车式起重机 16t	台班	0.952	0.952	—

工作内容：基础检查、中心线校核；垫铁配制；设备检查、运搬、清点、分类复核、安装、检查、水压试验、调试、试运。

计量单位：台

	编　　号			2-10-28	2-10-29	2-10-30
	项　　目			蒸发量（t/h）		
				8	10	20
		名　　称	单位	消　耗　量		
人工	000203000	综合二类工	工日	197.905	228.373	303.216
材料	140115001	轻油	t	（26.500）	（29.600）	（47.500）
	341103002	电	kW · h	（2800.000）	（3600.000）	（7000.000）
	031507017	镀锌铁丝 ϕ2.5～4.0	kg	8.000	10.000	15.000
	020112001	无石棉橡胶板 δ0.8～3	kg	1.500	2.000	3.500
	022701001	棉纱	kg	7.000	9.000	15.000
	022703003	白布	kg	0.176	0.352	0.441
	031102005	铁砂布 $0^{\#}$～$2^{\#}$	张	60.000	60.000	80.000
	031301007	低碳钢焊条（综合）	kg	18.000	20.000	30.000
	031541003	钢锯条	条	40.000	40.000	80.000
	031509007	平垫铁（综合）	kg	18.340	18.340	21.660
	050109006	枕木 2500mm × 250mm × 200mm	根	2.000	3.000	6.000
	130115006	酚醛调和漆	kg	3.500	4.000	5.000
	143505003	金属清洗剂	kg	1.400	2.333	2.800
	140509002	溶剂汽油	kg	12.000	16.000	26.000
	140303001	机油（综合）	kg	5.000	6.000	11.000
	140505001	铅油（厚漆）	kg	2.000	2.000	4.000
	143309002	黄甘油	kg	2.500	3.000	5.000
	143133001	磷酸三钠	kg	60.000	65.000	72.000
	143159001	氢氧化钠（烧碱）	kg	60.000	65.000	72.000
	142909001	氧气	m^3	26.000	32.600	51.750
	142907002	乙炔气	kg	10.000	12.538	19.904
	023503014	无石棉扭绳 ϕ10～13	kg	0.500	1.000	3.000
	170301006	镀锌钢管 *DN*25	m	25.000	25.000	25.000
	341101001	水	m^3	96.000	120.000	180.000
	850103006	其他材料费（占材料费）	%	2.000	2.000	2.000
机械	990304032	汽车式起重机 32t	台班	0.952	1.429	1.429
	990304036	汽车式起重机 40t	台班	0.952	0.952	—
	990401025	载重汽车 6t	台班	1.429	1.905	2.381
	990503030	电动单筒慢速卷扬机 50kN	台班	7.619	8.571	8.571
	990813020	试压泵 6MPa	台班	4.762	4.762	5.714
	990901020	交流弧焊机 32kV · A	台班	6.667	8.571	11.429
	990919030	电焊条烘干箱 60 × 50 × 75cm^3	台班	0.667	0.857	1.143
	990304040	汽车式起重机 50t	台班	—	—	1.429

6. 散装燃油（气）锅炉

工作内容：基础检查、中心线校核；垫铁配制；设备检查、运搬、清点、分类复核、安装、检查、水压试验、调试、试运。

计量单位：t

编号				2-10-31	2-10-32	2-10-33	2-10-34
项目				蒸发量（t/h）			
				6	10	20	35
名称			单位	消耗量			
人工	000203000	综合二类工	工日	20.937	18.849	17.790	17.078
材料	140115001	轻油	t	（0.720）	（0.910）	（1.060）	（1.234）
	341103002	电	kW·h	（180.000）	（160.000）	（140.000）	（120.000）
	012300001	型钢（综合）	kg	5.890	5.760	4.400	4.224
	031507017	镀锌铁丝 ϕ2.5～4.0	kg	1.220	1.100	1.000	0.960
	012900002	钢板（综合）	kg	6.210	6.150	6.000	5.760
	015301003	铅板 80×300×3	kg	0.049	0.033	0.025	0.024
	015303001	青铅（综合）	kg	2.780	2.310	1.370	1.315
	020112004	无石棉橡胶板 低压 δ0.8～6	kg	0.060	0.050	0.050	0.048
	021901006	塑料暗袋 80×300	副	0.090	0.070	0.050	0.048
	022701001	棉纱	kg	0.360	0.350	0.210	0.202
	022703003	白布	kg	0.360	0.310	0.240	0.230
	031101009	尼龙砂轮片 ϕ100	片	1.800	1.350	1.010	0.970
	031102005	铁砂布 $0^{\#}$～$2^{\#}$	张	5.000	5.000	4.700	4.512
	031301007	低碳钢焊条（综合）	kg	6.350	5.710	5.400	5.184
	031303012	氩弧焊丝	kg	0.390	0.370	0.220	0.211
	031541003	钢锯条	条	4.440	3.460	3.150	3.024
	031509007	平垫铁（综合）	kg	1.110	0.770	0.700	0.672
	031509010	斜垫铁（综合）	kg	1.110	0.770	0.700	0.672
	050109006	枕木 2500mm×250mm×200mm	根	0.090	0.090	0.100	0.100
	130303001	白油漆	kg	0.020	0.010	0.010	0.010
	140509002	溶剂汽油	kg	0.240	0.220	0.180	0.173
	140303001	机油（综合）	kg	0.220	0.210	0.180	0.173
	140505001	铅油（厚漆）	kg	0.060	0.060	0.040	0.038
	143309002	黄甘油	kg	0.060	0.040	0.040	0.038
	143109001	冰醋酸 98%	mL	3.230	2.430	1.800	1.728
	143133001	磷酸三钠	kg	1.940	1.900	1.890	1.814
	143135001	硫代硫酸钠	g	31.050	23.290	17.250	16.560
	143139001	硫酸铝钾	g	1.940	1.460	1.080	1.037
	143125001	甲氨基酚硫酸盐	g	0.190	0.140	0.110	0.106
	143113001	硼酸	g	0.970	0.730	0.540	0.518
	143159001	氢氧化钠（烧碱）	kg	1.940	1.900	1.890	1.814
	143171002	无水碳酸钠	g	4.140	3.110	2.300	2.208

续前

编号				2-10-31	2-10-32	2-10-33	2-10-34
项目				蒸发量（t/h）			
				6	10	20	35
名称			单位	消耗量			
材料	143171003	无水亚硫酸钠	g	8.150	6.110	4.530	4.349
	143187001	溴化钾	g	0.350	0.260	0.190	0.182
	143319001	对苯二酚	g	0.760	0.570	0.420	0.403
	142911001	氩气	m^3	1.092	1.036	0.616	0.591
	142909001	氧气	m^3	2.730	2.500	1.830	1.757
	142907002	乙炔气	kg	1.050	0.962	0.704	0.676
	144303023	压敏胶粘带	m	1.040	0.780	0.580	0.557
	023503015	无石棉扭绳 ϕ11～25	kg	0.280	0.230	0.130	0.125
	161109001	软胶片 80×300	张	1.800	1.350	1.000	0.960
	301327002	增感屏 80×300	副	0.090	0.070	0.050	0.048
	170301006	镀锌钢管 *DN*25	m	0.660	0.560	0.500	0.480
	860125001	像质计	个	0.090	0.070	0.050	0.048
	553307001	贴片磁铁	副	0.030	0.030	0.020	0.019
	340905001	英文字母铅码	套	0.060	0.040	0.030	0.029
	341101001	水	m^3	6.240	5.630	5.110	4.906
	341109001	焦炭	kg	24.440	23.070	18.400	17.664
	124505001	号码铅字	套	0.060	0.040	0.030	0.029
	031101007	砂轮切割片 ϕ400	片	0.848	0.800	0.543	0.521
	340101003	铈钨棒	g	2.184	2.072	1.232	1.182
	031561004	索具螺旋扣 M16×250	套	—	0.300	0.240	0.230
	130115006	酚醛调和漆	kg	—	0.580	0.560	0.538
	130501009	耐火漆	kg	—	0.960	0.890	0.854
	850103006	其他材料费（占材料费）	%	2.000	2.000	2.000	1.920
机械	990304004	汽车式起重机 8t	台班	0.371	0.181	0.124	0.119
	990304016	汽车式起重机 16t	台班	0.152	0.133	0.133	0.128
	990503020	电动单筒慢速卷扬机 30kN	台班	0.648	0.476	0.429	0.412
	990503030	电动单筒慢速卷扬机 50kN	台班	0.362	0.200	0.105	0.101
	990813020	试压泵 6MPa	台班	0.267	0.248	0.229	0.220
	990901020	交流弧焊机 32kV·A	台班	1.523	1.447	1.247	1.197
	990912010	氩弧焊机 500A	台班	0.105	0.105	0.086	0.083
	991003050	电动空气压缩机 6m^3/min	台班	0.162	0.105	0.095	0.091
	990919030	电焊条烘干箱 60×50×75cm^3	台班	0.152	0.145	0.125	0.120
	991216010	X射线胶片脱水烘干机 ZTH-340	台班	0.019	0.010	0.010	0.010
	990794010	电动胀管机	台班	1.019	0.962	0.648	0.622

二、烟气净化设备安装

1. 单筒干式旋风除尘器

工作内容： 基础检查、中心线校核；垫铁配制；设备检查、运搬、清点、分类复核、安装等。

计量单位： 台

编 号				2-10-35	2-10-36	2-10-37
项 目				重量（t）		
				≤ 0.5	≤ 1	＞ 1
名 称			单位	消 耗 量		
人工	000203000	综合二类工	工日	8.014	9.273	11.658
材料	031507017	镀锌铁丝 ϕ2.5～4.0	kg	5.000	5.000	5.000
	012900002	钢板（综合）	kg	10.000	10.000	10.000
	022701001	棉纱	kg	1.000	1.000	1.000
	031301007	低碳钢焊条（综合）	kg	2.000	3.000	5.000
	031509007	平垫铁（综合）	kg	6.000	6.000	6.000
	031509010	斜垫铁（综合）	kg	12.000	12.000	12.000
	143505003	金属清洗剂	kg	0.467	0.700	0.700
	142909001	氧气	m^3	14.800	14.800	14.800
	142907002	乙炔气	kg	5.692	5.692	5.692
	023503015	无石棉扭绳 ϕ11～25	kg	1.000	1.000	1.500
	850103006	其他材料费（占材料费）	%	2.000	2.000	2.000
机械	990304004	汽车式起重机 8t	台班	0.476	0.952	1.238
	990503030	电动单筒慢速卷扬机 50kN	台班	0.476	0.952	1.238
	990901020	交流弧焊机 32kV · A	台班	0.476	0.952	1.238
	990919030	电焊条烘干箱 60 × 50 × 75cm³	台班	0.048	0.095	0.124

2. 多筒干式旋风除尘器

工作内容：基础检查、中心线校核；垫铁配制；设备检查、运搬、清点、分类复核、安装等。

计量单位：台

编　号				2-10-38	2-10-39	2-10-40
项　目				重量（t）		
				≤ 3.5	≤ 5	＞ 5
名　称			单位	消　耗　量		
人工	000203000	综合二类工	工日	17.486	31.329	39.342
材料	031507017	镀锌铁丝 ϕ2.5～4.0	kg	10.000	18.000	25.000
	012900002	钢板（综合）	kg	15.000	40.000	80.000
	022701001	棉纱	kg	2.000	3.500	5.000
	031102005	铁砂布 0#～2#	张	10.000	15.000	20.000
	031301007	低碳钢焊条（综合）	kg	8.000	15.000	20.000
	031509007	平垫铁（综合）	kg	6.000	8.000	8.000
	031509010	斜垫铁（综合）	kg	12.000	16.000	16.000
	143505003	金属清洗剂	kg	1.167	2.333	3.500
	140303001	机油（综合）	kg	2.000	2.000	2.000
	143309002	黄甘油	kg	2.000	2.000	2.000
	142909001	氧气	m^3	15.000	30.030	30.030
	142907002	乙炔气	kg	5.769	11.550	11.550
	023503015	无石棉扭绳 ϕ11～25	kg	2.500	3.500	5.000
	050109006	枕木　2500mm × 250mm × 200mm	根	—	2.000	2.000
	850103006	其他材料费（占材料费）	%	2.000	2.000	2.000
机械	990304004	汽车式起重机 8t	台班	0.476	0.619	0.690
	990503030	电动单筒慢速卷扬机 50kN	台班	0.476	0.619	0.690
	990901020	交流弧焊机 32kV · A	台班	2.381	5.476	6.426
	990919030	电焊条烘干箱 60 × 50 × 75cm^3	台班	0.238	0.548	0.643

3. 多管干式旋风除尘器

工作内容：基础检查、中心线校核；垫铁配制；设备检查、运搬、清点、分类复核、安装等。

计量单位：台

编号				2-10-41	2-10-42	2-10-43
项目				重量（t）		
				⩽3	⩽6	>6
名称			单位	消耗量		
人工	000203000	综合二类工	工日	23.380	31.394	40.071
材料	031507017	镀锌铁丝 ϕ2.5～4.0	kg	8.000	18.000	25.000
	012900002	钢板（综合）	kg	12.000	50.000	80.000
	022701001	棉纱	kg	1.000	3.500	5.000
	031102005	铁砂布 0#～2#	张	10.000	15.000	20.000
	031301007	低碳钢焊条（综合）	kg	8.000	15.000	20.000
	031509007	平垫铁（综合）	kg	8.000	8.000	8.000
	031509010	斜垫铁（综合）	kg	16.000	16.000	16.000
	143505003	金属清洗剂	kg	1.167	2.333	3.500
	140303001	机油（综合）	kg	1.000	2.000	2.000
	143309002	黄甘油	kg	1.000	2.000	2.000
	142909001	氧气	m^3	15.000	30.030	30.030
	142907002	乙炔气	kg	5.769	11.550	11.550
	023503015	无石棉扭绳 ϕ11～25	kg	2.000	3.500	5.000
	050109006	枕木 2500mm × 250mm × 200mm	根	—	2.000	2.000
	050301004	木板（综合）	m^3	—	—	0.300
	850103006	其他材料费（占材料费）	%	2.000	2.000	2.000
机械	990304004	汽车式起重机 8t	台班	0.952	1.905	2.857
	990503030	电动单筒慢速卷扬机 50kN	台班	1.905	3.810	5.714
	990901020	交流弧焊机 32kV · A	台班	1.905	3.810	5.714
	990919030	电焊条烘干箱 60 × 50 × 75cm³	台班	0.191	0.381	0.571

三、锅炉水处理设备安装

1. 浮动床钠离子交换器

工作内容：基础检查、中心线校核；垫铁配制；设备检查、运搬、清点、分类复核、安装、检查、水压试验、单体调试。

计量单位：台

编号				2-10-44	2-10-45	2-10-46	2-10-47	2-10-48
项目				软化水				
				出力（t）				
				≤2	≤4	≤6	≤10	≤12
		名称	单位	消耗量				
人工	000203000	综合二类工	工日	12.572	14.571	16.175	18.652	20.215
材料	031507017	镀锌铁丝 $\phi2.5\sim4.0$	kg	3.000	4.000	4.000	5.000	5.000
	012900002	钢板（综合）	kg	8.000	10.000	10.000	12.000	12.000
	020112001	无石棉橡胶板 $\delta0.8\sim3$	kg	3.000	3.500	4.000	5.000	6.000
	340203003	四氟带	kg	0.010	0.020	0.030	0.040	0.050
	022701001	棉纱	kg	0.500	0.650	0.800	0.800	1.000
	031102005	铁砂布 $0^{\#}\sim2^{\#}$	张	4.000	5.000	5.000	5.000	6.000
	031301007	低碳钢焊条（综合）	kg	1.800	2.500	3.000	4.000	4.000
	031541003	钢锯条	条	5.000	6.000	6.000	6.000	7.000
	031509007	平垫铁（综合）	kg	8.000	8.000	8.000	12.000	12.000
	031509010	斜垫铁（综合）	kg	4.000	4.000	4.000	6.000	6.000
	050109006	枕木 2500mm × 250mm × 200mm	根	0.200	0.220	0.250	0.300	0.300
	143505003	金属清洗剂	kg	0.117	0.140	0.163	0.187	0.187
	140303001	机油（综合）	kg	0.200	0.200	0.300	0.400	0.450
	140505001	铅油（厚漆）	kg	0.100	0.100	0.150	0.200	0.200
	143309002	黄甘油	kg	0.100	0.100	0.150	0.200	0.200
	143149001	氯化钠	kg	100.000	150.000	200.000	300.000	350.000
	142909001	氧气	m^3	12.930	14.350	16.980	20.230	21.750
	142907002	乙炔气	kg	4.973	5.519	6.531	7.781	8.365
	023503015	无石棉扭绳 $\phi11\sim25$	kg	0.200	0.250	0.300	0.400	0.400
	341101001	水	m^3	4.000	8.000	12.000	20.000	24.000
	850103006	其他材料费（占材料费）	%	2.000	2.000	2.000	2.000	2.000
机械	990304004	汽车式起重机 8t	台班	0.476	0.571	0.667	0.762	0.762
	990503020	电动单筒慢速卷扬机 30kN	台班	0.952	0.952	0.952	1.048	1.048
	990813020	试压泵 6MPa	台班	0.952	0.952	1.048	1.143	1.143
	990901020	交流弧焊机 32kV · A	台班	0.952	0.952	1.048	1.143	1.143
	991003020	电动空气压缩机 $0.6m^3/min$	台班	0.238	0.286	0.381	0.381	0.381
	990919030	电焊条烘干箱 60 × 50 × $75cm^3$	台班	0.095	0.095	0.105	0.114	0.114

2. 组合式水处理设备

工作内容：基础检查、中心线校核；垫铁配制；设备检查、运搬、清点、分类复核、安装、检查、水压试验、单体调试。

计量单位：台

编号				2-10-49	2-10-50	2-10-51
项目				软化水		
				出力（t）		
				⩽2	⩽4	⩽8
名称			单位	消耗量		
人工	000203000	综合二类工	工日	3.219	4.345	9.340
材料	031507017	镀锌铁丝 ϕ2.5～4.0	kg	3.000	4.050	—
	012900002	钢板（综合）	kg	1.000	1.350	1.520
	012901022	热轧薄钢板 δ3.0	m^2	1.000	1.350	1.500
	020112002	无石棉橡胶板 δ3～6	kg	3.000	4.050	5.000
	022901005	棕绳	kg	6.800	9.180	6.800
	031102005	铁砂布 0#～2#	张	2.000	2.700	4.000
	031301007	低碳钢焊条（综合）	kg	0.400	0.540	1.000
	031541003	钢锯条	条	5.000	6.750	7.000
	031509010	斜垫铁（综合）	kg	4.200	5.400	8.560
	050109006	枕木 2500mm × 250mm × 200mm	根	0.200	0.270	0.300
	143505003	金属清洗剂	kg	0.117	0.157	0.187
	140303001	机油（综合）	kg	0.400	0.540	0.450
	140505001	铅油（厚漆）	kg	0.200	0.270	0.200
	143309002	黄甘油	kg	0.200	0.270	0.200
	143105002	硫酸 98%	kg	20.000	27.000	20.000
	143149001	氯化钠	kg	10.000	13.500	30.000
	143329001	聚四氟乙烯	kg	0.050	0.068	0.050
	142909001	氧气	m^3	2.000	2.700	3.000
	142907002	乙炔气	kg	0.769	1.038	1.154
	170101009	焊接钢管 *DN*50	m	3.380	4.563	—
	341101001	水	m^3	4.000	5.400	8.000
	012907002	镀锌钢板（综合）	kg	—	—	5.000
	170101014	焊接钢管 *DN*80	m	—	—	1.600
	170101017	焊接钢管 *DN*100	m	—	—	1.500
	850103006	其他材料费（占材料费）	%	2.000	2.000	2.000
机械	990304004	汽车式起重机 8t	台班	0.476	0.643	0.476
	990503020	电动单筒慢速卷扬机 30kN	台班	0.476	0.643	0.952
	990813020	试压泵 6MPa	台班	0.476	0.643	0.952
	990901020	交流弧焊机 32kV · A	台班	0.190	0.257	0.476
	991003020	电动空气压缩机 0.6m^3/min	台班	0.143	0.193	0.381
	990919030	电焊条烘干箱 60 × 50 × 75cm^3	台班	0.019	0.026	0.048

四、换热器安装

工作内容：基础检查、中心线校核；垫铁配制；设备检查、运搬、清点、分类复核、安装等。

计量单位：台

编 号				2-10-52	2-10-53	2-10-54	2-10-55	2-10-56	2-10-57
项 目				设备重量（t）					
				≤1	≤1.5	≤2	≤3	≤4	≤5
名 称			单位	消 耗 量					
人工	000203000	综合二类工	工日	5.828	8.942	9.603	12.254	14.406	17.883
材料	012300001	型钢（综合）	kg	8.000	9.000	10.000	11.000	12.000	13.000
	012900002	钢板（综合）	kg	54.600	56.600	59.100	64.300	72.000	79.700
	040915003	黑铅粉	kg	0.230	0.240	0.250	0.270	0.300	0.320
	020112001	无石棉橡胶板 δ0.8～3	kg	1.500	1.600	1.800	2.500	4.000	6.000
	031301007	低碳钢焊条（综合）	kg	1.220	1.320	1.420	1.520	2.000	2.500
	031509007	平垫铁（综合）	kg	6.450	6.450	6.450	6.450	7.200	9.600
	031509010	斜垫铁（综合）	kg	4.000	4.000	4.000	4.000	5.230	6.340
	050109006	枕木 2500mm × 250mm × 200mm	根	0.060	0.070	0.080	0.090	0.100	0.110
	140303001	机油（综合）	kg	0.150	0.180	0.200	0.220	0.240	0.260
	142909001	氧气	m^3	4.830	4.950	5.280	5.550	6.000	9.000
	142907002	乙炔气	kg	1.858	1.904	2.031	2.135	2.308	3.462
	850103006	其他材料费（占材料费）	%	2.000	2.000	2.000	2.000	2.000	2.000
机械	990304004	汽车式起重机 8t	台班	0.476	0.714	0.952	1.190	1.429	1.905
	990503020	电动单筒慢速卷扬机 30kN	台班	0.952	0.952	0.952	1.429	1.905	1.905
	990813020	试压泵 6MPa	台班	0.952	0.952	0.952	0.952	1.429	1.905
	990901020	交流弧焊机 32kV · A	台班	0.476	0.476	0.714	1.667	2.381	2.619
	991003020	电动空气压缩机 0.6m^3/min	台班	0.238	0.238	0.286	0.381	0.476	0.571
	990919030	电焊条烘干箱 60 × 50 × 75cm^3	台班	0.048	0.048	0.071	0.167	0.238	0.262

五、输煤设备安装

1. 翻斗上煤机

工作内容： 基础检查、中心线校核；垫铁配制；设备检查、运搬、清点、分类复核、安装、检查、单体调试。

计量单位： 台

编号				2-10-58	2-10-59	2-10-60	2-10-61
项目				垂直卷扬式	倾斜卷扬式	带小车式	单斗式
名称			单位	消耗量			
人工	000203000	综合二类工	工日	10.200	12.385	11.658	24.043
材料	012300001	型钢（综合）	kg	25.000	40.000	—	100.000
	031507017	镀锌铁丝 ϕ2.5～4.0	kg	2.000	2.000	2.000	—
	012900002	钢板（综合）	kg	30.000	50.000	40.000	50.000
	022701001	棉纱	kg	1.000	1.000	1.000	1.500
	031301007	低碳钢焊条（综合）	kg	5.000	5.000	5.000	5.000
	031509007	平垫铁（综合）	kg	6.000	6.000	6.000	3.000
	031509010	斜垫铁（综合）	kg	12.000	12.000	12.000	6.000
	143505003	金属清洗剂	kg	0.700	0.700	0.700	1.167
	140509002	溶剂汽油	kg	2.000	2.000	2.000	1.000
	140303001	机油（综合）	kg	2.000	2.000	1.000	1.000
	142909001	氧气	m^3	15.000	15.000	15.000	15.000
	142907002	乙炔气	kg	5.769	5.769	5.769	5.769
	031102005	铁砂布 0#～2#	张	—	—	—	15.000
	050109006	枕木 2500mm × 250mm × 200mm	根	—	—	—	1.000
	143309002	黄甘油	kg	—	—	—	1.000
	850103006	其他材料费（占材料费）	%	2.000	2.000	2.000	2.000
机械	990304004	汽车式起重机 8t	台班	0.476	0.476	0.476	0.953
	990503020	电动单筒慢速卷扬机 30kN	台班	0.476	0.476	0.476	2.381
	990901020	交流弧焊机 32kV · A	台班	2.857	2.857	2.857	2.857
	990919030	电焊条烘干箱 60 × 50 × 75cm³	台班	0.286	0.286	0.286	0.286

2. 碎　煤　机

工作内容：基础检查、中心线校核；垫铁配制；设备检查、运搬、清点、分类复核、安装、检查、单体调试。

计量单位：台

编　　号				2-10-62	2-10-63
项　　目				双辊齿式	
				直径 450mm × 500mm	直径 600mm × 750mm
名　　称			单位	消　耗　量	
人工	000203000	综合二类工	工日	38.067	40.654
材料	031507017	镀锌铁丝 ϕ2.5～4.0	kg	5.500	6.750
	012900002	钢板（综合）	kg	33.000	31.500
	020112007	无石棉橡胶板 高压 δ1～6	kg	2.750	2.250
	022701001	棉纱	kg	5.500	4.500
	022703003	白布	kg	0.969	0.793
	022709006	羊毛毡 6～8	m^2	0.550	0.450
	031102005	铁砂布 0#～2#	张	16.500	13.500
	031301007	低碳钢焊条（综合）	kg	8.250	9.000
	031509007	平垫铁（综合）	kg	48.400	39.600
	050301006	木板 δ25	m^3	0.055	0.045
	050109006	枕木 2500mm × 250mm × 200mm	根	1.100	1.800
	143505003	金属清洗剂	kg	1.925	2.100
	140509002	溶剂汽油	kg	2.750	4.500
	140303001	机油（综合）	kg	4.400	4.500
	140505001	铅油（厚漆）	kg	1.100	2.250
	143309002	黄甘油	kg	2.200	2.700
	143105002	硫酸 98%	kg	4.400	3.600
	143159001	氢氧化钠（烧碱）	kg	4.400	3.600
	142909001	氧气	m^3	16.517	20.264
	142907002	乙炔气	kg	6.353	7.794
	850103006	其他材料费（占材料费）	%	2.000	2.000
机械	990304004	汽车式起重机 8t	台班	0.667	0.857
	990503020	电动单筒慢速卷扬机 30kN	台班	0.667	0.857
	990901020	交流弧焊机 32kV · A	台班	2.000	2.143
	990919030	电焊条烘干箱 60 × 50 × 75cm³	台班	0.200	0.214

六、除渣设备安装

1. 螺旋除渣机

工作内容：基础检查、中心线校核；垫铁配制；设备检查、运搬、清点、分类复核、安装、检查、单体调试。

计量单位：台

编号				2-10-64	2-10-65
项目				直径（mm）	
				150	200
				出力（t/h）	
				1.1	1.2
名称			单位	消耗量	
人工	000203000	综合二类工	工日	12.458	15.409
材料	031507017	镀锌铁丝 ϕ2.5～4.0	kg	2.250	4.500
	012900002	钢板（综合）	kg	9.000	13.500
	020112007	无石棉橡胶板 高压 δ1～6	kg	6.750	9.000
	022701001	棉纱	kg	0.900	1.800
	031301007	低碳钢焊条（综合）	kg	2.250	4.500
	143505003	金属清洗剂	kg	0.525	1.050
	140509002	溶剂汽油	kg	0.900	0.900
	140303001	机油（综合）	kg	0.900	2.250
	143309002	黄甘油	kg	0.900	1.800
	142909001	氧气	m^3	6.750	10.125
	142907002	乙炔气	kg	2.596	3.894
	850103006	其他材料费（占材料费）	%	2.000	2.000
机械	990304004	汽车式起重机 8t	台班	0.214	0.214
	990503020	电动单筒慢速卷扬机 30kN	台班	0.214	0.214
	990901020	交流弧焊机 32kV·A	台班	0.857	1.714
	990919030	电焊条烘干箱 60×50×75cm^3	台班	0.086	0.171

2. 刮板除渣机

工作内容： 基础检查、中心线校核；垫铁配制；设备检查、运搬、清点、分类复核、安装、检查、单体调试。

计量单位：台

编号				2-10-66	2-10-67
项目				出渣量（t/h）	
				1	2
名称			单位	消耗量	
人工	000203000	综合二类工	工日	13.442	19.016
材料	031507017	镀锌铁丝 ϕ2.5～4.0	kg	4.500	6.750
	012900002	钢板（综合）	kg	13.500	22.500
	022701001	棉纱	kg	1.800	2.250
	031301007	低碳钢焊条（综合）	kg	4.500	6.750
	031509007	平垫铁（综合）	kg	15.300	15.300
	031509010	斜垫铁（综合）	kg	30.600	30.600
	143505003	金属清洗剂	kg	1.155	1.575
	140509002	溶剂汽油	kg	0.900	0.900
	140303001	机油（综合）	kg	2.250	2.250
	143309002	黄甘油	kg	1.800	1.800
	142909001	氧气	m^3	10.125	13.514
	142907002	乙炔气	kg	3.894	5.198
	850103006	其他材料费（占材料费）	%	2.000	2.000
机械	990304004	汽车式起重机 8t	台班	0.214	0.214
	990503020	电动单筒慢速卷扬机 30kN	台班	0.214	0.214
	990901020	交流弧焊机 32kV·A	台班	1.714	2.143
	990919030	电焊条烘干箱 60×50×75cm^3	台班	0.171	0.214

3. 链条除渣机

工作内容： 基础检查、中心线校核；垫铁配制；设备检查、运搬、清点、分类复核、安装、检查、单体调试。

计量单位：台

编号				2-10-68	2-10-69	2-10-70	2-10-71	2-10-72
项目				输送长度（m 以内）				
				10	30	50	70	50
				出力（t/h 以内）				
				2	4	5	8	10
名称			单位	消耗量				
人工	000203000	综合二类工	工日	52.987	108.623	134.786	155.186	173.400
材料	031507017	镀锌铁丝 ϕ2.5～4.0	kg	5.000	10.000	13.000	15.000	20.000
	012900002	钢板（综合）	kg	80.000	100.000	200.000	200.000	200.000
	022701001	棉纱	kg	5.000	8.000	10.000	10.000	10.000
	031301007	低碳钢焊条（综合）	kg	5.000	9.500	20.000	20.000	20.000
	031509007	平垫铁（综合）	kg	20.000	30.000	50.000	70.000	53.000
	031509010	斜垫铁（综合）	kg	40.000	60.000	100.000	140.000	106.000
	050109006	枕木 2500mm × 250mm × 200mm	根	2.000	2.000	4.000	4.000	4.000
	143505003	金属清洗剂	kg	1.167	2.333	4.667	4.667	4.667
	140509002	溶剂汽油	kg	1.000	1.000	2.000	2.000	10.000
	140303001	机油（综合）	kg	5.000	8.000	10.000	10.000	10.000
	140505001	铅油（厚漆）	kg	5.000	5.000	5.000	5.000	5.000
	143309002	黄甘油	kg	3.000	4.000	6.000	6.000	6.000
	142909001	氧气	m^3	14.400	28.980	45.030	45.030	45.030
	142907002	乙炔气	kg	5.538	11.146	17.319	17.319	17.319
	850103006	其他材料费（占材料费）	%	2.000	2.000	2.000	2.000	2.000
机械	990304004	汽车式起重机 8t	台班	0.952	0.952	1.905	1.905	1.905
	990503020	电动单筒慢速卷扬机 30kN	台班	0.952	0.952	1.905	1.905	1.905
	990901020	交流弧焊机 32kV · A	台班	5.714	5.714	7.619	7.619	7.619
	990919030	电焊条烘干箱 60 × 50 × 75cm^3	台班	0.571	0.571	0.762	0.762	0.762

第十一章

热力设备调试工程

说　明

一、本章内容包括发电与供热项目工程中热力设备的分系统调试、整套启动调试、特殊项目测试与性能验收试验内容。

二、相关说明：

1. 分系统调试包括热力设备安装完毕后进行系统联动、对热力设备单体调试进行校验与修正、对相应设备与装置的配套部分进行系统调试。热力设备、装置性能试验执行特殊项目测试与性能验收试验相应的定额项目。

2. 本章所用到的电源是按照永久电源考虑的，定额中不包括调试与试验所消耗的电量，其电费已包含在其他费用（甲方费用）中。当工程需要单独计算调试与试验电费时，应按照实际表计电量计算。

3. 调试定额是按照现行的火力发电建设工程启动试运及验收规程进行编制的，定额与规程未包括的调试项目和调试内容所发生的费用，应结合技术条件及相应的规定另行计算。

4. 调试定额中已经包括熟悉资料、编制调试方案、核对设备、现场调试、填写调试记录、整理调试报告等工作内容。

5. 锅炉分系统调试分压缩空气系统调试、烟风系统调试、锅炉冷态通风试验、燃煤系统调试、制粉系统冷 态调试、石灰石粉输送系统调试、除尘器系统调试、除灰与除渣系统调试、吹灰系统调试、锅炉汽水系统调试、燃油系统调试、锅炉化学清洗、锅炉过热器、再热器系统吹管、安全阀校验及蒸汽严密性试验、点火装置调试、生物质锅炉燃料供应系统调试、生物质锅炉烟气净化系统调试等部分分系统调试。

6. 汽轮机分系统调试分循环水与冷却水系统调试、凝结水与补给水系统调试、除氧给水系统调试、真空系统调试、蒸汽系统调试、发电机空气冷却系统调试、主机调节与保安系统调试、主机润滑油系统调试、旁路系统调试、柴油发电机系统调试、燃气轮机分系统调试等部分分系统调试。

7. 水处理系统调试分预处理系统调试、补给水处理系统调试、废水处理系统调试、冲管阶段化学监督、加药系统调试、凝汽器铜管镀膜系统调试、取样装置系统调试、化学水处理试运等部分分系统调试。

（1）补给水处理系统调试不包括原水净化系统的调试，工程发生时，根据工艺系统流程参照相应定额执行。

（2）废水处理系统调试是指对电厂生产运行产生的生活废水、生产废水处理系统的调试，不包括对焚烧垃圾废水处理、再生水处理系统的调试，工程发生时按照有关规定或参照相应定额执行。

8. 厂内热网系统调试是指热电厂围墙内供热系统的调试，不包括围墙外热力网及泵站系统的调试。热量计量装置，经厂家调试合格后，不计算调试费用。

9. 脱硫系统调试不分脱硫工艺流程，根据脱硫吸收塔吸附烟气所对应的锅炉蒸发量执行定额。

10. 脱硝系统调试不分催化剂的材质和布置系统，根据锅炉蒸发量执行定额。

11. 整套启动调试分锅炉、汽轮发电机、化学三大部分。锅炉部分包括锅炉、锅炉辅助设备、锅炉附属设备及装置系统的整套启动调试、生物质锅炉整套启动调试；汽轮发电机部分包括汽轮发电机、汽轮机辅助设备、汽轮机附属设备及装置系统的整套启动调试、燃气轮机整套启动调试；化学部分包括补给水、预处理、补给水处理、循环水处理、废水处理系统的整套启动调试。发电厂电气部分及电气装置系统的整套启动调试、发电厂热工与仪表部分及配套装置系统的整套启动调试执行其他册的相应定额。

12. 整套启动调试包括发电厂在并网发电前进行的热力部分整套调试和配合生产启动试运以及程序校 验、运行调整、状态切换、动作试验等内容。不包括在整套启动试运过程中暴露出来的设备缺陷处理或因施工质量、设计质量等问题造成的返工所增加的调试工作量。

13. 其他材料费中包括调试消耗、校验消耗材料费。

14. 锅炉分系统调试、锅炉整套启动调试定额按照燃煤和生物质考虑，燃烧其他介质的锅炉在执行本定额时应按燃煤做相应调整。其中：流化床锅炉乘以系数 1.1。

工程量计算规则

一、热力系统调试根据热力工艺布置系统图，结合调试定额的工作内容进行划分，按照定额规定计量单位计算工程量。

二、热力设备常规试验不单独计算工程量，特殊项目测试与性能验收试验根据工程需要按照实际数量计算工程量。

三、锅炉分系统调试除输煤系统调试外，其他系统根据单台锅炉蒸发量按照锅炉台数计算工程量；输煤系统调试根据上煤系统的胶带机布置，按照入主厂房的胶带机路数计算工程量。

四、汽轮机分系统调试根据单台汽轮发电机组容量按照台数计算工程量。

五、预处理系统、补给水处理系统调试根据单套制水系统出力按照套数计算工程量。废水处理系统根据分流或混流系统布置，按照单套处理能力的套数计算工程量。

六、冲管阶段化学监督、加药系统调试、取样装置系统调试根据单台锅炉蒸发量按照锅炉台数计算工程量。

七、凝汽器铜管镀膜系统调试根据汽轮发电机的出力按照汽轮机台数计算工程量。

八、化学水处理试运系统调试根据工艺系统设置，分单套处理能力，按照套数计算工程量。

九、厂内热网、脱硝系统调试根据单台锅炉蒸发量，按照锅炉台数计算工程量。

十、脱硫系统调试根据脱硫吸收塔吸附烟气所对应的锅炉蒸发量，按照吸收塔台数计算工程量。当多台锅炉总容量 > 220t/h 且配置一座吸收塔时，脱硫系统调试按照锅炉容量 220t/h 进行折算，锅炉容量 ≤ 220t/h 时，按照锅炉容量 150t/h 进行折算，锅炉容量 ≤ 150t/h 时，按照锅炉容量 150t/h 计算一套。

十一、锅炉整套启动系统根据单台锅炉蒸发量，按照台数计算工程量。

十二、汽轮机整套启动调试根据单台汽轮机容量，按照台数计算工程量。

十三、特殊项目测试与性能验收试验根据技术标准的要求，按照实际测试与试验的数量计算工程量。

一、分系统调试

1. 锅炉分系统调试

（1）压缩空气系统调试

工作内容： 1. 配合储气罐严密性试验。
2. 安全阀校验。
3. 配合过滤器前后滤网冲洗。
4. 干燥器试运及自动切换与自动疏水调整。
5. 配合空压机卸荷器调整。
6. 空压机试运及压缩空气管道吹扫。
7. 冷却水温度调整。

计量单位： 台

编号				2-11-1	2-11-2	2-11-3	2-11-4
项目				锅炉蒸发量（t/h）			
				≤ 50	≤ 75	≤ 150	≤ 220
名称			单位	消耗量			
人工	000203000	综合二类工	工日	8.204	12.372	17.328	19.022
材料	311929001	转速信号荧光感应纸	卷	0.168	0.216	0.288	0.544
	173135002	遮挡式靠背管	个	5.728	10.296	15.368	22.712
	172707001	理化橡皮管	箱	0.240	0.320	0.480	0.880
	850103006	其他材料费（占材料费）	%	2.000	2.000	2.000	2.000
机械	990421010	小型工程车	台班	2.933	4.358	6.101	8.381
	870113006	数字精密压力表	台班	2.933	4.358	6.101	8.381
	870199011	笔记本电脑	台班	3.048	5.200	7.010	9.905
	870110027	红外测温仪	台班	2.857	4.457	6.095	8.381
	874616027	手持高精度数字测振仪&转速仪	台班	2.857	4.457	6.095	8.381
	870113019	数字式电子微压计	台班	2.857	4.457	6.095	8.381
	870116005	超声波流量计	台班	0.800	0.800	1.200	1.600

（2）烟风系统调试

工作内容：烟风系统调试包括风机系统、暖风器系统、空气预热器系统。

1. 风机系：风机调节试运，喘振保护值整定与试验，风机并列运行试验，轴承振动、温度测量，进行动力油压调整及动叶调节试验，进行液力耦合器或变频器带负荷调试。
2. 暖风器系统：疏水箱水位调整，自动放水门调整，暖风器出口风温调整，加热蒸汽压力调整，暖风器、疏水泵及系统调试。
3. 空气预热器系统：水冲洗装置调试，漏风自检系统调整，空预器试运，轴承振动、温度测量。

计量单位：台

编号				2-11-5	2-11-6	2-11-7	2-11-8
项目				锅炉蒸发量（t/h）			
				≤50	≤75	≤150	≤220
名称			单位	消耗量			
人工	000203000	综合二类工	工日	24.771	28.258	45.748	69.313
材料	311929001	转速信号荧光感应纸	卷	0.253	0.370	0.520	0.722
	173135002	遮挡式靠背管	个	9.856	17.384	27.648	41.600
	172707001	理化橡皮管	箱	0.366	0.535	0.752	1.045
	850103006	其他材料费（占材料费）	%	2.000	2.000	2.000	2.000
机械	990421010	小型工程车	台班	4.853	7.400	10.880	16.240
	870199011	笔记本电脑	台班	6.187	8.240	12.120	18.280
	870110027	红外测温仪	台班	5.867	8.680	13.040	19.560
	874616027	手持高精度数字测振仪&转速仪	台班	10.560	15.800	23.480	35.400
	870113019	数字式电子微压计	台班	4.693	7.120	10.440	15.840

（3）锅炉冷态通风试验

工作内容：风门、烟气挡板开关方向及操作机构试验与定位；测速管设计及配合制作；测点选择及配合安装；风压计布置、安装，胶皮管连接；一、二、三次风固定测速管的标定；一次风速调平；烟气系统负压测定；风流量测量装置校核。 **计量单位：**台

编号				2-11-9	2-11-10	2-11-11	2-11-12
项目				锅炉蒸发量（t/h）			
				≤ 50	≤ 75	≤ 150	≤ 220
名称			单位	消耗量			
人工	000203000	综合二类工	工日	11.232	17.898	25.478	36.345
材料	860150004	皮托管 $\phi 8 \times 1000$	只	5.200	8.160	11.280	15.840
	311929001	转速信号荧光感应纸	卷	0.361	0.470	0.578	0.722
	172707001	理化橡皮管	箱	0.512	0.666	0.819	1.024
	850103006	其他材料费（占材料费）	%	2.000	2.000	2.000	2.000
机械	990421010	小型工程车	台班	1.280	1.902	2.662	3.657
	870199011	笔记本电脑	台班	4.555	6.768	9.474	13.014
	870110027	红外测温仪	台班	1.376	2.044	2.862	3.931
	874616027	手持高精度数字测振仪&转速仪	台班	1.490	2.213	3.098	4.256
	870113019	数字式电子微压计	台班	2.772	4.118	5.765	7.919
	874618017	风压风速风量仪	台班	3.200	3.200	3.200	3.200

（4）输煤系统调试

工作内容：输煤系统调试包括卸煤系统、上煤系统。

1. 卸煤系统：卸煤机械出力试验，输送设备空载及实载试验，计量装置空载校验，除铁器、木块分离器分离效果确认，除尘装置调试，煤样自动取样正确性确认，卸煤输送系统联锁保护校验及配合程控投运试验。
2. 上煤系统的工作内容：配合进行原煤仓煤位测量正确性确认，磁铁分离器吸铁试验，除尘装置调试，联锁保护校验，系统联合式运，配合程控投运试验。

计量单位：路

编号				2-11-13	2-11-14	2-11-15	2-11-16
项目				锅炉蒸发量（t/h）			
				≤ 50	≤ 75	≤ 150	≤ 220
名称			单位	消耗量			
人工	000203000	综合二类工	工日	12.686	18.848	26.387	36.244
材料	311929001	转速信号荧光感应纸	卷	0.432	1.080	0.691	0.864
	850103006	其他材料费（占材料费）	%	2.000	2.000	2.000	2.000
机械	990421010	小型工程车	台班	1.600	2.377	3.328	5.080
	870199011	笔记本电脑	台班	6.720	9.954	13.817	18.743
	870110027	红外测温仪	台班	1.600	2.377	3.328	4.572
	874616027	手持高精度数字测振仪&转速仪	台班	3.200	4.754	6.656	9.143

（5）细碎、制粉系统冷态调试

工作内容：制粉系统有三种类型，其调试工作内容分别如下：

1. 仓储式制粉系统冷态调试的工作内容：测粉装置投运中的正确性、锁气器投运时密封性能确认；粗粉分离器细度调节挡板（折向门）位置开度检查与确认；油系统保护、风门开关及联锁校验确认；磨煤机油泵油压及联锁保护校验；装球量与电流关系、磨煤机通风量试验；配合热工进行电子秤校验；灭火装置、粉仓测温装置、煤粉取样装置调试；制粉系统冷态通风时各部位阻力确认；各煤粉管内风速均匀性测试与调试。
2. 直吹式制粉系统冷态调试的工作内容：弹簧加载或液压加载的调整与压值的确认试验或装球量试验；润滑油系统油压油量确认；排石装置程控投运确认；磨煤机及润滑油系统联锁保护校验确认；分离器折向门位置开度检查确认，回转式分离器转速核对；磨煤机各部位密封风量合理性确认；制粉系统各部分通风阻力确认。
3. 细碎系统冷态调试的工作内容：联锁保护确认；细碎装置调试；筛选性能调整；输送给煤装置速度调试；系统通风阻力确认。

计量单位：台

编号				2-11-17	2-11-18	2-11-19	2-11-20
项目				锅炉蒸发量（t/h）			
				≤ 50	≤ 75	≤ 150	≤ 220
名称			单位	消耗量			
人工	000203000	综合二类工	工日	9.927	13.990	19.906	29.932
材料	311929001	转速信号荧光感应纸	卷	0.540	0.648	0.756	1.080
	173135002	遮挡式靠背管	个	5.600	7.680	10.192	16.000
	172707001	理化橡皮管	箱	0.912	1.094	1.277	1.824
	850103006	其他材料费（占材料费）	%	2.000	2.000	2.000	2.000
机械	990421010	小型工程车	台班	2.667	3.600	4.853	6.857
	870628001	高速信号录波仪	台班	2.800	3.600	4.800	7.200
	870199011	笔记本电脑	台班	4.560	6.760	9.480	13.040
	870110027	红外测温仪	台班	2.667	3.600	4.853	6.857
	874616027	手持高精度数字测振仪&转速仪	台班	5.334	7.200	9.706	13.714
	870113019	数字式电子微压计	台班	2.667	3.600	4.853	6.857

（6）石灰石粉输送系统调试

工作内容： 石灰石输送风机速度控制与调节；石灰石破碎设备试转与调整；石灰石输送皮带试转与调整；进行投石灰石试验；进行 Ca/S 比调整试验。

计量单位： 台

编号				2-11-21	2-11-22	2-11-23	2-11-24
项目				锅炉蒸发量（t/h）			
				≤ 50	≤ 75	≤ 150	≤ 220
名称			单位	消耗量			
人工	000203000	综合二类工	工日	11.892	16.310	23.191	30.582
材料	311929001	转速信号荧光感应纸	卷	0.540	0.648	0.810	0.972
	850103006	其他材料费（占材料费）	%	2.000	2.000	2.000	2.000
机械	990421010	小型工程车	台班	1.733	2.377	3.380	4.457
	870199011	笔记本电脑	台班	3.120	5.400	7.280	10.360
	870110027	红外测温仪	台班	1.733	2.377	3.380	4.457
	874616027	手持高精度数字测振仪&转速仪	台班	3.466	4.754	6.760	8.914

（7）除尘器系统调试

工作内容： 1. 电除尘器系统的工作内容：大梁与灰斗加热装置调试；配合进行振打试验；配合电气进行电气程控试验。

2. 布袋式除尘系统的工作内容：系统相关阀门的检查与验收；喷吹装置与程控装置的检查与验收；配合进行布袋预涂灰试验。

计量单位： 台

编号				2-11-25	2-11-26	2-11-27	2-11-28
项目				锅炉蒸发量（t/h）			
				≤ 50	≤ 75	≤ 150	≤ 220
名称			单位	消耗量			
人工	000203000	综合二类工	工日	11.028	15.123	21.502	28.356
材料	311929001	转速信号荧光感应纸	卷	0.188	0.242	0.322	0.610
	173135002	遮挡式靠背管	个	6.415	11.531	17.212	25.438
	172707001	理化橡皮管	箱	0.269	0.358	0.538	0.986
	850103006	其他材料费（占材料费）	%	2.000	2.000	2.000	2.000
机械	990421010	小型工程车	台班	1.467	2.012	2.860	3.772
	870199011	笔记本电脑	台班	5.733	8.023	13.720	15.543
	870110027	红外测温仪	台班	1.467	2.012	2.860	3.772
	874616027	手持高精度数字测振仪&转速仪	台班	1.467	2.012	2.860	3.772

（8）除灰、除渣系统调试

工作内容：系统内各锁气器调试；输灰系统联动试验和参数整定；输渣系统联动试验和参数整定；灰库系统联动试验和参数整定。　**计量单位：**台

编号				2-11-29	2-11-30	2-11-31	2-11-32
项目				锅炉蒸发量（t/h）			
				≤50	≤75	≤150	≤220
名称			单位	消耗量			
人工	000203000	综合二类工	工日	22.765	26.018	36.993	48.783
材料	311929001	转速信号荧光感应纸	卷	0.253	0.421	0.316	0.378
	850103006	其他材料费（占材料费）	%	2.000	2.000	2.000	2.000
机械	990421010	小型工程车	台班	1.440	1.646	2.340	3.086
	870199011	笔记本电脑	台班	11.600	12.306	18.123	24.075
	870110027	红外测温仪	台班	1.476	1.688	2.399	3.164
	874616027	手持高精度数字测振仪&转速仪	台班	2.880	3.291	4.680	6.171

（9）吹灰系统调试

工作内容：配合吹灰蒸汽减压装置调试，安全阀校验与管道吹洗；吹灰器行程与旋转试验；吹灰时间整定；配合吹灰器程控试验及进汽门、疏水门自动打开试验。　**计量单位：**台

编号				2-11-33	2-11-34	2-11-35	2-11-36
项目				锅炉蒸发量（t/h）			
				≤50	≤75	≤150	≤220
名称			单位	消耗量			
人工	000203000	综合二类工	工日	17.460	23.944	34.047	44.896
材料	311929001	转速信号荧光感应纸	卷	0.224	0.312	0.344	0.520
	172707001	理化橡皮管	箱	0.160	0.224	0.304	0.480
	850103006	其他材料费（占材料费）	%	2.000	2.000	2.000	2.000
机械	990421010	小型工程车	台班	2.933	4.023	5.720	7.543
	870199011	笔记本电脑	台班	9.200	12.754	18.760	24.914
	870110027	红外测温仪	台班	2.933	4.023	5.720	7.543

（10）锅炉汽水系统调试

工作内容：锅炉汽水系统调试包括减温水系统，疏水、放气、排污、炉前系统冲洗和锅炉工作压力试验。

1. 减温水系统的工作内容：过热器减温水管道蒸汽冲洗；过热器减温水管道水冲洗；再热器减温水管道蒸汽冲洗；再热器减温水管道水冲洗；阀门、测点验收。
2. 疏水、放气、排污系统的工作内容：系统阀门状态确认和调整。
3. 炉前系统冲洗的工作内容：配合设计临时管道系统、检查安装质量；协助施工单位对承压部件及锅炉膨胀进行详细检查和记录。
4. 锅炉工作压力试验的工作内容：参加工作压力试验，进行监督指导；协助施工单位对承压部件及锅炉膨胀进行详细检查和记录。

计量单位：台

编号				2-11-37	2-11-38	2-11-39	2-11-40
项目				锅炉蒸发量（t/h）			
				≤50	≤75	≤150	≤220
名称			单位	消耗量			
人工	000203000	综合二类工	工日	7.756	10.637	15.123	19.944
材料	860150004	皮托管 $\phi 8\times 1000$	只	3.900	6.120	8.460	11.880
	311929001	转速信号荧光感应纸	卷	0.270	0.352	0.433	0.542
	172707001	理化橡皮管	箱	0.384	0.499	0.614	0.768
	850103006	其他材料费（占材料费）	%	2.000	2.000	2.000	2.000
机械	990421010	小型工程车	台班	2.667	3.657	5.200	6.857
	870199011	笔记本电脑	台班	4.125	5.451	7.164	10.721
	870110027	红外测温仪	台班	2.667	3.657	5.200	6.857
	874616027	手持高精度数字测振仪&转速仪	台班	2.667	3.657	5.200	6.857

（11）燃油系统调试

工作内容：燃油系统调试包括卸油、储油系统和供油系统。

1. 卸油、储油系统的工作内容：阀门、表计验收；配合卸油系统试验；配合卸油计量装置试验；配合油管路冲洗及吹扫试验。
2. 供油系统的工作内容：阀门、表计验收；配合油管路冲洗工作；油泵联锁试验与低油压报警试验；油泵出口及油系统压力调整；各阀门泄漏试验；燃油速断阀动作试验；油枪冷态雾化试验及出力测定；燃油回油调节阀线性测试。

计量单位：台

编号				2-11-41	2-11-42	2-11-43	2-11-44
项目				锅炉蒸发量（t/h）			
				≤50	≤75	≤150	≤220
名称			单位	消耗量			
人工	000203000	综合二类工	工日	4.504	6.175	8.780	11.579
材料	311929001	转速信号荧光感应纸	卷	0.325	0.390	0.486	0.584
	850103006	其他材料费（占材料费）	%	2.000	2.000	2.000	2.000
机械	990421010	小型工程车	台班	1.200	1.646	2.340	3.086
	870116010	便携式双探头超声波流量计	台班	1.200	1.646	2.340	3.086
	870199011	笔记本电脑	台班	2.933	4.023	5.720	7.543
	870110027	红外测温仪	台班	1.200	1.646	2.340	3.086
	874616027	手持高精度数字测振仪&转速仪	台班	2.400	3.291	4.680	6.171

（12）锅炉化学清洗

工作内容： 锅炉化学清洗工作由锅炉专业、化学专业和汽机专业共同完成。

1. 锅炉专业的工作内容：临时系统设计及配合管道安装配合施工进行系统严密性检查；过热器冲通试验；管道冲洗；系统加热；酸洗、漂洗、钝化等阶段值班及回路切换；进行清洗质量检查。
2. 化学专业的工作内容：绘制化学清洗系统图及计算化学清洗水容积；清洗药品质量检查；配置酸洗液；水冲洗；系统加温试验；溢流调整试验；流量调整试验。
3. 汽机专业的工作内容：配合系统操作；配合凝汽器碱洗；配合炉前系统酸洗；配合系统加热试验。

计量单位：台

编号				2-11-45	2-11-46	2-11-47	2-11-48
项目				锅炉蒸发量（t/h）			
				≤50	≤75	≤150	≤220
		名称	单位	消耗量			
人工	000203000	综合二类工	工日	33.500	44.764	57.048	91.387
材料	031102001	砂纸	张	24.903	28.461	32.374	35.576
	143303002	酒精 工业用 99.5%	kg	11.945	13.651	15.528	17.064
	311929001	转速信号荧光感应纸	卷	1.416	1.416	1.416	1.416
	143169004	酸洗分析药剂	套	6.440	7.360	8.372	9.200
	353315001	试纸	张	11.945	13.651	15.528	17.064
	353301001	取样瓶（袋）	个	11.945	13.651	15.528	17.064
	850103006	其他材料费（占材料费）	%	2.000	2.000	2.000	2.000
机械	990421010	小型工程车	台班	2.133	2.438	2.773	3.048
	870116010	便携式双探头超声波流量计	台班	0.247	0.282	0.321	0.353
	874616051	高精度测厚仪装置	台班	0.176	0.200	0.228	0.251
	870199027	循环冷却水动态模拟试验装置	台班	0.037	0.037	0.037	0.037
	871634193	旋转腐蚀挂片试验仪	台班	0.037	0.037	0.037	0.037
	874616043	动态盐垢沉积仪	台班	0.037	0.037	0.037	0.037
	874616045	酸洗小型试验台	台班	0.037	0.037	0.037	0.037
	870199011	笔记本电脑	台班	9.600	13.200	15.200	19.200
	870113055	标准压力发生器	台班	0.037	0.037	0.037	0.037
	870110027	红外测温仪	台班	1.899	2.170	2.469	2.713
	874616027	手持高精度数字测振仪&转速仪	台班	1.848	2.112	2.402	2.640

（13）点火装置调试

工作内容：图像火检系统的试验；点火枪进退、发火试验及发火时间整定；阀门、挡板验收试验；燃烧器雾化试验；配合燃烧器热态调整；燃烧器风机调节试运；燃烧器风机轴承振动、温度测量；压缩空气系统试验。

计量单位：台

编号				2-11-49	2-11-50	2-11-51	2-11-52
项目				锅炉蒸发量（t/h）			
				≤ 50	≤ 75	≤ 150	≤ 220
名称			单位	消耗量			
人工	000203000	综合二类工	工日	20.635	24.276	28.560	33.600
材料	311929001	转速信号荧光感应纸	卷	0.351	0.414	0.486	0.559
	850103006	其他材料费（占材料费）	%	2.000	2.000	2.000	2.000
机械	990421010	小型工程车	台班	1.690	1.989	2.340	2.691
	870199011	笔记本电脑	台班	4.133	4.862	5.720	6.578
	870110027	红外测温仪	台班	1.690	1.989	2.340	2.691
	874616027	手持高精度数字测振仪&转速仪	台班	3.382	3.978	4.680	5.382

（14）生物质锅炉燃料供应系统调试

工作内容：生物质锅炉燃料供应系统调试包括卸料系统、储料系统、上料系统、给料系统、炉排系统等。

计量单位：台

编号				2-11-53	2-11-54	2-11-55	2-11-56
项目				锅炉蒸发量（t/h）			
				≤ 50	≤ 75	≤ 150	≤ 220
名称			单位	消耗量			
人工	000203000	综合二类工	工日	62.832	73.600	92.000	105.800
材料	172707001	理化橡皮管	箱	0.694	0.816	0.960	1.104
	311929001	转速信号荧光感应纸	卷	0.694	0.816	0.960	1.104
	173135002	遮挡式靠背管	个	11.098	13.056	15.360	17.664
	850103006	其他材料费（占材料费）	%	2.000	2.000	2.000	2.000
机械	990421010	小型工程车	台班	1.189	1.398	1.646	1.893
	870199011	笔记本电脑	台班	24.970	29.376	34.560	39.744
	870110027	红外测温仪	台班	4.162	4.896	5.760	6.624
	870113019	数字式电子微压计	台班	11.098	13.056	15.360	17.664
	874616027	手持高精度数字测振仪&转速仪	班	4.162	4.896	5.760	6.624

（15）生物质锅炉烟气净化系统调试

工作内容： 生物质锅炉烟气净化系统调试包括脱酸工艺系统、活性炭系统、烟气脱白系统。

1. 脱酸工艺系统调试包括工艺水系统、半干法吸收塔脱酸系统、石灰粉储存及浆液制备系统、干法脱酸系统、湿法脱酸系统等。
2. 活性炭系统调试包括活性炭储料系统、给料及活性炭喷射系统等。
3. 烟气脱白系统调试包括热循环泵系统、烟气加热系统、吹灰系统、稳压罐系统等。

计量单位：台

编　号				2-11-57	2-11-58	2-11-59	2-11-60
项　目				锅炉蒸发量（t/h）			
				≤ 50	≤ 75	≤ 150	≤ 220
名　称			单位	消　耗　量			
人工	000203000	综合二类工	工日	87.888	103.482	127.008	146.060
材料	860150005	取压短管	个	4.994	5.875	6.912	7.949
	350201001	U 型管夹	套	6.242	7.344	8.640	9.936
	353301001	取样瓶（袋）	个	4.994	5.875	6.912	7.949
	182919004	温度计套管	个	6.242	7.344	8.640	9.936
	340703002	医用口罩	个	9.988	11.750	13.824	15.898
	340705001	医用手套	付	9.988	11.750	13.824	15.898
	311921003	专用吸油纸	张	18.727	22.032	25.920	29.808
	311929001	转速信号荧光感应纸	卷	0.507	0.596	0.701	0.806
	850103006	其他材料费（占材料费）	%	2.000	2.000	2.000	2.000
机械	990421010	小型工程车	台班	2.140	2.518	2.962	3.406
	873158005	精密声级计	台班	2.497	2.938	3.456	3.974
	870116010	便携式双探头超声波流量计	台班	0.624	0.734	0.864	0.994
	870199011	笔记本电脑	台班	49.939	58.752	69.120	79.488
	870110027	红外测温仪	台班	6.242	7.344	8.640	9.936
	871631009	浊度仪	台班	1.248	1.469	1.728	1.987
	871634209	BOD 测试仪	台班	0.999	1.175	1.382	1.590
	874616027	手持高精度数字测振仪&转速仪	台班	4.280	5.036	5.924	6.813

2. 汽轮机分系统调试

（1）循环水与冷却水系统调试

工作内容： 循环水与冷却水系统调试包括循环水系统、辅机冷却水系统。

1. 循环水系统的工作内容：循环水泵试运转及调整；系统管道水冲洗及阀门调整；出口蝶阀及液压装置调整；旋转滤网、清污机、冲洗水泵试转及调整投运；冷却水泵试运转及投运；系统投运及动态调整；胶球清洗装置投运及调整。
2. 辅机冷却水系统的工作内容有：水泵试转及调整；系统管道冲洗及阀门调整；旋转滤网试转及调整；冷却器投运及动态调整。

计量单位：台

编号				2-11-61	2-11-62	2-11-63	2-11-64
项目				单机容量（MW）			
				≤6	≤15	≤25	≤35
名称			单位	消耗量			
人工	000203000	综合二类工	工日	14.938	22.193	31.070	42.678
材料	311929001	转速信号荧光感应纸	卷	0.250	0.370	0.518	0.712
	172707001	理化橡皮管	箱	0.120	0.160	0.200	0.280
	850103006	其他材料费（占材料费）	%	2.000	2.000	2.000	2.000
机械	990421010	小型工程车	台班	4.200	6.320	8.480	13.120
	870116010	便携式双探头超声波流量计	台班	6.133	9.112	12.757	17.524
	870199011	笔记本电脑	台班	7.867	11.848	18.187	22.476
	870110027	红外测温仪	台班	6.133	9.112	12.757	17.524
	874616027	手持高精度数字测振仪&转速仪	台班	12.266	18.225	25.514	35.047

（2）凝结水与补给水系统调试

工作内容： 凝结水泵试转及再循环系统调整；系统管道水冲洗阀门调整；凝结水补给水系统试运及凝结水箱自动补给水调节器投运调整；系统投运及动态调整。

计量单位：台

编号				2-11-65	2-11-66	2-11-67	2-11-68
项目				单机容量（MW）			
				≤6	≤15	≤25	≤35
名称			单位	消耗量			
人工	000203000	综合二类工	工日	10.109	15.018	21.025	28.880
材料	311929001	转速信号荧光感应纸	卷	0.250	0.370	0.518	0.712
	172707001	理化橡皮管	箱	0.096	0.144	0.216	0.288
	850103006	其他材料费（占材料费）	%	2.000	2.000	2.000	2.000
机械	990421010	小型工程车	台班	3.467	5.150	7.211	9.905
	870116010	便携式双探头超声波流量计	台班	3.467	5.150	7.211	9.905
	870199011	笔记本电脑	台班	5.067	9.470	10.859	15.105
	870110027	红外测温仪	台班	3.467	5.150	7.211	9.905
	874616027	手持高精度数字测振仪&转速仪	台班	6.934	10.301	14.422	19.810

（3）除氧给水系统调试

工作内容：除氧给水系统调试包括除氧给水系统、电动给水泵系统。

1. 除氧给水系统的工作内容：系统水冲洗（给水管道、再循环管道；系统阀门调整；配合除氧器安全门热态校验；除氧器再循环泵试转及调整；系统投运及停用动态调整；前置泵试转、系统冲洗及前置泵投运。
2. 电动给水泵的工作内容：电机带耦合器试转；耦合器润滑油压、工作油压调整及油温调整；泵密封水管道冲洗；泵组带再循环试转；减温水管道冲洗及高压给水管道冲洗。

计量单位：台

编　号				2-11-69	2-11-70	2-11-71	2-11-72
项　目				单机容量（MW）			
				≤6	≤15	≤25	≤35
名　称			单位	消　耗　量			
人工	000203000	综合二类工	工日	30.324	45.055	63.074	82.310
材料	311929001	转速信号荧光感应纸	卷	0.727	1.080	1.512	1.973
	172707001	理化橡皮管	箱	0.080	0.096	0.120	0.144
	850103006	其他材料费（占材料费）	%	2.000	2.000	2.000	2.000
机械	990421010	小型工程车	台班	4.240	6.320	9.480	14.400
	870116010	便携式双探头超声波流量计	台班	7.232	10.520	15.080	19.680
	870199011	笔记本电脑	台班	9.640	16.080	27.360	32.680
	870110027	红外测温仪	台班	7.232	10.520	15.080	19.680
	874616027	手持高精度数字测振仪&转速仪	台班	14.464	21.040	30.160	39.360

（4）真空系统调试

工作内容：1. 机械真空泵系统的工作内容：机械真空泵试转及调整；气水分离箱水位自动调节装置调整；真空系统管道冲洗及阀门调整；凝汽器真空系统灌水检查；水室真能空泵试转及投运；真空系统试抽真空及严密性检查；真空系统投运及动态调整。

2. 射水真空系统的工作内容：射水泵试转及系统调整；真空系统管道冲洗及阀门的调整；凝汽器真空系统灌水检查；真空系统试抽真空及严密性检查；真空系统投运及动态调整。

计量单位：台

编　号				2-11-73	2-11-74	2-11-75	2-11-76
项　目				单机容量（MW）			
				≤6	≤15	≤25	≤35
名　称			单位	消　耗　量			
人工	000203000	综合二类工	工日	7.352	10.922	15.290	21.004
材料	311929001	转速信号荧光感应纸	卷	0.454	0.674	0.945	1.298
	850103006	其他材料费（占材料费）	%	2.000	2.000	2.000	2.000
机械	990421010	小型工程车	台班	2.133	3.170	4.437	6.095
	870199011	笔记本电脑	台班	4.000	5.932	7.984	10.914
	870110027	红外测温仪	台班	2.133	3.170	4.437	6.095
	874616027	手持高精度数字测振仪&转速仪	台班	4.266	6.339	8.874	12.190

（5）蒸汽系统调试

工作内容： 蒸汽系统调试包括辅助蒸汽系统、抽汽回热系统、轴封蒸汽系统。

1. 辅助蒸汽系统的工作内容：辅助蒸汽系统管道蒸汽吹扫；辅助蒸汽减温水管道冲洗；配合做辅助蒸汽系统安全门热态校验；减温减压装置投运及调整；系统投运及动态调整。
2. 抽汽回热系统的工作内容：高、低压加热器自动疏水装置调整及投用；高、低压加热器危急疏水装置调整及投用；抽汽逆止门控制系统调整；系统投运及动态调整。
3. 轴封蒸汽系统的工作内容：轴封蒸汽管道吹扫；轴封减温水管道冲洗；轴封压力自动控制装置调整；轴封汽冷却器投运；轴凝风机试转及轴封回汽负压调整；系统投运及动态调整。

计量单位：台

编号				2-11-77	2-11-78	2-11-79	2-11-80
项目				单机容量（MW）			
				≤6	≤15	≤25	≤35
名称			单位	消耗量			
人工	000203000	综合二类工	工日	15.615	21.161	27.838	38.070
材料	311929001	转速信号荧光感应纸	卷	0.120	0.176	0.224	0.304
	850103006	其他材料费（占材料费）	%	2.000	2.000	2.000	2.000
机械	990421010	小型工程车	台班	2.133	3.170	4.437	6.095
	870199011	笔记本电脑	台班	6.614	11.454	14.658	19.657
	870110027	红外测温仪	台班	3.731	4.890	7.427	9.905
	874616027	手持高精度数字测振仪&转速仪	台班	3.681	4.938	7.524	9.905

（6）发电机空气冷却系统调试

工作内容： 发电机空冷器水冲洗；空冷器及管道通水查漏；空气冷却系统调整试验；系统投运及动态调整。

计量单位：台

编号				2-11-81	2-11-82	2-11-83	2-11-84
项目				单机容量（MW）			
				≤6	≤15	≤25	≤35
名称			单位	消耗量			
人工	000203000	综合二类工	工日	12.405	18.430	25.803	35.444
材料	311929001	转速信号荧光感应纸	卷	0.454	0.674	0.945	1.298
	850103006	其他材料费（占材料费）	%	2.000	2.000	2.000	2.000
机械	990421010	小型工程车	台班	2.200	3.120	4.480	6.120
	870199011	笔记本电脑	台班	6.400	9.897	13.376	18.572
	870110027	红外测温仪	台班	3.200	4.754	6.656	9.143
	874616027	手持高精度数字测振仪&转速仪	台班	6.400	9.509	13.312	18.286

（7）主机调节、保安系统调试

工作内容：液压调节系统静态调试；保安系统静态调试；主汽门及调速汽门关闭时间测定；配合电液调节控制系统静态调试；控制油系统的试运及压力调整；系统投运及联动调试。

计量单位：台

编号				2-11-85	2-11-86	2-11-87	2-11-88
项目				单机容量（MW）			
				≤6	≤15	≤25	≤35
名称			单位	消耗量			
人工	000203000	综合二类工	工日	11.028	16.382	22.936	31.506
材料	311929001	转速信号荧光感应纸	卷	0.321	0.477	0.667	0.917
	850103006	其他材料费（占材料费）	%	2.000	2.000	2.000	2.000
机械	990421010	小型工程车	台班	2.040	3.000	4.240	5.920
	870628001	高速信号录波仪	台班	3.467	5.150	7.211	9.905
	870199011	笔记本电脑	台班	5.867	8.705	11.867	16.648
	870110027	红外测温仪	台班	3.467	5.150	7.211	9.905
	874616027	手持高精度数字测振仪&转速仪	台班	6.934	10.301	14.422	19.810

（8）主机润滑油系统调试

工作内容：主机润滑油系统调试包括主机润滑油、顶轴油系统及盘车装置、润滑油净化处理系统。

1. 主机润滑油、顶轴油系统及盘车装置的工作内容：润滑油泵（交、直流）试转及调整；顶轴油泵试转及调整；顶轴油压分配及轴颈抬起高度调整；排烟风机试转，油箱真空调整；冷油器投用；事故排油系统调试；润滑油压、流量分配调整；盘车装置自动及手动投运、调试。
2. 润滑油净化处理系统的工作内容：油输送泵试转及调试；净化装置调试。

计量单位：台

编号				2-11-89	2-11-90	2-11-91	2-11-92
项目				单机容量（MW）			
				≤6	≤15	≤25	≤35
名称			单位	消耗量			
人工	000203000	综合二类工	工日	13.324	19.797	27.714	38.070
材料	311929001	转速信号荧光感应纸	卷	0.321	0.477	0.667	0.917
	850103006	其他材料费（占材料费）	%	2.000	2.000	2.000	2.000
机械	990421010	小型工程车	台班	2.480	3.560	4.840	7.120
	870628001	高速信号录波仪	台班	3.733	5.547	7.765	10.667
	870199011	笔记本电脑	台班	5.040	7.040	9.640	13.120
	870110027	红外测温仪	台班	3.733	5.547	7.765	10.667
	874616027	手持高精度数字测振仪&转速仪	台班	7.466	11.094	15.530	21.334

（9）旁路系统调试

工作内容： 旁路管道及减温水系统的冲洗；系统投运及功能调整。 **计量单位：** 台

编号				2-11-93	2-11-94	2-11-95	2-11-96
项目				单机容量（MW）			
				≤6	≤15	≤25	≤35
名称			单位	消耗量			
人工	000203000	综合二类工	工日	7.352	10.922	15.290	21.004
材料	311929001	转速信号荧光感应纸	卷	0.144	0.192	0.288	0.384
	172707001	理化橡皮管	箱	0.080	0.096	0.120	0.144
	850103006	其他材料费（占材料费）	%	2.000	2.000	2.000	2.000
机械	990421010	小型工程车	台班	1.867	2.773	3.883	5.333
	870199011	笔记本电脑	台班	3.867	5.939	7.675	10.990
	870110027	红外测温仪	台班	1.867	2.773	3.883	5.333
	874616027	手持高精度数字测振仪&转速仪	台班	1.867	2.773	3.883	5.333

（10）柴油发电机系统调试

工作内容： 冷却水、压缩空气、润滑油等辅助系统的投运、调试；燃料油系统冲洗及调整；柴油发电机组整组启动及超速保护试验；柴油发电机带负荷试运行。 **计量单位：** 台

编号				2-11-97	2-11-98	2-11-99	2-11-100
项目				单机容量（MW）			
				≤6	≤15	≤25	≤35
名称			单位	消耗量			
人工	000203000	综合二类工	工日	10.214	15.174	21.011	29.182
材料	311929001	转速信号荧光感应纸	卷	0.321	0.477	0.660	0.917
	850103006	其他材料费（占材料费）	%	2.000	2.000	2.000	2.000
机械	990421010	小型工程车	台班	2.240	3.328	4.608	6.400
	870199011	笔记本电脑	台班	5.320	7.904	10.944	15.200
	870110027	红外测温仪	台班	2.240	3.328	4.608	6.400
	874616027	手持高精度数字测振仪&转速仪	台班	4.480	6.656	9.216	12.800

3. 燃气轮机分系统调试

工作内容： 燃机进气排气系统调试；燃机入口可调导叶（IGV）调试；压气机防喘放气系统调试；燃机冷却与密封系统调试；压气机水洗系统调试；燃机罩壳通风系统调试；燃机燃料及点火系统调试；燃机调节、保安及控制油系统调试；燃机润滑油、顶轴油及盘车装置调试。

计量单位： 台

编号				2-11-101	2-11-102	2-11-103	2-11-104
项目				单机容量（MW）			
				≤ 6	≤ 15	≤ 25	≤ 35
名称			单位	消耗量			
人工	000203000	综合二类工	工日	106.120	124.848	146.880	172.800
材料	311929001	转速信号荧光感应纸	卷	0.204	0.241	0.284	0.333
	850103006	其他材料费（占材料费）	%	2.000	2.000	2.000	2.000
机械	990421010	小型工程车	台班	6.633	7.803	9.180	10.800
	870116010	便携式双探头超声波流量计	台班	1.503	1.769	2.081	2.448
	870199011	笔记本电脑	台班	97.278	114.444	134.640	158.400
	870110027	红外测温仪	台班	53.060	62.424	73.440	86.400
	874616027	手持高精度数字测振仪&转速仪	台班	44.217	52.020	61.200	72.000

4. 化学分系统调试

（1）预处理系统调试

工作内容： 预处理系统调试包括机械搅拌澄清池系统、压力式混合器系统、重力式滤池系统和空气擦洗滤池系统。

计量单位： 套

编号				2-11-105	2-11-106
项目				出力（t/h）	
				≤ 40	＞ 40
名称			单位	消耗量	
人工	000203000	综合二类工	工日	10.789	15.411
材料	143303002	酒精 工业用 99.5%	kg	3.680	5.440
	353301001	取样瓶（袋）	个	3.680	5.440
	340705001	医用手套	付	8.640	12.480
	850103006	其他材料费（占材料费）	%	2.000	2.000
机械	990421010	小型工程车	台班	2.080	2.840
	870116010	便携式双探头超声波流量计	台班	4.000	5.714
	871634169	总有机碳分析仪	台班	4.000	5.714
	871119005	原子吸收分光光度计	台班	4.000	5.714
	871625009	离子色谱仪	台班	4.000	5.714
	871119009	可见分光光度计	台班	4.000	5.714
	874614114	便携式多组气体分析仪	台班	4.000	5.714
	870199011	笔记本电脑	台班	4.000	8.114
	874614226	钠离子分析仪	台班	4.200	6.000

（2）补给水处理系统调试

工作内容： 补给水处理系统调试包括预脱盐系统、除盐系统、加药系统。

1. 预脱盐系统的工作内容：多介质过滤器系统调试、活性炭过滤器系统调试、超滤系统调试、反渗透系统调试。
2. 除盐系统的工作内容：软化水系统调试、固定床一级除盐系统调试、脱碳器系统调试、固定床二级除盐系统调试、电除盐系统调试、酸碱系统调试。
3. 加药系统的工作内容：系统检查；水压，药液计量箱校验；计量泵试转、计量泵压力、安全阀调整；计量泵流量校验。

计量单位： 套

编号				2-11-107	2-11-108
项目				出力（t/h）	
				≤40	＞40
名称			单位	消耗量	
人工	000203000	综合二类工	工日	28.800	41.600
材料	143303002	酒精 工业用 99.5%	kg	10.570	15.101
	353301001	取样瓶（袋）	个	10.570	15.101
	340705001	医用手套	付	15.120	15.120
	850103006	其他材料费（占材料费）	%	2.000	2.000
机械	990421010	小型工程车	台班	2.720	3.560
	870116010	便携式双探头超声波流量计	台班	3.200	4.572
	871634169	总有机碳分析仪	台班	2.133	3.048
	871625009	离子色谱仪	台班	2.133	3.048
	871119013	红外光谱仪	台班	2.400	3.428
	870199025	电子天平 0.0001g	台班	2.400	3.428
	871631009	浊度仪	台班	3.200	4.572
	871634177	余氯分析仪	台班	2.933	4.190
	870199011	笔记本电脑	台班	9.200	14.000
	871610009	台式 PH/ISE 测试仪	台班	2.400	3.428
	874614226	钠离子分析仪	台班	1.120	1.600
	870110027	红外测温仪	台班	2.933	4.190

（3）废水处理系统调试

工作内容：废水处理系统调试包括经常性废水处理系统和非经常性废水处理系统。

1. 经常性废水处理系统的工作内容：酸碱液浓度配置、暴气装置的调整、暴气率试验；系统设备联动、循环处理、pH 值调整、分析监督。
2. 非经常性废水处理系统的工作内容：暴气装置的调整、暴气率试验；加药剂量系统的调整；系统设备联动、pH 中和、氧化、凝聚系统的调整；澄清器系统调整，污泥系统调整，脱水机调整。

计量单位：套

编　号				2-11-109	2-11-110	2-11-111
项　目				处理能力（t/h）		
				≤ 5	≤ 10	≤ 15
名　称			单位	消　耗　量		
人工	000203000	综合二类工	工日	8.334	10.715	11.906
材料	143303002	酒精　工业用 99.5%	kg	0.960	1.920	3.200
	353301001	取样瓶（袋）	个	0.960	1.920	3.200
	340705001	医用手套	付	3.200	4.800	6.400
	850103006	其他材料费（占材料费）	%	2.000	2.000	2.000
机械	870116010	便携式双探头超声波流量计	台班	4.000	5.143	5.714
	871634209	BOD 测试仪	台班	4.000	5.200	7.428

（4）吹管阶段化学监督

工作内容： 锅炉排污监督；给水、炉水及蒸汽品质监督；除氧效果监督；热态冲洗阶段汽水品质控制及监督；机组停炉保护，保养措施制定、保养工作的实施现场指导和保养效果监督检查。

计量单位：台

编号				2-11-112	2-11-113	2-11-114	2-11-115
项目				锅炉蒸发量（t/h）			
				≤50	≤75	≤150	≤220
名称			单位	消耗量			
人工	000203000	综合二类工	工日	11.232	16.985	23.469	38.260
材料	031102001	砂纸	张	0.912	1.354	1.875	2.605
	143303002	酒精 工业用 99.5%	kg	0.268	0.398	0.551	0.766
	353301001	取样瓶（袋）	个	0.896	1.331	1.843	2.560
	340705001	医用手套	付	0.896	1.331	1.843	2.560
	850103006	其他材料费（占材料费）	%	2.000	2.000	2.000	2.000
机械	870116010	便携式双探头超声波流量计	台班	2.347	3.486	4.828	6.705
	874616051	高精度测厚仪装置	台班	1.067	1.585	2.194	3.048
	870113047	高精度 40 通道压力采集系统	台班	1.120	1.680	2.240	3.200
	871634169	总有机碳分析仪	台班	1.280	1.902	2.633	3.657
	871119005	原子吸收分光光度计	台班	1.280	1.902	2.633	3.657
	871625009	离子色谱仪	台班	1.280	1.902	2.633	3.657
	871119009	可见分光光度计	台班	1.280	1.902	2.633	3.657
	874614114	便携式多组气体分析仪	台班	1.280	1.902	2.633	3.657
	870199011	笔记本电脑	台班	3.400	4.920	7.440	11.080
	874614226	钠离子分析仪	台班	1.344	1.997	2.765	3.840
	870110027	红外测温仪	台班	0.960	1.426	1.975	2.743
	874616027	手持高精度数字测振仪&转速仪	台班	0.747	1.109	1.536	2.133

（5）加药系统调试

工作内容：系统检查；水压，药液计量箱校验；计量泵试转、计量泵压力、安全阀调整；计量泵流量校验。

计量单位：台

编号				2-11-116	2-11-117	2-11-118	2-11-119
项目				锅炉蒸发量（t/h）			
				≤ 50	≤ 75	≤ 150	≤ 220
名称			单位	消耗量			
人工	000203000	综合二类工	工日	9.464	18.928	29.120	44.800
材料	143303002	酒精 工业用 99.5%	kg	0.630	1.055	1.667	3.217
	353301001	取样瓶（袋）	个	0.630	1.055	1.667	3.217
	340705001	医用手套	付	2.400	4.800	7.200	9.600
	850103006	其他材料费（占材料费）	%	2.000	2.000	2.000	2.000
机械	870116010	便携式双探头超声波流量计	台班	0.672	1.124	1.777	2.743
	871634177	余氯分析仪	台班	0.672	1.124	1.777	2.743
	871634105	便携式精密露点仪	台班	1.120	1.874	2.962	4.572
	874614122	便携式可燃气体检漏仪	台班	7.040	9.840	13.560	24.440

（6）凝汽器铜管镀膜系统调试

工作内容：系统检查，设备试运，镀膜工艺确定；镀膜设备投运及调整。

计量单位：台

编号				2-11-120	2-11-121	2-11-122	2-11-123
项目				单机容量（MW）			
				≤ 6	≤ 15	≤ 25	≤ 35
名称			单位	消耗量			
人工	000203000	综合二类工	工日	5.394	8.014	11.096	15.411
材料	143303002	酒精 工业用 99.5%	kg	0.826	1.226	1.698	2.359
	353301001	取样瓶（袋）	个	0.826	1.226	1.698	2.359
	340705001	医用手套	付	1.600	2.400	3.200	4.800
	850103006	其他材料费（占材料费）	%	2.000	2.000	2.000	2.000
机械	870116010	便携式双探头超声波流量计	台班	1.200	1.783	2.468	3.428
	871634169	总有机碳分析仪	台班	0.013	0.020	0.027	0.037
	871119005	原子吸收分光光度计	台班	1.333	1.981	2.743	3.810
	871625009	离子色谱仪	台班	1.333	1.981	2.743	3.810
	871119009	可见分光光度计	台班	1.200	1.783	2.468	3.428
	874614114	便携式多组气体分析仪	台班	3.199	4.383	5.668	7.428
	874614226	钠离子分析仪	台班	0.840	1.248	1.728	2.400

（7）取样装置系统调试

工作内容： 装置检查，取样点核对，冷却水调整；取样系统减压阀、安全阀、高压阀调整；冷却装置调整。

计量单位：台

编号				2-11-124	2-11-125	2-11-126	2-11-127
项目				锅炉蒸发量（t/h）			
				≤50	≤75	≤150	≤220
名称			单位	消耗量			
人工	000203000	综合二类工	工日	2.298	5.250	5.908	6.564
材料	143303002	酒精 工业用 99.5%	kg	2.252	2.574	2.895	3.217
	353301001	取样瓶（袋）	个	2.252	2.574	2.895	3.217
	340705001	医用手套	付	3.200	4.800	6.400	9.600
	850103006	其他材料费（占材料费）	%	2.000	2.000	2.000	2.000
机械	870116010	便携式双探头超声波流量计	台班	1.200	2.743	3.086	3.428
	871634177	余氯分析仪	台班	1.200	2.743	3.086	3.428
	871634105	便携式精密露点仪	台班	1.067	2.438	2.743	3.048
	874614122	便携式可燃气体检漏仪	台班	1.067	2.438	2.743	3.048

（8）化学水处理试运

工作内容： 净水、除盐水系统设备运行周期试验；加药量、排泥周期、反冲洗强度调整；再生工艺和酸碱耗调整；运行水质鉴定。

计量单位：套

编号				2-11-128	2-11-129	2-11-130	2-11-131
项目				反渗透装置试运		过滤、二级纳交换系统	
				出力（t/h）			
				≤50	≤100	30～60	70～150
名称			单位	消耗量			
人工	000203000	综合二类工	工日	31.960	59.354	54.790	63.920
材料	143303002	酒精 工业用 99.5%	kg	0.550	0.786	0.550	0.786
	353301001	取样瓶（袋）	个	1.120	1.600	1.120	1.600
	340705001	医用手套	付	1.120	1.600	1.120	1.600
	850103006	其他材料费（占材料费）	%	2.000	2.000	2.000	2.000
机械	990813045	试压泵 60MPa	台班	0.400	0.400	0.400	0.400
	871634169	总有机碳分析仪	台班	2.133	3.048	2.400	3.428
	871119005	原子吸收分光光度计	台班	1.600	2.400	2.000	2.800
	871625009	离子色谱仪	台班	1.600	2.400	2.000	2.800
	871119009	可见分光光度计	台班	1.600	2.400	2.000	2.800
	874614226	钠离子分析仪	台班	2.520	3.600	2.240	3.200

工作内容：净水、除盐水系统设备运行周期试验；加药量、排泥周期、反冲洗强度调整；再生工艺和酸碱耗调整；运行水质鉴定。

计量单位：套

编　号				2-11-132	2-11-133	2-11-134	2-11-135
项　目				过滤、并列氢纳二级纳系统		过滤、一级除盐系统	
				出力（t/h）			
				30～60	70～150	30～60	70～150
名　称			单位	消　耗　量			
人工	000203000	综合二类工	工日	39.265	48.397	59.354	68.487
材料	143303002	酒精　工业用 99.5%	kg	0.550	0.786	0.550	0.786
	353301001	取样瓶（袋）	个	1.600	3.200	1.600	3.200
	340705001	医用手套	付	1.600	3.200	1.600	3.200
	850103006	其他材料费（占材料费）	%	2.000	2.000	2.000	2.000
机械	990813045	试压泵　60MPa	台班	0.400	0.400	0.400	0.400
	871634169	总有机碳分析仪	台班	0.026	0.037	2.400	3.428
	871119005	原子吸收分光光度计	台班	0.003	0.004	2.400	3.428
	871625009	离子色谱仪	台班	0.003	0.004	2.400	3.428
	871119009	可见分光光度计	台班	0.026	0.037	2.400	3.428
	874614226	钠离子分析仪	台班	0.028	0.039	2.520	3.600

工作内容：净水、除盐水系统设备运行周期试验；加药量、排泥周期、反冲洗强度调整；再生工艺和酸碱耗调整；运行水质鉴定。

计量单位：套

编　号				2-11-136	2-11-137
项　目				过滤、二级除盐系统	
				出力（t/h）	
				30～60	70～150
名　称			单位	消　耗　量	
人工	000203000	综合二类工	工日	4.596	6.564
材料	143303002	酒精　工业用 99.5%	kg	0.550	0.786
	353301001	取样瓶（袋）	个	1.120	1.600
	340705001	医用手套	付	1.120	1.600
	850103006	其他材料费（占材料费）	%	2.000	2.000
机械	990813045	试压泵　60MPa	台班	0.400	0.400
	871634169	总有机碳分析仪	台班	2.400	3.428
	871119005	原子吸收分光光度计	台班	2.400	3.428
	871625009	离子色谱仪	台班	2.400	3.428
	871119009	可见分光光度计	台班	2.400	3.428
	874614226	钠离子分析仪	台班	2.520	3.600

5. 厂内热网系统调试

工作内容： 热网供热减温减压装置投运及调整；热网管道、蒸发站管道、加热站管道冲洗及阀门调整；热工信号及联锁保护校验；配合安全门热态检验；热网回水及处理系统投运及调整；系统投停及动态调整。

计量单位： 台

编号				2-11-138	2-11-139	2-11-140	2-11-141
项目				锅炉蒸发量（t/h）			
				≤ 50	≤ 75	≤ 150	≤ 220
名称			单位	消耗量			
人工	000203000	综合二类工	工日	13.785	15.752	17.722	19.691
材料	311929001	转速信号荧光感应纸	卷	1.120	1.280	1.080	1.600
	850103006	其他材料费（占材料费）	%	2.000	2.000	2.000	2.000
机械	990421010	小型工程车	台班	1.680	2.520	3.400	4.480
	870199011	笔记本电脑	台班	4.533	8.381	9.200	10.076
	870110027	红外测温仪	台班	2.240	2.920	3.400	3.880
	874616027	手持高精度数字测振仪&转速仪	台班	2.240	2.920	3.400	3.880

6. 脱硫工艺系统调试

工作内容： 脱硫工艺系统调试工作内容包括工艺水系统调试、烟气系统冷态调试、二氧化硫吸收系统调试、烟气换热器系统调试、石灰石粉储存及浆液制备系统调试、石膏脱水系统调试和脱硫废水处理系统调试。

计量单位： 套

编号				2-11-142	2-11-143
项目				烟气量为锅炉蒸发量（t/h）	
				≤ 150	≤ 220
		名称	单位	消耗量	
人工	000203000	综合二类工	工日	168.933	187.196
材料	182919004	温度计套管	个	1.600	1.600
	340703002	医用口罩	个	38.400	48.000
	353301001	取样瓶（袋）	个	16.016	17.600
	340705001	医用手套	付	13.104	14.400
	860150005	取压短管	个	1.600	1.600
	264199003	表计插座	个	3.200	3.200
	350201001	U 型管夹	套	1.600	1.600
	311921003	专用吸油纸	张	4.000	4.000
	172707001	理化橡皮管	箱	0.800	0.800
	850103006	其他材料费（占材料费）	%	2.000	2.000
机械	990421010	小型工程车	台班	12.200	14.720
	874614114	便携式多组气体分析仪	台班	15.600	18.000
	871631009	浊度仪	台班	15.600	18.000
	872119001	标准测力仪	台班	10.400	12.000
	870116010	便携式双探头超声波流量计	台班	12.133	14.000
	873158005	精密声级计	台班	12.133	14.000
	870113001	数字压力表	台班	12.133	14.000
	870199011	笔记本电脑	台班	24.267	32.000
	871634209	BOD 测试仪	台班	15.600	18.000
	870110027	红外测温仪	台班	15.600	18.000
	874616027	手持高精度数字测振仪&转速仪	台班	24.266	28.000
	870113019	数字式电子微压计	台班	12.133	14.000

7. 脱硝工艺系统调试

工作内容：脱硝工艺系统调试工作内容包括氨卸料与存储系统调试、液氨蒸发系统调试、稀释风系统调试、注氨系统调试、SCR 吹灰系统调试和 SCR 反应器系统调试。 **计量单位：**台

编号				2-11-144	2-11-145	2-11-146	2-11-147
项目				锅炉蒸发量（t/h）			
				≤ 50	≤ 75	≤ 150	≤ 220
名称			单位	消耗量			
人工	000203000	综合二类工	工日	82.184	109.578	136.972	164.367
材料	212909003	肥皂水	kg	16.800	19.200	21.840	24.000
	340703002	医用口罩	个	24.000	32.000	40.000	48.000
	142913001	氮气	瓶	8.400	9.600	10.920	12.000
	172707001	理化橡皮管	箱	0.800	0.800	0.800	0.800
	850103006	其他材料费（占材料费）	%	2.000	2.000	2.000	2.000
机械	990421010	小型工程车	台班	4.000	4.800	6.000	7.200
	874614130	氨气检漏仪	台班	11.467	13.105	14.907	16.381
	871634097	便携式污染检测仪	台班	10.133	11.581	13.173	14.476
	870199011	笔记本电脑	台班	8.000	12.000	16.000	20.000
	874614154	烟气采样器	台班	6.040	7.280	8.960	11.480
	870110027	红外测温仪	台班	6.040	7.280	8.960	11.480
	874616027	手持高精度数字测振仪&转速仪	台班	12.080	14.560	17.920	22.960
	870113019	数字式电子微压计	台班	7.280	8.240	11.480	12.640

二、整套启动调试

1. 锅炉整套启动调试

工作内容：锅炉整套启动调试工作内容包括热工信号及联锁保护校验、分系统投运、点火及燃油系统试验、安全阀校验及蒸汽严密性试验、机组空负荷运行调试、低负荷调试、主要辅机设备及附属系统带负荷调试、制粉系统热态调试、燃烧调整、机组带负荷试验、带负荷锅炉相关热控自动投用试验、甩负荷试验和 72h + 24h 连续试运行。

计量单位：台

编　号				2-11-148	2-11-149	2-11-150	2-11-151
项　目				燃煤锅炉蒸发量（t/h）			
				≤ 50	≤ 75	≤ 150	≤ 220
名　称			单位	消　耗　量			
人工	000203000	综合二类工	工日	150.638	213.847	292.416	424.741
材料	340703002	医用口罩	个	16.000	24.000	32.000	40.000
	340705001	医用手套	付	12.000	20.000	28.000	36.000
	850103006	其他材料费（占材料费）	%	2.000	2.000	2.000	2.000
机械	990421010	小型工程车	台班	8.000	9.143	10.286	12.000
	870199011	笔记本电脑	台班	26.933	39.924	48.912	71.200
	870110027	红外测温仪	台班	8.000	9.143	10.286	12.000
	874616027	手持高精度数字测振仪&转速仪	台班	8.000	9.143	10.286	12.000

2. 生物质锅炉整套启动调试

工作内容： 生物质锅炉整套启动调试工作内容包括热工信号及联锁保护校验、分系统投运、点火及燃油系统试验、安全阀校验及蒸汽严密性试验、机组空负荷运行调试、低负荷调试、主要辅机设备及附属系统带负荷调试、制粉系统热态调试、燃烧调整、机组带负荷试验、带负荷锅炉相关热控自动投用试验、甩负荷试验和 72h + 24h 连续试运行。

计量单位：台

编号				2-11-152	2-11-153	2-11-154	2-11-155
项目				生物质锅炉蒸发量（t/h）			
				≤ 50	≤ 75	≤ 150	≤ 220
名称			单位	消耗量			
人工	000203000	综合二类工	工日	243.820	286.848	318.816	366.638
材料	340703002	医用口罩	个	20.808	24.480	28.800	33.120
	340705001	医用手套	付	18.207	21.420	25.200	28.980
	850103006	其他材料费（占材料费）	%	2.000	2.000	2.000	2.000
机械	990421010	小型工程车	台班	6.688	7.868	9.257	10.646
	870199011	笔记本电脑	台班	31.805	37.418	44.021	50.624
	870110027	红外测温仪	台班	6.688	7.868	9.257	10.646
	874616027	手持高精度数字测振仪&转速仪	台班	6.688	7.868	9.257	10.646

3. 汽轮机整套启动调试

工作内容： 汽机整套启动调试工作内容包括热工信号及联锁保护校验、分系统投运、主机冲转前检查（冷态启动）、主机冲转、并网及空负荷技术指标控制调整、发电机冷却系统运行、主机带负荷阶段试验、汽机辅助设备及附属系统带负荷调试、轴承及转子振动测量、带负荷汽机相关热控自动投用试验、甩负荷试验和 72h + 24h 连续满负荷试运行。

计量单位：台

编号				2-11-156	2-11-157	2-11-158	2-11-159
项目				发电单机容量（MW）机组			
				≤ 6	≤ 15	≤ 25	≤ 35
名称			单位	消耗量			
人工	000203000	综合二类工	工日	103.694	154.931	213.847	297.338
材料	092705003	碎布	箱	0.400	0.640	0.960	1.200
	340703002	医用口罩	个	9.600	14.400	19.200	24.000
	340705001	医用手套	付	8.000	12.000	16.000	20.000
	850103006	其他材料费（占材料费）	%	2.000	2.000	2.000	2.000
机械	990421010	小型工程车	台班	8.400	9.600	10.800	11.428
	870116010	便携式双探头超声波流量计	台班	8.400	9.600	10.800	11.428
	874616051	高精度测厚仪装置	台班	8.400	9.600	10.800	11.428
	870199011	笔记本电脑	台班	24.400	36.800	46.800	67.428
	870110027	红外测温仪	台班	8.400	9.600	10.800	11.428
	874616027	手持高精度数字测振仪&转速仪	台班	7.280	8.320	9.360	9.905

4. 燃气轮机整套启动调试

工作内容： 燃气轮机整套启动调试工作内容包括燃气轮机分系统投运、燃气轮机空负荷试运、燃气轮机带负荷试运、燃气轮机满负荷连续试运（168h 或 72h + 24h）。　**计量单位：** 台

编　号				2-11-160	2-11-161	2-11-162	2-11-163
项　目				单机容量（MW）			
				≤ 6	≤ 15	≤ 25	≤ 35
名　称			单位	消　耗　量			
人工	000203000	综合二类工	工日	134.125	157.795	185.640	218.400
材料	311929001	转速信号荧光感应纸	卷	0.227	0.268	0.315	0.370
材料	850103006	其他材料费（占材料费）	%	2.000	2.000	2.000	2.000
机械	990421010	小型工程车	台班	7.370	8.670	10.200	12.000
机械	870116010	便携式双探头超声波流量计	台班	1.670	1.966	2.312	2.720
机械	870199011	笔记本电脑	台班	88.434	104.040	122.400	144.000
机械	870110027	红外测温仪	台班	49.130	57.800	68.000	80.000
机械	874616027	手持高精度数字测振仪&转速仪	台班	34.391	40.460	47.600	56.000

5. 化学整套启动调试

工作内容： 化学整套启动调试工作内容包括分系统投运、整组启动化学监督、化学热工系统投运、化学净水、补给水及废液排放系统调试和 72h + 24h 连续试运行。　**计量单位：** 台

编　号				2-11-164	2-11-165	2-11-166	2-11-167
项　目				燃煤锅炉蒸发量（t/h）			
				≤ 50	≤ 75	≤ 150	≤ 220
名　称			单位	消　耗　量			
人工	000203000	综合二类工	工日	82.218	105.540	108.814	150.769
材料	143303002	酒精　工业用 99.5%	kg	2.796	3.195	3.595	3.994
材料	340703002	医用口罩	个	4.000	6.400	9.600	12.000
材料	353301001	取样瓶（袋）	个	2.796	3.195	3.595	3.994
材料	340705001	医用手套	付	2.796	3.195	3.595	3.994
材料	850103006	其他材料费（占材料费）	%	2.000	2.000	2.000	2.000
机械	990421010	小型工程车	台班	8.400	9.143	10.286	12.000
机械	870199011	笔记本电脑	台班	11.200	13.143	18.286	27.428

三、特殊项目测试与性能验收试验

1. 流化床锅炉燃烧试验

工作内容： 床温、床压、炉膛出口温度控制与调整；燃料量的控制与调整；过剩空气系数调整；燃料粒度配比的控制与调整；配风方式试验；试验方案措施的制定。 **计量单位：** 台

编号				2-11-168	2-11-169
项目				锅炉蒸发量（t/h）	
				≤75	≤220
名称			单位	消耗量	
人工	000203000	综合二类工	工日	11.487	16.410
材料	173135002	遮挡式靠背管	个	11.200	16.000
	172707001	理化橡皮管	箱	1.669	2.384
	850103006	其他材料费（占材料费）	%	2.000	2.000
机械	990421010	小型工程车	台班	2.600	4.120
	870199011	笔记本电脑	台班	6.667	9.524
	870110027	红外测温仪	台班	3.000	4.840
	874616027	手持高精度数字测振仪&转速仪	台班	4.000	5.714
	870113019	数字式电子微压计	台班	3.000	4.840

2. 流化床锅炉投石灰石试验

工作内容： 投石灰石系统设备试转及检查；进行钙硫比调整试验；试验方案措施的制定。 **计量单位：** 台

编号				2-11-170	2-11-171
项目				锅炉蒸发量（t/h）	
				≤75	≤220
名称			单位	消耗量	
人工	000203000	综合二类工	工日	6.891	9.846
材料	173135002	遮挡式靠背管	个	7.280	10.400
	172707001	理化橡皮管	箱	0.560	0.800
	850103006	其他材料费（占材料费）	%	2.000	2.000
机械	990421010	小型工程车	台班	3.428	4.952
	870199011	笔记本电脑	台班	3.733	5.333
	870110027	红外测温仪	台班	3.467	4.952
	874616027	手持高精度数字测振仪&转速仪	台班	3.467	4.952
	870113019	数字式电子微压计	台班	3.467	4.952

3. 给水、减温水调节漏流量与特性试验

工作内容：电动门、调节门检查与整定；调节门漏流量测定；自动调节门流量特性试验。 **计量单位：**台

编号				2-11-172	2-11-173
项目				锅炉蒸发量（t/h）	
				≤75	≤220
名称			单位	消耗量	
人工	000203000	综合二类工	工日	6.432	9.190
材料	092705003	碎布	箱	0.080	0.096
	173135002	遮挡式靠背管	个	4.800	6.400
	172707001	理化橡皮管	箱	0.240	0.400
	850103006	其他材料费（占材料费）	%	2.000	2.000
机械	990421010	小型工程车	台班	1.600	2.400
	870199011	笔记本电脑	台班	4.000	5.714

4. 等离子点火装置调整试验

工作内容：冷却水系统调试；压缩空气系统调试；一、二次风系统冷态调试；电气系统调试（包括冷态拉弧试验）；图像火检系统的调试；各项联锁保护的传动试验；热态调整试验。 **计量单位：**台

编号				2-11-174	2-11-175
项目				锅炉蒸发量（t/h）	
				≤75	≤220
名称			单位	消耗量	
人工	000203000	综合二类工	工日	28.385	40.550
机械	990421010	小型工程车	台班	2.400	3.200
	870199011	笔记本电脑	台班	9.600	13.714

5. 微油点火装置调整试验

工作内容：各项联锁保护的传动试验；阀门、挡板试验；小型雾化试验；热态调整。 **计量单位：**台

编号				2-11-176	2-11-177
项目				锅炉蒸发量（t/h）	
				≤75	≤220
名称			单位	消耗量	
人工	000203000	综合二类工	工日	22.829	36.526
机械	990421010	小型工程车	台班	2.000	2.800
	870199011	笔记本电脑	台班	8.000	12.000

6. 制粉系统出力测试

工作内容：按照试验方案要求配合进行试验仪表设备安装；系统运行方式及运行参数调整，系统隔离；正式试验；试验结果计算、分析、总结。

计量单位：台

		编 号		2-11-178	2-11-179
		项 目		锅炉蒸发量（t/h）	
				≤ 75	≤ 220
		名 称	单位	消 耗 量	
人工	000203000	综合二类工	工日	51.685	80.175
材料	173135002	遮挡式靠背管	个	9.829	14.042
	340705002	无石棉手套	付	3.351	4.787
	340703001	防尘口罩	只	3.402	4.860
	172707001	理化橡皮管	箱	0.662	0.945
	850103006	其他材料费（占材料费）	%	2.000	2.000
机械	990421010	小型工程车	台班	4.000	5.714
	871634227	便携式煤粉取样装置	台班	3.306	4.722
	871634201	煤粉气流筛	台班	3.707	5.296
	870199011	笔记本电脑	台班	18.425	26.322
	870113019	数字式电子微压计	台班	3.171	4.530

7. 磨煤机单耗测试

工作内容：按照试验方案要求配合进行试验仪表设备安装；系统运行方式及运行参数调整，系统隔离；正式试验；试验结果计算、分析、总结。

计量单位：台

		编 号		2-11-180	2-11-181
		项 目		锅炉蒸发量（t/h）	
				≤ 75	≤ 220
		名 称	单位	消 耗 量	
人工	000203000	综合二类工	工日	59.258	84.652
材料	173135002	遮挡式靠背管	个	4.480	6.400
	340705002	无石棉手套	付	2.610	3.730
	340703001	防尘口罩	只	2.668	3.811
	172707001	理化橡皮管	箱	0.480	0.686
	850103006	其他材料费（占材料费）	%	2.000	2.000
机械	990421010	小型工程车	台班	2.720	3.720
	871634227	便携式煤粉取样装置	台班	2.133	3.048
	871634201	煤粉气流筛	台班	2.133	3.048
	870199011	笔记本电脑	台班	16.563	23.662
	870113019	数字式电子微压计	台班	2.133	3.048

8. 机组热耗测试

工作内容： 试验测点（温度、压力、流量等）安装位置讨论确认；按照试验方案要求配合进行试验仪表设备（热电偶、变送器、电功率表等）安装；机组明漏、内漏检查，热力系统检查及优化调整；机组运行方式及运行参数调整，阀门隔离；流量平衡试验；预备性试验；正式试验；试验结果计算、分析、总结。 **计量单位：台**

编　号				2-11-182	2-11-183
项　目				发电机容量（MW）	
				≤ 15	≤ 35
		名　称	单位	消　耗　量	
人工	000203000	综合二类工	工日	27.394	41.091
材料	031102001	砂纸	张	2.159	3.084
	142315001	凡士林	kg	0.151	0.216
	280317011	铜芯聚氯乙烯绝缘屏蔽电线 RVVP-2 × 1.0mm^2	m	168.000	240.000
	280315003	高精度热电偶补偿导线	m	112.000	160.000
	850103006	其他材料费（占材料费）	%	2.000	2.000
机械	990421010	小型工程车	台班	3.200	4.800
	870116010	便携式双探头超声波流量计	台班	1.589	2.270
	874616051	高精度测厚仪装置	台班	1.291	1.844
	870113047	高精度 40 通道压力采集系统	台班	3.840	5.486
	870113001	数字压力表	台班	1.275	1.821
	870699200	高精度多功能电功率采集仪	台班	1.482	2.116
	870199011	笔记本电脑	台班	9.600	12.000
	870110027	红外测温仪	台班	2.726	3.895

9. 机组轴系振动测试

工作内容： 按照试验方案要求配合进行试验仪表设备安装；机组低速下的原始晃动监测；机组升速和降速过程中的振动监测；机组带负荷期间典型工况下的振动监测；变排汽温度对主机振动影响试验；变润滑油温对主机振动影响试；试验情况分析与总结。 **计量单位：台**

编　号				2-11-184	2-11-185
项　目				发电机容量（MW）	
				≤ 15	≤ 35
		名　称	单位	消　耗　量	
人工	000203000	综合二类工	工日	41.122	58.746
机械	990421010	小型工程车	台班	4.800	6.000
	870699172	振动动态信号采集分析系统	台班	12.000	16.800
	870199011	笔记本电脑	台班	18.000	26.000
	870110027	红外测温仪	台班	5.632	8.046

10. 机组供电煤耗测试

工作内容： 按照试验方案要求进行机组热力系统优化调整、运行方式及运行参数调整；正式试验；结合炉热效率试验、机组热耗试验结果进行计算、分析、总结。
注释：试验与炉热效率试验、机组热耗试验同期进行。若单独进行本试验，费用须在本定额基础上，加上炉热效率试验、机组热耗试验的定额。 **计量单位：套**

编号				2-11-186	2-11-187
项目				发电机容量（MW）	
				≤15	≤35
名称			单位	消耗量	
人工	000203000	综合二类工	工日	45.882	65.546
机械	990421010	小型工程车	台班	3.200	4.572
	870113001	数字压力表	台班	2.549	3.642
	870699200	精度多功能电功率采集仪	台班	5.926	8.466
	870199011	笔记本电脑	台班	12.000	18.000
	870110027	红外测温仪	台班	5.453	7.790

11. 机组 RB 试验

工作内容： RB 动作回路的检查确认；最大带载能力及 RB 目标负荷等参数的检查与确认；与其他控制系统的联调试验；跳磨程序的联锁试验；现场 RB 试验；试验结果计算、分析、总结告。 **计量单位：套**

编号				2-11-188	2-11-189
项目				发电机容量（MW）	
				≤15	≤35
名称			单位	消耗量	
人工	000203000	综合二类工	工日	252.705	361.007
机械	990421010	小型工程车	台班	4.000	5.714
	873110003	标准信号发生器	台班	2.636	3.766
	870199011	笔记本电脑	台班	11.299	16.142

12. 污染物排放测试

工作内容：大气污染物排放浓度测试；大气污染物排放速率测试；水污染物排放浓度测试。

计量单位：样次

编号				2-11-190	2-11-191
项目				锅炉蒸发量（t/h）	
				≤75	≤220
名称			单位	消耗量	
人工	000203000	综合二类工	工日	33.811	48.302
材料	022907001	麻丝	kg	0.493	0.704
	133503014	密封胶	kg	0.493	0.704
	023503008	无石棉纸	kg	0.986	1.408
	231300001	水流指示器	个	0.493	0.704
	031507002	铁丝（综合）	m	0.493	0.704
	340704001	防护眼罩	个	0.493	0.704
	264199003	表计插座	个	0.493	0.704
	340705002	无石棉手套	付	0.986	1.408
	340703001	防尘口罩	只	1.971	2.816
	181625020	仪表接头（不锈钢）	个	0.493	0.704
	341304002	标志牌	个	0.493	0.704
	340721001	一次性耳塞	个	1.971	2.816
	172717001	硅胶管	m	24.640	35.200
	264509001	防爆插头	个	0.493	0.704
	303505001	铠装热电偶	只	0.493	0.704
	860201007	烟气取样枪	个	0.493	0.704
	143505004	清洗液 500mL	瓶	0.986	1.408
	340203006	聚四氟乙烯生料带（综合）	卷	0.493	0.704
	020701001	橡胶手套	付	0.986	1.408
	172707001	理化橡皮管	箱	0.493	0.704
	850103006	其他材料费（占材料费）	%	2.000	2.000

续前

编号				2-11-190	2-11-191
项目				锅炉蒸发量（t/h）	
				≤75	≤220
名称			单位	消耗量	
机械	990421010	小型工程车	台班	2.400	3.600
	874614114	便携式多组气体分析仪	台班	0.024	0.034
	870199025	电子天平 0.0001g	台班	0.070	0.100
	870613049	便携式电导率表	台班	0.047	0.067
	871610001	PH 测试仪	台班	0.117	0.168
	871631001	精密数字温湿度计	台班	0.047	0.067
	870110045	热电偶精密测温仪	台班	0.117	0.168
	871631013	可拆式烟尘采样枪	台班	0.070	0.100
	871634065	粉尘快速测试仪	台班	0.070	0.100
	871634073	便携式烟气预处理器	台班	0.070	0.100
	871634081	烟尘测试仪	台班	0.070	0.100
	874614178	烟气分析仪	台班	0.070	0.100
	870199011	笔记本电脑	台班	7.200	9.600
	870113033	压力校验仪	台班	0.047	0.067
	871634105	便携式精密露点仪	台班	0.024	0.034
	871634209	BOD 测试仪	台班	0.024	0.034
	874614105	气体分析仪	台班	0.047	0.067
	874614146	气体、粉尘、烟尘采样仪校验装置	台班	0.070	0.100
	874614154	烟气采样器	台班	0.070	0.100
	874614202	烟尘浓度采样仪	台班	0.070	0.100
	874614210	加热烟气采样枪	台班	0.070	0.100
	874614226	钠离子分析仪	台班	0.047	0.067

13. 噪声测试

工作内容： 各设备噪声测试；设备背景噪声测试；厂界噪声测试；各敏感点噪声测试；测试结果计算、分析、总结。

计量单位： 样次

编　号				2-11-192	2-11-193
项　目				锅炉蒸发量（t/h）	
				≤ 75	≤ 220
名　称			单位	消　耗　量	
人工	000203000	综合二类工	工日	16.985	23.102
材料	340703002	医用口罩	个	3.696	5.280
	340705001	医用手套	付	3.696	5.280
	340705003	细纱白手套	付	3.080	4.400
	850103006	其他材料费（占材料费）	%	2.000	2.000
机械	990421010	小型工程车	台班	2.080	3.440
	874618009	叶轮式风速表	台班	0.293	0.419
	873158005	精密声级计	台班	2.933	4.190
	870199011	笔记本电脑	台班	6.560	9.920

14. 散热测试

工作内容： 按照试验方案要求配合进行试验仪表设备安装；系统运行方式及运行参数调整，系统隔离；正式试验；测试结果计算、分析、总结。

计量单位： 样次

编　号				2-11-194	2-11-195
项　目				锅炉蒸发量（t/h）	
				≤ 75	≤ 220
名　称			单位	消　耗　量	
人工	000203000	综合二类工	工日	49.668	70.954
材料	340705002	无石棉手套	付	2.956	4.222
	850103006	其他材料费（占材料费）	%	2.000	2.000
机械	990421010	小型工程车	台班	2.600	3.920
	870199011	笔记本电脑	台班	7.440	11.520
	870110027	红外测温仪	台班	4.620	6.600

15. 粉 尘 测 试

工作内容： 大气压测定；风速、湿度测定；厂区粉尘测试；测试结果计算、分析、总结。 **计量单位：** 样次

编 号				2-11-196	2-11-197
项 目				锅炉蒸发量（t/h）	
				≤ 75	≤ 220
名 称			单位	消 耗 量	
人工	000203000	综合二类工	工日	41.091	59.354
材料	340703002	医用口罩	个	2.464	3.520
	340705001	医用手套	付	3.696	5.280
	850103006	其他材料费（占材料费）	%	2.000	2.000
机械	990421010	小型工程车	台班	2.933	4.190
	874618009	叶轮式风速表	台班	0.293	0.419
	871634065	粉尘快速测试仪	台班	0.293	0.419
	870199011	笔记本电脑	台班	7.400	11.120
	874614146	气体、粉尘、烟尘采样仪校验装置	台班	0.200	0.400

16. 除尘效率测试

工作内容： 除尘器前烟尘浓度测定；除尘器后烟尘浓度测定；除尘器前后烟气氧量与湿度测定；试验结果计算、分析、总结。 **计量单位：** 套

编 号				2-11-198	2-11-199
项 目				锅炉蒸发量（t/h）	
				≤ 75	≤ 220
名 称			单位	消 耗 量	
人工	000203000	综合二类工	工日	50.224	73.052
材料	133503014	密封胶	kg	0.246	0.352
	340705002	无石棉手套	付	0.986	1.408
	340703001	防尘口罩	只	1.971	2.816
	303505001	铠装热电偶	只	0.493	0.704
	860201007	烟气取样枪	个	0.493	0.704
	850103006	其他材料费（占材料费）	%	2.000	2.000
机械	990421010	小型工程车	台班	3.467	4.952
	870110045	热电偶精密测温仪	台班	0.117	0.168
	871631013	可拆式烟尘采样枪	台班	0.070	0.100
	871634073	便携式烟气预处理器	台班	0.070	0.100
	870199011	笔记本电脑	台班	9.600	14.400
	870113033	压力校验仪	台班	0.047	0.067
	874614105	气体分析仪	台班	0.047	0.067
	874614146	气体、粉尘、烟尘采样仪校验装置	台班	0.070	0.100
	874614202	烟尘浓度采样仪	台班	0.070	0.100
	874614210	加热烟气采样枪	台班	0.070	0.100
	874614226	钠离子分析仪	台班	0.047	0.067

权威·前沿·原创

皮书系列为

“十二五”国家重点图书出版规划项目